Regelungstechnik für Maschinenbauer

Von Professor Dr.-Ing. Berend Brouër
Fachhochschule Hamburg

2., überarbeitete und erweiterte Auflage
Mit 200 Bildern

B. G. Teubner Stuttgart · Leipzig 1998

Die Deutsche Bibliothek – CIP-Einheitsaufnahme

Brouër, Berend:
Regelungstechnik für Maschinenbauer / von Berend Brouër. – 2.,
überarb. und erw. Aufl. – Stuttgart ; Leipzig : Teubner, 1998
ISBN 3-519-16328-4

Printed in Germany
Gesamtherstellung: Präzis-Druck GmbH, Karlsruhe
Einbandgestaltung: Peter Pfitz, Stuttgart

Vorwort

Die Aufgabe des Ingenieurs erschöpft sich heute nicht mehr darin, daß er Maschinen und Anlagen entwickelt, die die erforderlichen Grundstoffe fördern, ausreichend Energie bereitstellen oder die Menschheit mit genügend Nahrungsmitteln versorgen.
Die Ingenieurleistung findet ihre Erfüllung auch nicht alleine dadurch, daß die entwickelten Produktions- und Veredelungsprozesse bei möglichst geringem Kapitaleinsatz höchste Renditen erwirtschaften oder daß moderne Verkehrsmittel fast wartungsfrei und automatisiert weite Strecken in kürzester Zeit zurücklegen können.

Heute gehen die Anforderungen an den Ingenieur über diesen klassischen Ansatz hinaus.

Der Ingenieur soll auch etwaige Folgelasten, die durch seine Entwicklungen entstehen können, im voraus abschätzen und vermeiden. Er soll nicht nur die begrenzten Ressourcen unseres Planeten Erde schonen und bei der Stoffumwandlung keine oder jedenfalls möglichst wenig Schadstoffe erzeugen, er muß die Konstruktion auch derart gestalten, daß das Produkt gefahrlos benutzt und nach Ablauf der Gebrauchsdauer fachmännisch und unter Rückgewinnung möglichst vieler Werkstoffe entsorgt werden kann.
Über die Beherrschung der Technik hinaus wird dem Ingenieur heute zusätzlich Rücksicht auf das weite Feld der wechselseitigen Beziehungen zwischen Mensch, Technik und Umwelt abverlangt.

Der Ingenieur muß daher mehr denn je sein "ingenium" unter Beweis stellen: nur das "intelligente" Produkt ist gefragt.

Der Steuerungs- und Regelungstechnik fällt in diesem Zusammenhang eine Schlüsselrolle zu:
Die im Regler oder im Steuerrechner enthaltenen Algorithmen und logischen Gesetzmäßigkeiten hauchen dem technischen Erzeugnis oft erst den Geist ein, mit dem es seinen Zweck optimal erfüllen kann.

Das vorliegende Buch möchte dazu beitragen, daß der Maschinenbauer die Herausforderung annimmt. Er soll die Regelungstechnik nicht als "Rätseltechnik" abtun sondern sich dieser wichtigen Disziplin mit Interesse und mit einer gewissen Freude des Entdeckers zuwenden.

Bei der Beschäftigung mit der Regelungstechnik ist der Computer ein wichtiges Werkzeug. Die auch heute noch wertvollen, weil anschaulichen, grafischen Methoden in der Regelungstechnik werden durch die Computergrafik handlicher und erscheinen in einem neuen Licht.
Daher wurden die Berechnungen und die grafischen Darstellungen der regelungstheoretischen Betrachtungen weitgehend mit dem Rechner durchgeführt.
Dieses Buch enthält außerdem eine Einführung in die digitale Simulation von Regelkreisen auf dem Personal Computer.
Durch Simulation kann man den zeitlichen Ablauf der Signale im Regelkreis hervorragend nachbilden. Dadurch läßt sich das Experiment im Labor sozusagen auf dem Schreibtisch nachvollziehen.
Die zugehörigen Routinen und Bildschirm-Darstellungen sind in Turbo-Pascal programmiert.
Zur Darstellung des Programmablaufs werden ausschließlich Struktogramme nach Nassi-Shneiderman (DIN 66 261) verwendet, weil diese eine vorzüglich geeignete Grundlage für die Erstellung strukturierter Programme bilden.

Dieses Werk wäre nicht zustandegekommen, hätte es meine Frau Gerda nicht ertragen, mit unendlicher Geduld und dennoch meist vergeblich auf den gemeinsamen Feierabend mit mir zu warten. Dafür gilt ihr mein besonderer Dank.
Dank gilt auch den Kindern Nils, Silke und Claas, die mir, insbesondere was die Arbeit mit dem Computer angeht, oft weitergeholfen haben und mit denen ich so manche fruchtbare Diskussion ausfechten konnte.
Sie stellten auch die berechtigte Frage, ob denn der Titel des Buches noch zeitgemäß sei. - Politisch gesehen ist er es nicht! - In diesem Buch geht es aber nicht um Politik sondern um Sachfragen.
In diesem Sinne gilt: "Die männliche Form schließt die weibliche ein."

Hamburg im Mai 1992 Berend Brouër

Vorwort zur zweiten Auflage

Seit dem Erscheinen der ersten Auflage im Jahre 1992 hat sich die Steuerungs- und Regelungstechnik entscheidend weiterentwickelt. Die digitalen Prozessoren sind leistungsfähiger und schneller geworden und es steht schon für kleine Rechner und externe Recheneinheiten weitaus mehr Kapazität für Programm- und Arbeitsspeicher zur Verfügung. Dies hat wiederum die Entwicklung komfortabler Programmpakete für die Reglersynthese oder die Simulation von Regelstrecken und Regelkreisen auf dem PC begünstigt.
Die Fuzzy-Regelung hat ihren festen Platz gefunden. In Verbindung mit dem Einsatz Künstlicher Neuronaler Netze ergeben sich jetzt neue Perspektiven.
Die Dezentralisierung von Steuerung und Regelung und die Einbindung intelligenter Geräte in das Prozeßgeschehen vor Ort ist weiter fortgeschritten. Feldbusse finden auch für regelungstechnische Probleme ihren Einsatz.
Inzwischen ist auch die maßgebende Norm DIN 19226 - Regelungs- und Steuerungstechnik -, jetzt als 6 teilige Vorschrift, neu herausgegeben worden und erfordert die Überarbeitung des vorliegenden Materials.

Grund genug, das Buch, das allgemein von Studenten und Praktikern gerne angenommen wurde, nach gründlicher Durchsicht und Ergänzung in dieser zweiten Auflage vorzulegen.

Dem Teubner Verlag danke ich für die sorgfältige Verarbeitung und ansprechende Aufmachung des Buches.

Hamburg im August 1998 Berend Brouër

Inhaltsverzeichnis

1 Die Funktion des Regelkreises

Wenn ein Fahrradfahrer versucht, trotz Sturmböen und trotz ungleichmäßiger Straßenverhältnisse, trotz Steigungs- und Gefällestrecken mit einer gleichbleibenden Geschwindigkeit von A-Dorf nach B-Dorf zu fahren, so muß er sich als Regler betätigen und mit seinem Fahrrad zusammen einen Regelkreis bilden.
Der Fahrradfahrer muß sich überlegen, wie schnell er eigentlich vorankommen will. Während der Fahrt muß er aufpassen und durch laufendes Beobachten erkennen, wann das Fahrrad zu langsam und wann es zu schnell fährt. Schließlich muß er mit Hilfe seiner Beinmuskeln mal stärker, mal weniger stark in die Pedale treten oder aber seine Fahrt abbremsen, um die Geschwindigkeit zu korrigieren.

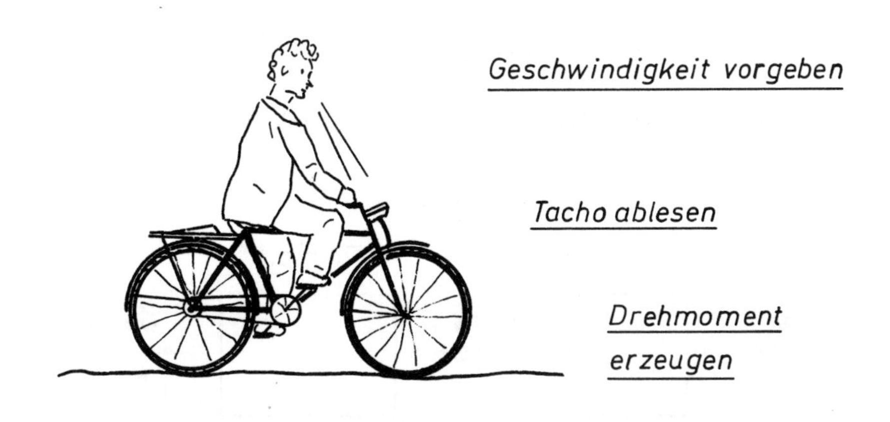

Bild 1.1 Die Regelung der Fahrgeschwindigkeit

Während der Fahrer den Regler darstellt, bildet das Fahrrad die Regelstrecke.
Es reagiert auf die Änderungen des Antriebsmomentes an den Pedalen mit einer Beschleunigung bzw. einer Verzögerung der Geschwindigkeit. Es reagiert aber ebenso auf Störwiderstände, die verursacht werden durch den Gegenwind, durch die Straßensteigung oder durch den erhöhten Rollwiderstand bei schlechter Fahrbahn.

Die Reaktionen der Regelstrecke auf die von außen kommenden, in der Regel nicht vorhersehbaren sogenannten Störgrößen sind es, die eine Regelung überhaupt erforderlich machen. Gäbe es sie nicht, so brauchte der Fahrradfahrer gar nicht auf die Geschwindigkeit zu achten. Er würde einfach mit gleichbleibender Kraftanstrengung in die Pedale treten und sein Fahrrad würde die einmal erreichte Geschwindigkeit bis zum Zielort beibehalten.
Der betrachtete Regelkreis ist noch sehr primitiv. Man kann ihn wesentlich verbessern, wenn man das Fahrrad mit einem Meßinstrument ausrüstet, z.B. mit einem Tachometer, auf dem der Fahrer die Fahrgeschwindigkeit jederzeit genau erkennen kann. Bei einem motorgetriebenen Fahrzeug, einem Motorrad, einem Kraftwagen oder einem Schiff bietet sich eine selbsttätige Regelung an. Diese entlastet den Fahrer. Er gibt nur noch die gewünschte Sollgeschwindigkeit vor. Alles weitere erledigt die automatische Fahrgeschwindigkeitsregelung für ihn.
Grundlegendes Schrifttum über Regelungen: [2], [3], [4], [5].

1.1 Darstellung des Regelkreises im Wirkungsplan

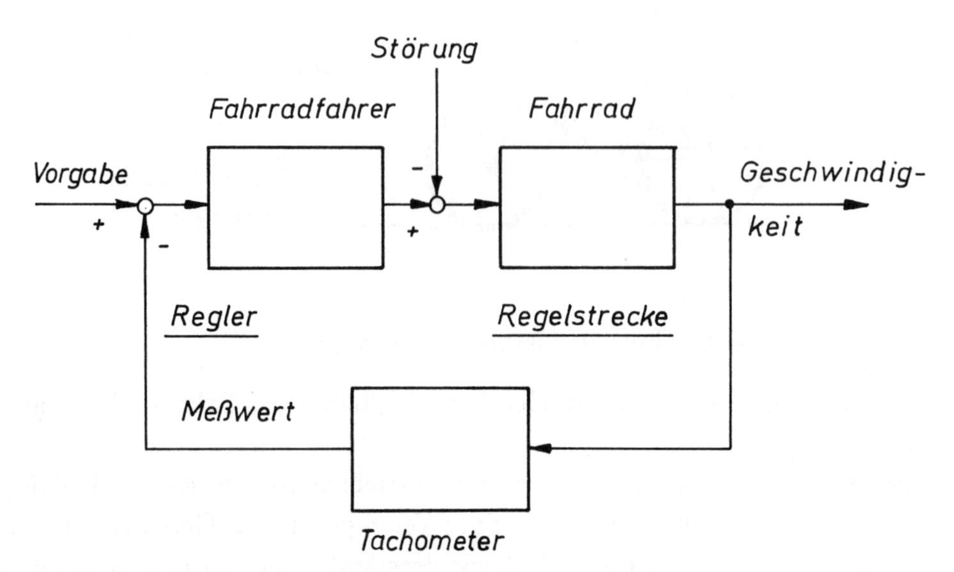

Bild 1.2 Wirkungsplan der Geschwindigkeitsregelung

Der Wirkungsplan, früher Blockschaltbild genannt, ist eine in der Regelungstechnik außerordentlich wichtige Darstellungsart.

In ihm wird die Struktur des Regelkreises abgebildet. Man erkennt, wie die Information durch den Regelkreis hindurchläuft und kann bereits auf den ersten Blick wesentliche Eigenschaften des Kreises ablesen. Vorteilhaft ist, daß sich im Wirkungsplan jede Art der Regelung auf gleiche Weise darstellen läßt, unabhängig davon, ob mechanische, elektrische, thermische oder andere physikalische Größen geregelt werden sollen. Sogar der oben betrachtete Regelkreis für die Regelung der Geschwindigkeit des Fahrrades, in dem der Mensch noch eine wesentliche Rolle spielt, nämlich die des Reglers und der Stelleinrichtung, kann, wie *Bild 1.2* zeigt, durch den Wirkungsplan dargestellt werden.

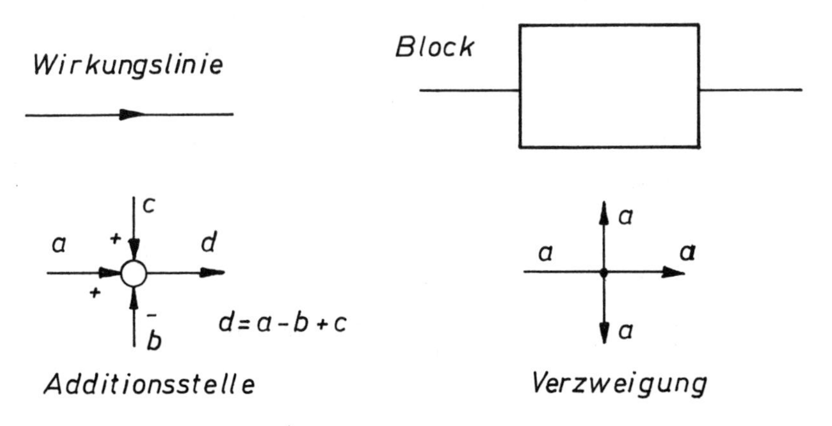

Bild 1.3 Elemente des Wirkungsplans

Der Informationsfluß, d.h. der Verlauf der im Regelkreis vorhandenen physikalischen Größen oder Signale wird durch Wirkungslinien dargestellt.
Die Wirkungsrichtung läßt sich aus den angetragenen Richtungspfeilen erkennen.
Geräte oder Einrichtungen, in denen die Information verarbeitet wird, werden als Kästen gezeichnet. Daher wird der Wirkungsplan auch als Blockschaltbild bezeichnet.
An der als schwarzer Punkt dargestellten Verzweigung verzweigt sich ein Signal auf verschiedene Wirkungswege. An der Additionstelle, die durch einen Kreis dargestellt wird, addieren sich die von verschiedenen Seiten ankommenden Signale unter Beachtung der jeweils angeschriebenen Vorzeichen.

1.2 Das Fahrrad als Regelstrecke

Um die Reaktion des Fahrrades auf die von außen einwirkenden Stell- und Störgrößen untersuchen zu können, wird am besten das treibende Hinterrad betrachtet. Alle Massen und Trägheitsmomente, alle Kräfte und Momente werden auf die Achse des Hinterrades umgerechnet.
M_{res} sei das am Rad angreifende Drehmoment, das aus der Summe der Antriebs- und Widerstandsmomente resultiert.

$$M_{res} = M_{Antr} - M_W$$

J sei die Gesamtheit der Massenträgheitsmomente und der umgerechneten Massen, reduziert auf die Achse des Hinterrades.
ϵ sei die Drehbeschleunigung und ω die Drehwinkelgeschwindigkeit des Rades.
Die Winkelgeschwindigkeit des Hinterrades errechnet sich aus dem Newtonschen Gesetz:

$$M_{res}(t) = J \cdot \epsilon(t) \qquad mit \qquad \epsilon(t) = \frac{d\omega(t)}{dt}$$

$$\omega(t) = \frac{1}{J} \cdot \int M_{res}(t) \cdot dt \tag{1.1}$$

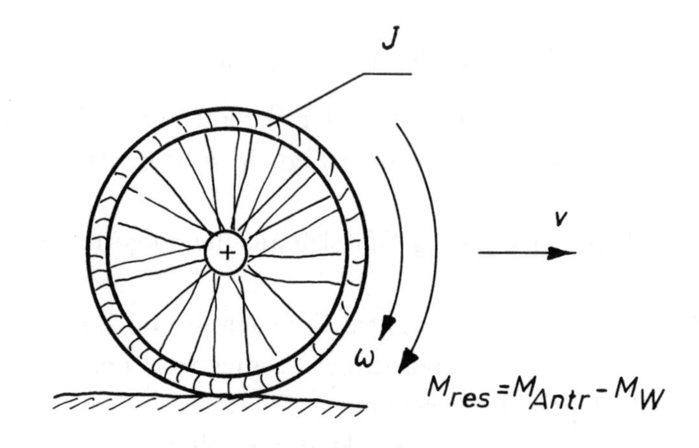

Bild 1.4 Die Dynamik des Fahrrades reduziert auf die Verhältnisse am Antriebsrad

Bild 1.5 zeigt, wie sich die Winkelgeschwindigkeit ändert, wenn das resultierende Drehmoment zum Zeitpunkt t_0 sprungartig um den festen Betrag $\hat{M}_{res}$ vom ursprünglichen Wert abweicht.
Es ist $\omega(t) = \frac{1}{J} \cdot \hat{M}_{res} \cdot \int dt = \frac{1}{J} \cdot \hat{M}_{res} \cdot t$

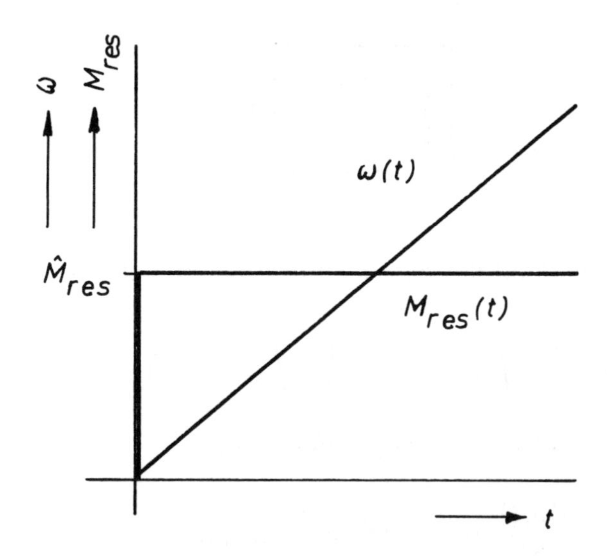

Bild 1.5 Antwort auf einen Sprung des resultierenden Moments

Das resultierende Drehmoment hängt ab von den sich fortlaufend ändernden Widerständen.
Im folgenden wird der einschränkende Fall angenommen, daß das Widerstandsmoment direkt proportional zur Winkelgeschwindigkeit ist: $M_W = k \cdot \omega(t)$. *Bild 1.6* zeigt das dann vorliegende System.
Die zugehörige Gleichung lautet:

$$\omega(t) = \frac{1}{J} \int [M_{Antr}(t) - k \cdot \omega(t)] \cdot dt \tag{1.2}$$

Diese Gleichung läßt sich derart schreiben, daß die Winkelgeschwindigkeit als Ausgangsgröße links und das Antriebsdrehmoment als Eingangsgröße rechts steht.

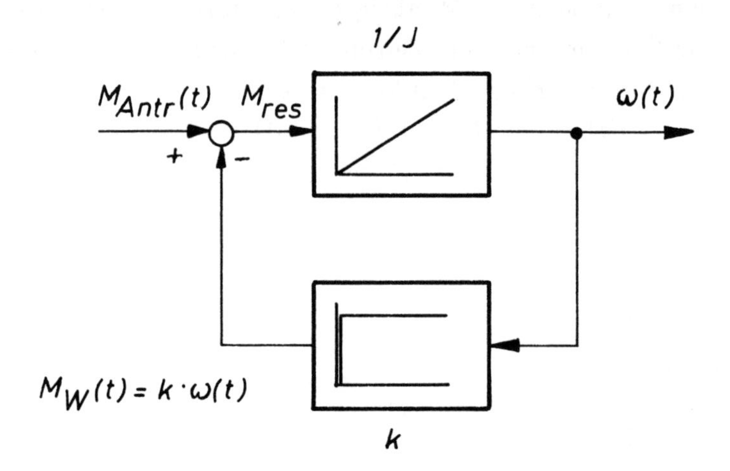

Bild 1.6 Wirkungsplan für das System mit proportionaler Rückführung

$$\omega(t) + \frac{k}{J} \cdot \int \omega(t) \cdot dt = \frac{1}{J} \cdot \int M_{Antr}(t) \cdot dt$$

Die Gleichung wird links und rechts differenziert:

$$\frac{d\omega(t)}{dt} + \frac{k}{J} \cdot \omega(t) = \frac{1}{J} \cdot M_{Antr}$$

$$\frac{J}{k} \cdot \frac{d\omega(t)}{dt} + \omega(t) = \frac{1}{k} \cdot M_{Antr} \qquad (1.3)$$

Es handelt sich bei (Gl. 1.3) um eine lineare Differentialgleichung mit konstanten Koeffizienten, d.h. es liegt ein lineares Übertragungsglied vor.

Im folgenden sollen nur lineare Übertragungsglieder betrachtet werden. Regelstrecken stellen jedoch häufig Übertragungsglieder mit nichtlinearen Kennlinien dar. Diese lassen sich für einen begrenzten Bereich um den Betriebspunkt herum stückweise linearisieren. Es wird dann die gekrümmte Kennlinie durch ihre jeweilige Tangente im Betriebspunkt ersetzt [3], [5].
Da der Regelungkreis ohnehin die Abweichung vom Betriebspunkt gering halten soll, läßt sich diese Vereinfachung in den meisten Fällen anwenden, ohne daß dadurch ein erheblicher Fehler entsteht.

Die Lösung $\omega = f(t)$, der Differentialgleichung (Gl. 1.3) beschreibt den zeitlichen Verlauf der Ausgangsgröße ω wenn sich die Eingangsgröße M_{Antr} in bestimmter Weise verändert.
Zunächst soll diese Gleichung ohne das Störglied auf der rechten Seite gelöst werden, d.h. man bestimmt die allgemeine Lösung der homogenen Differentialgleichung [1].

$$\frac{J}{k} \cdot \frac{d\omega(t)}{dt} + \omega(t) = 0 \tag{1.4}$$

Die Veränderlichen werden getrennt:

$$\frac{d\omega}{\omega} = -\frac{k}{J} \cdot dt$$

beide Seiten werden für sich integriert:

$$\int \frac{d\omega}{\omega} = -\int \frac{k}{J} \cdot dt + C$$

$$ln\ \omega = -\frac{k}{J} \cdot t + C$$

und zur Potenz erhoben:

$$\omega(t) = A \cdot e^{-\frac{k}{J} \cdot t} \tag{1.5}$$

dabei ist $A = e^C$ die Integrationskonstante.
Bild 1.7 zeigt den Verlauf von $\omega = f(t)$ für $\frac{k}{J} = 1$ nach (Gl. 1.5).

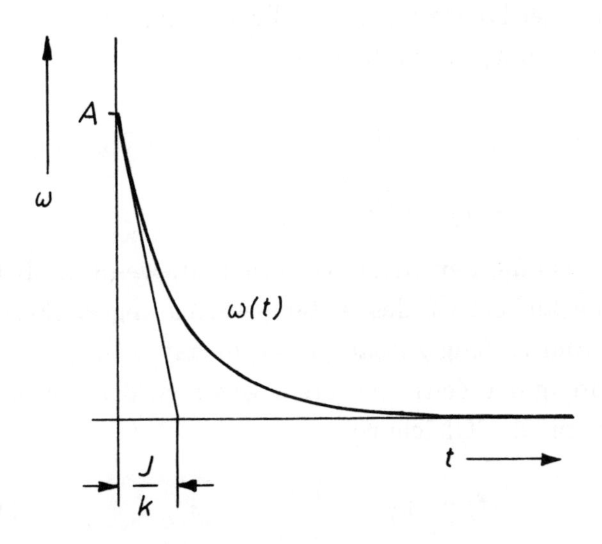

Bild 1.7 Eigenverhalten des Systems Fahrrad

Diese Lösung der homogenen Differentialgleichung beschreibt das sogenannte "Eigenverhalten" des betrachteten Systems, das heißt das zeitliche Verhalten der Ausgangsgröße für den Fall, daß das System nur kurzzeitig aus seiner Ruhelage herausgebracht wird und nach dieser Störung in die Ruhelage zurückkehrt.
Für unseren Fahrradfahrer würde das bedeuten, er hört zu treten auf und läßt das Fahrrad ausrollen.
Theoretisch würde es unendlich lange dauern, bis das Rad zur Ruhe gekommen ist. Praktisch bleibt es natürlich infolge der Reibung irgendwann stehen.
Der einzige Energiespeicher, den wir bei unserer Betrachtung des Fahrrades als dynamisches System bisher eingeführt haben, ist das Massenträgheitsmoment J. Aus diesem Grunde handelt es sich hier auch um ein sehr einfaches System, nämlich um ein System erster Ordnung. Für ein solches System ist das in Bild 1.7 dargestellte Eigenverhalten bezeichnend.
Aus dem Eigenverhalten sind bereits die wesentlichen Übertragungseigenschaften des Systems erkennbar. Für das Verhalten erster Ordnung ist die Zeitkonstante T maßgebend. Sie entspricht dem Ausdruck $\frac{J}{k}$ in der Lösungsgleichung Gl.(1.5) und kann mittels der in Bild 1.7 gezeigten Tangentenkonstruktion aus dem Eigenverhalten abgelesen werden. Wird die Zeitkonstante T für die laufende Zeit t in die Gleichung für $\omega(t)$ eingesetzt, so erhält man:

$$\omega_{(t=T)} = A \cdot e^{-1}$$

$$\omega_{(t=T)} = 0,368 \cdot A$$

Die Zeitkonstante ist also die Zeit, die verstrichen ist, wenn die Kurve für das Eigenverhalten auf 36,8% des Anfangswertes abgesunken ist, bzw. sich um 63,2% vom Anfangszustand entfernt hat.
Die grafische Bestimmung der Zeitkonstante T aus dem Kurvenverlauf in Bild 1.7 ergibt sich aus der Gleichung

$$\omega(t) = A \cdot e^{-\frac{1}{T} \cdot t} \tag{1.6}$$

dadurch, daß man die Steigung der Tangente im Punkt $t = 0$ berechnet.

$$\left.\frac{d\omega(t)}{dt}\right|_{t=0} = -\frac{1}{T}\cdot A\cdot e^{-\frac{1}{T}\cdot t}\Big|_{t=0} = -\frac{A}{T}$$

Wird im Punkt $t = 0$ die Tangente an die Kurve gelegt, so schneidet diese auf der Zeitachse eine Strecke ab, die gerade der Zeitkonstante T entspricht.
Ist das Eigenverhalten eines Systems bekannt, so ist man auch in der Lage, die Antwortfunktion auf beliebige bekannte Eingangsfunktionen, z.B. die Antworten auf die sogenannten Testfunktionen, zu berechnen. Als Beispiel sei hier die Berechnung der Sprungantwort angeführt. Es wird der Verlauf von $\omega(t)$ für den Fall berechnet, daß die Eingangsfunktion $M_{Antr}(t)$ einen Sprung um den Betrag $\hat{M}_{Antr}$ durchführt, vergleiche *Bild 1.8.*

$$M_{Antr}(t) = \left| \begin{array}{c} 0 \ f\ddot{u}r \ t < 0 \\ \hat{M}_{Antr} \ f\ddot{u}r \ t \geq 0 \end{array} \right.$$

Die Lösung der inhomogenen Differentialgleichung ergibt sich aus der Lösung der homogenen Dgl. (Gl. 1.5)

$$\omega(t) = A \cdot e^{-\frac{1}{T}\cdot t}$$

zuzüglich <u>einer</u> speziellen Lösung der gesamten Dgl., wie sie sich aus dem Beharrungszustand ergibt: Für $t \Rightarrow \infty$ ergibt sich die Winkelgeschwindigkeit proportional zum Antriebsmoment $\omega_\infty = K \cdot \hat{M}_{Antr}$ Dabei ist $K = \frac{1}{k}$ der Übertragungsfaktor.
Die Lösung ist also:

$$\omega(t) = A \cdot e^{-\frac{1}{T}\cdot t} + K \cdot \hat{M}_{Antr} \qquad (1.7)$$

Hierin ist jetzt noch die frei wählbare Integrationskonstante A enthalten. Sie kann z.B. durch die Anfangsbedingung $\omega = 0$ für $t = 0$ festgelegt werden:

$$0 = A \cdot e^0 + K \cdot \hat{M}_{Antr}$$

$$A = -K \cdot \hat{M}_{Antr}.$$

Damit ergibt sich die Sprungantwort:

$$\omega(t) = K \cdot \hat{M}_{Antr} \cdot (1 - e^{-\frac{1}{T} \cdot t}) \tag{1.8}$$

deren Verlauf in *Bild 1.8* dargestellt ist.

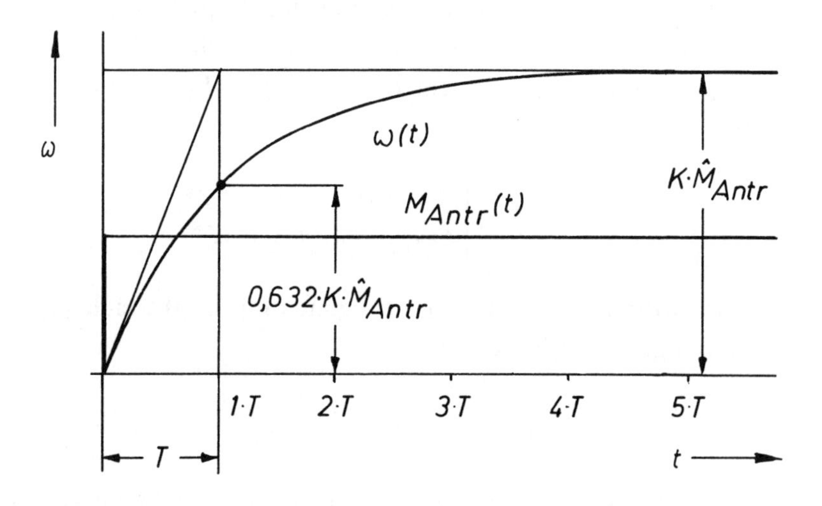

Bild 1.8 Sprungantwort des Systems Fahrrad

Aus der Sprungantwort lassen sich die Zeitkonstante T und der Übertragungsfaktor K ablesen.
T ergibt sich an der Stelle der Kurve, an der $63,2\%$ der Gesamtänderung durchlaufen sind oder aus der Tangentenkonstruktion.
K ergibt sich aus dem neuen Beharrungswert geteilt durch die Sprunghöhe der Eingangsgröße $K = (K \cdot \hat{M}_{Antr}) / \hat{M}_{Antr}$.
Man nennt ein dynamisches System, das auf eine Sprungerregung mit dem im Bild 1.8 gezeigten Verhalten antwortet, ein PT1-System, weil es proportional mit einer Verzögerung 1. Ordnung reagiert.

Übungsaufgabe 1.1:

Bei einem Stoßdämpfer, s. Skizze, wird das Dämpferöl bei der Bewegung des Kolbens durch den engen Ringspalt zwischen Kolben und Zylinderwand hindurchgedrückt.

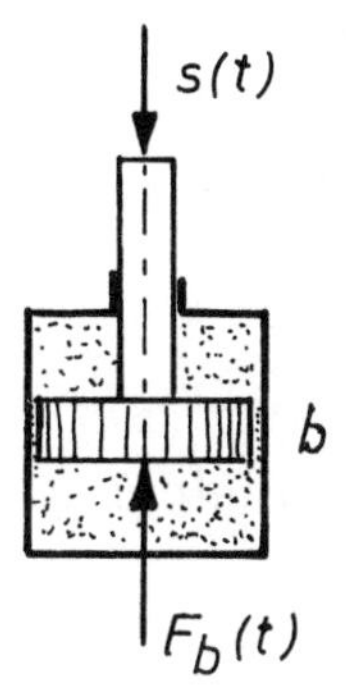

Dadurch erfährt der Kolben eine zur Kolbengeschwindigkeit proportionale Gegenkraft
$F_b(t) = b \cdot \dot{s}(t)$, b Dämpferkonstante.
Parallel zu dem Stoßdämpfer soll eine Feder angebracht werden, für die das Federgesetz
$F_c(t) = c \cdot s(t)$ gültig ist, c Federkonstante.
Die Massen sollen vernachlässigt werden.

Am Eingang des zusammengesetzten Systems greift die Erregerkraft $F_e(t)$ an.
Am Ausgang wird die Verschiebung $s(t)$ gemessen.
Gesucht sind: die Differentialgleichung und das Zeitverhalten des Systems, die Lösung der Dgl. für eine sprungartige Änderung der Erregerkraft $F_e(t)$ und der Verlauf der Verschiebung $s(t)$ (Skizze).

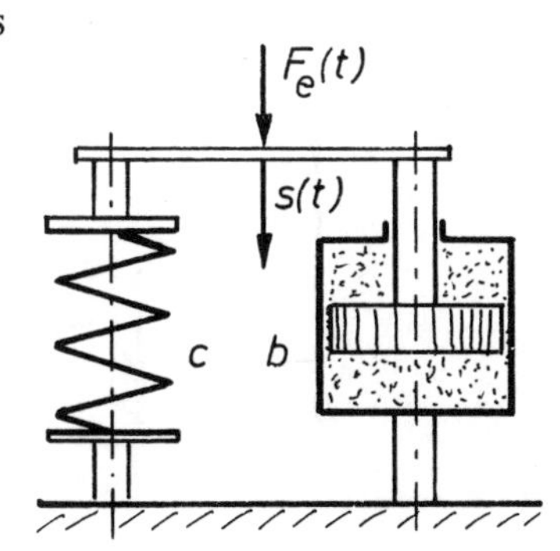

Lösung der Übungsaufgabe 1.1:

Es wird zunächst die Kräftebilanz aufgestellt: die Dämpferkraft F_b und die Federkraft F_c wirken der Erregerkraft F_e entgegen:

$$F_b + F_c = F_e$$

$$b \cdot \dot{s}(t) + c \cdot s(t) = F_e(t)$$

Auf der linken Seite der Gleichung stehen die Ausdrücke der Ausgangsgröße, auf der rechten die der Eingangsgröße. Außerdem erhält der Term mit $s(t)$ den Koeffizienten 1. Die Gleichung lautet dann:

$$\frac{b}{c} \cdot \dot{s}(t) + s(t) = \frac{1}{c} \cdot F_e(t)$$

Das System besitzt PT1-Verhalten mit dem Übertragungsfaktor
$K = 1/c$ und der Zeitkonstanten $T = b/c$.

Die Differentialgleichung entspricht formal der Gleichung (1.3) und wird wie diese gelöst, indem zur allgemeinen Lösung der homogenen Gleichung eine spezielle Lösung der inhomogenen Gleichung hinzuaddiert wird. Mit der Randbedingung "Sprungfunktion am Eingang" und mit der Anfangsbedingung "System zu Beginn in Ruhelage" ergibt sich folgende Lösung:

$$s(t) = \frac{1}{c} \cdot \hat{F}_e \cdot (1 - e^{-\frac{c}{b} \cdot t})$$

Das System zeigt als Sprungantwort den für das PT1-Verhalten typischen Zeitverlauf $s(t)$:

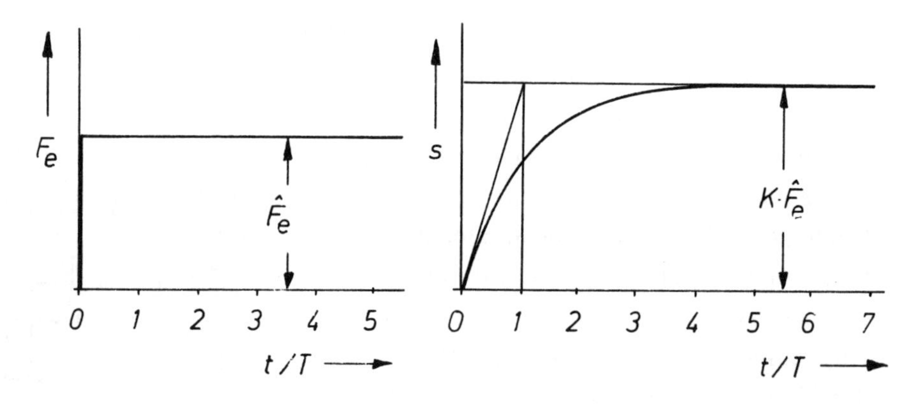

Zu Beginn der Bewegung ist die Gegenkraft durch die Feder Null, weil die Feder noch nicht gespannt ist. Die gesamte Erregerkraft wirkt auf den Dämpfer und erzeugt dort die Geschwindigkeit $\dot{s}_{max} = \frac{F_e}{b}$.
Im weiteren Verlauf der Bewegung wird die Federkraft größer, damit wird die am Dämpfer wirksame Kraftdifferenz geringer, die Geschwindigkeit nimmt ab.
Das System strebt seinem Endzustand zu, bei dem die Federkraft gerade der Erregerkraft das Gleichgewicht hält. Der Dämpfer ist im Endzustand ohne Wirkung, die Geschwindigkeit ist Null.
Die Verschiebung $s(t)$ läßt sich mit Hilfe der Ursprungstangente und durch Berechnen einiger Punkte leicht zeichnen.

t/T	1	2	3	4	5
$s/(K \cdot \hat{F}_e)$	0,632	0,86	0,95	0,98	0,99

1.3 Simulation des dynamischen Verhaltens

Es gibt mehrere Möglichkeiten, das dynamische Verhalten eines Systems zu studieren.
Man kann das System als Ganzes testen, indem man es verschiedenen Testfunktionen aussetzt und aus den jeweiligen Antwortfunktionen Aufschlüsse über das Zeitverhalten gewinnt.
Man kann das System analysieren, das heißt, man zerlegt es in seine wesentlichen Teile und schließt aus dem Verhalten der Einzelglieder auf das Verhalten des Gesamtsystems.
Ein Ansatz dieser Art wurde im letzten Kapitel gemacht. Aus der Physik des Systems ergab sich eine mathematische Beschreibung, die das dynamische Verhalten erkennen ließ.
Eine weitere Möglichkeit, das Verhalten zu studieren, bietet die Modellbildung - die Simulation - des Systems.
Das zu untersuchende System wird bei der Simulation durch ein Modell ersetzt, das die gleichen dynamischen Eigenschaften besitzt. An dieser Nachbildung wird dann das Verhalten des Originals untersucht. Von Vorteil ist, daß das Originalsystem dabei nicht beeinträchtigt wird und man völlig freie Hand hat, das Modell so zu manipulieren, wie es am günstigsten erscheint. Ein weiterer Vorteil ist die freie Wahl des Zeitfaktors. Man kann langsam verlaufende Vorgänge durch ein schnell reagierendes Modell in der Zeit raffen oder umgekehrt schnelle Vorgänge durch Zeitdehnung an einem langsamen Modell in Ruhe beobachten.
Physikalische Systeme können durch andere zur Untersuchung besser geeignete Systeme simuliert werden. Wenn die Gleichungen, die die Dynamik des Originals beschreiben, bekannt sind, kann man die Simulation mit dem Rechner an einem mathematischen Modell durchführen.
Man geht dabei von der Differentialgleichung des Systems aus. Diese wird nach ihrer höchsten Ableitung aufgelöst und sooft integriert, wie der Grad der höchsten Ableitung angibt.
Die Struktur des Modells läßt sich am besten aus dem zugehörigen Wirkungsplan erkennen.
Für die Dynamik des Fahrrades kann man z.B. unter Anwendung von Gl.(1.1) folgenden Ansatz schreiben:

$$\frac{d\omega(t)}{dt} = \frac{1}{J} \cdot [M_{Antr}(t) - M_W(t)] \qquad \omega(t) = \int \frac{d\omega(t)}{dt} \cdot dt \tag{1.9}$$

Dieser Zusammenhang läßt sich im Wirkungsplan wie folgt darstellen:

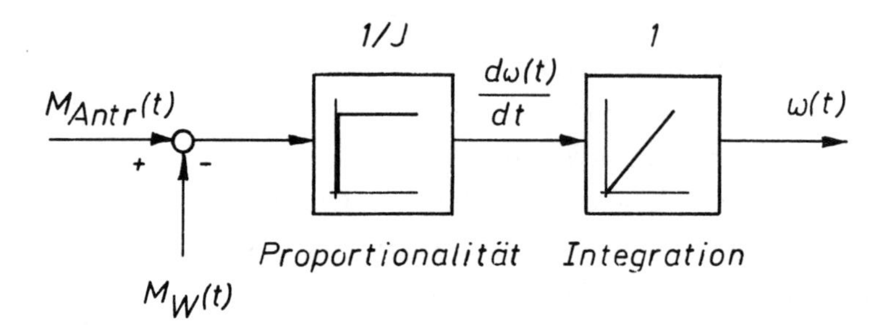

Bild 1.9 Wirkungsplan der Dynamik des Fahrrades

Es handelt sich hier um reines integrales Verhalten.
Für das PT1-Verhalten, das entsteht, wenn das Widerstandsmoment linear zu Drehgeschwindigkeit ansteigt, muß entsprechend die Dgl.(1.3) nach $\frac{d\omega(t)}{dt}$ aufgelöst werden.

$$\frac{d\omega(t)}{dt} = \frac{1}{J} \cdot M_{Antr}(t) - \frac{k}{J} \cdot \omega(t) \tag{1.10}$$

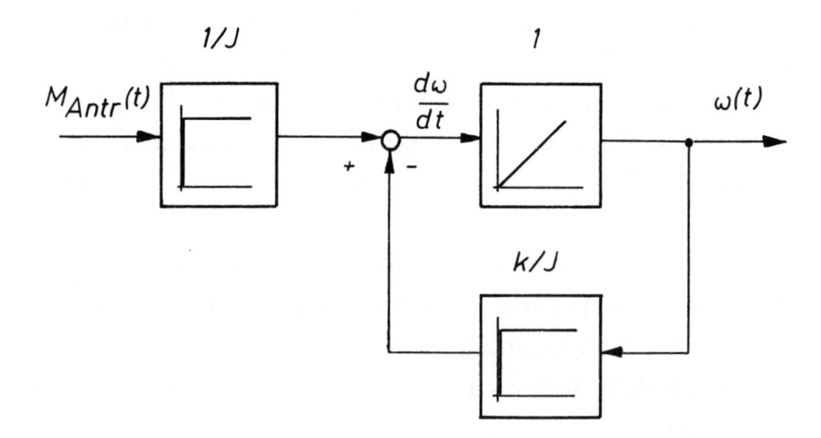

Bild 1.10 Wirkungsplan für die Simulation des PT1-Verhaltens der Regelstrecke "Fahrrad"

Für das PT2-Verhalten, das in Kapitel 2.1 beschrieben wird, läßt sich der folgende Ansatz machen: Die Differentialgleichung zweiter Ordnung wird nach der höchsten Ableitung aufgelöst.

$$T_2^2 \cdot \ddot{v}(t) + T_1 \cdot \dot{v}(t) + v(t) = K \cdot u(t)$$

$$\ddot{v}(t) = \frac{K}{T_2^2} \cdot u(t) - \frac{T_1}{T_2^2} \cdot \dot{v}(t) - \frac{1}{T_2^2} \cdot v(t) \qquad (1.11)$$

Den zugehörigen Wirkungsplan enthält *Bild 1.11.*

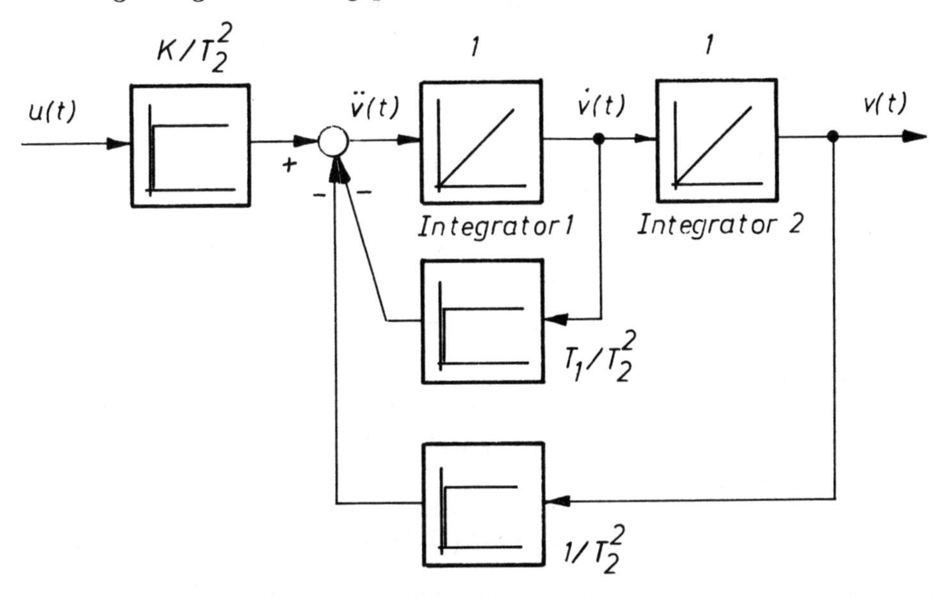

Bild 1.11 Wirkungsplan für die Simulation des PT2-Verhaltens

Man erkennt aus den *Bildern 1.9 bis 1.11*, daß das Herzstück der Simulation die Integration ist. In jedem der drei Wirkungspläne ist ein integrierendes Glied enthalten. Die Differentialgleichung des Zeitverhaltens, das nachgebildet werden soll, wird durch Integration gelöst. Beim Verhalten höherer Ordnung enthält die Simulation soviele Integratoren, wie der Grad der zugehörigen Differentialgleichung angibt. Für die Simulation des PT2-Gliedes werden zwei, für die des PT1-Gliedes ein Integrator benötigt.
Der Wirkungsplan enthält darüberhinaus nur noch Additionen, bzw. Subtraktionen und Multiplikationen mit konstanten Ausdrücken.

Analoge Simulation: das zu untersuchende System wird durch ein elektronisches Modell dargestellt. Die Integration erfolgt mit Hilfe von Operationsverstärkern, vgl. Kapitel 4.2.2 . Es wird der physikalische Effekt ausgenutzt, daß die Spannung an einem elektrischen Kondensator ansteigt, wenn ein Ladestrom i(t) in den Kondensator hineingeleitet wird.
Auf diesem Grundprinzip beruht die elektronische analoge Simulation von Regelkreisgliedern auf dem Analogrechner [2].

Digitale Simulation: mit Hilfe des Digitalrechners wird das zu untersuchende System mathematisch nachgebildet. Die Integration erfolgt numerisch durch Aufaddieren endlicher Schritte, vgl. Kapitel 4.5.3 .
Die unendlich kleinen Differentiale $d...$ und dt der Differentialgleichung des zu simulierenden Systems werden durch die endlichen Differenzen $\Delta...$ und Δt ersetzt.
An die Stelle der Integration der Differentiale tritt die Aufsummierung der Differenzen. Der dabei entstehende Fehler ist umso kleiner, je feiner die Schrittweite ist, d.h. je kleiner die Differenz Δt bei der Aufsummierung gewählt wird.
Im folgenden soll die digitale Integration der Gleichung 1.9 durchgeführt werden. Nach Ersetzen der Differentiale durch die Differenzen erhält man aus Gl.(1.9):

$$\frac{\Delta\omega}{\Delta t} = \frac{1}{J} \cdot [M_{Antr} - M_W]$$

Daraus berechnet sich der Zuwachs der Drehgeschwindigkeit $\Delta\omega$ je Zeitschritt Δt zu:

$$\Delta\omega = \frac{1}{J} \cdot [M_{Antr} - M_W] \cdot \Delta t$$

Für jeden Zeitschritt wird zum vorhergehenden Wert der Drehgeschwindigkeit ω_i der Zuwachs $\Delta\omega$ hinzugezählt:

$$\omega_{i+1} = \omega_i + \Delta\omega = \omega_i + \frac{1}{J} \cdot [M_{Antr} - M_W] \cdot \Delta t \qquad (1.12)$$

Durch fortlaufende Wiederholung des Rechenschrittes bekommt man den zeitlichen Verlauf der Winkelgeschwindigkeit $\omega = f(t)$. Wenn die Werte über der Zeitachse aufgezeichnet werden, erhält man eine Treppenkurve, die umso genauer in eine stetige Kurve übergeht, je enger die Schrittweite Δt gewählt wird.

Es empfiehlt sich, bei der digitalen Simulation auf dem Rechner die Integration als Unterprogramm oder als Funktion zu definieren. Diese wird überall dort im Programmablauf aufgerufen, wo integriert werden soll.

In Form eines Struktrogramms geschrieben ergibt sich folgende Darstellung:

Funktion "Integration"
Integration ist gleich Ausgangsgröße plus Eingangsgröße mal Zeitintervall
Ende der Funktion "Integration"

In der Pascal geschrieben ergibt sich folgende Befehlsfolge:

```
function integration (u_int, v_int : real) : real ;
begin
  integration := v_int + u_int * delta_t ;
end  {function integration} ;
```

Die Anwendung auf Gl.(1.12) zeigt *Bild 1.12* .

Schrieb a :

Simulation für die Werte $J = 10kgm^2$, $M_{Antr} = 20Nm$, $M_W = 5Nm$ bei einer Schrittweite von $\Delta t = 0,2s$.

Schrieb b :

$M_{Antr} = 14Nm$, Schrittweite $\Delta t = 0,1s$.

Schrieb c :

$M_{Antr} = 10Nm$, Schrittweite $\Delta t = 0,01s$.

Das vollständige Programm ist im Anhang enthalten.

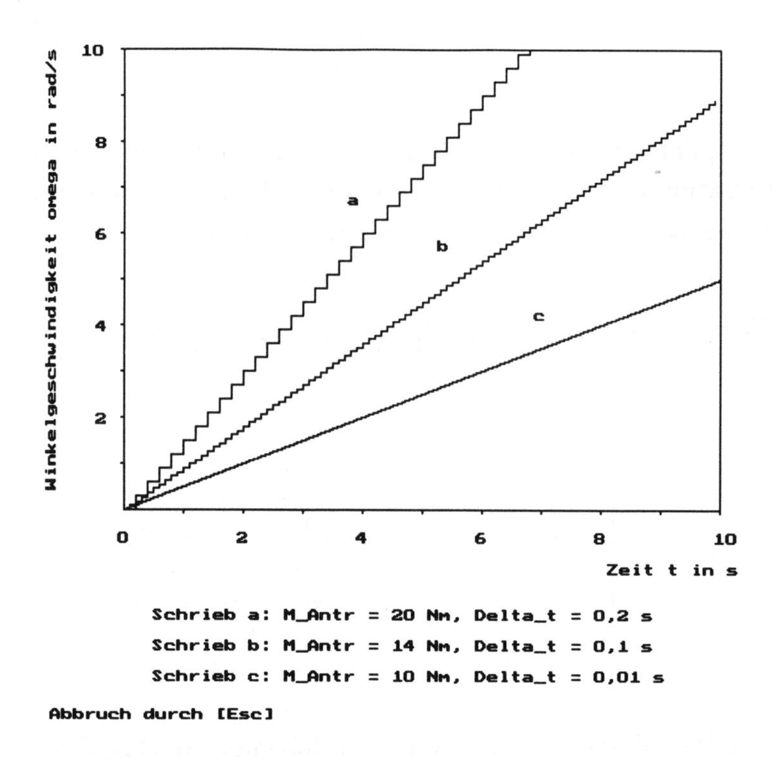

Bild 1.12 Simulation der Beschleunigung bei konstantem Moment

Die Simulation des PT1-Verhaltens nach Gl.(1.10) zeigt *Bild 1.13*. Es wird ein Antriebsmoment von 40 Nm vorgegeben, das sich nach 10 s auf 30 Nm reduziert.

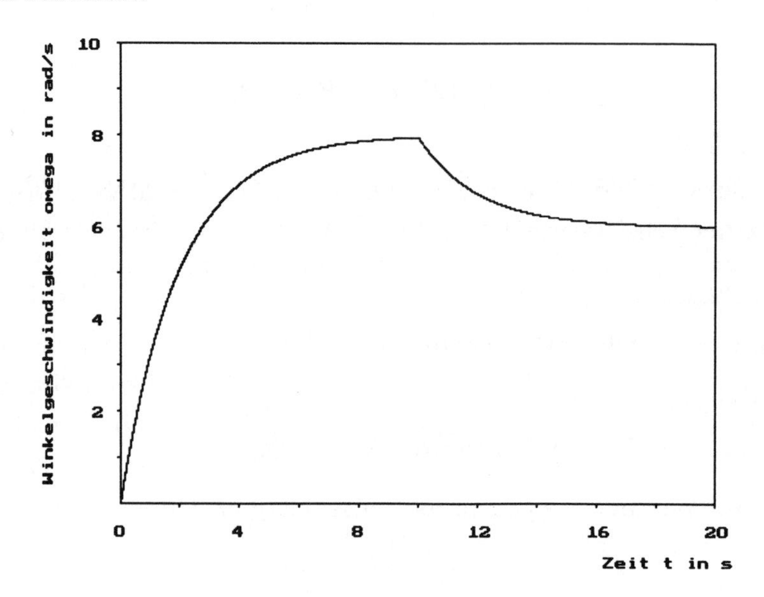

Bild 1.13 Simulation des dynamischen Verhaltens nach PT1

Für die digitale Integration wird hier der Rechteck-Algorithmus von Euler zugrundegelegt. Bei ihm wird das Integral durch Aufsummierung von Rechtecken endlicher Breite angenähert. Dieses Verfahren ist einfach zu berechnen und erfordert nur relativ geringe Rechenzeiten. Für einfache Simulationsaufgaben genügt das Rechteckverfahren, wenn man mit einer ausreichend feinen Schrittweite arbeiten kann.
Bei weitergehenden Anforderungen werden verfeinerte Verfahren wie der Trapez-Algorithmus oder das Verfahren von Runge-Kutta eingesetzt [1]. Dabei wird die Schrittweite meistens automatisch an das Simulationsproblem angepaßt.
Bei der Lösung der Aufgabe 7.4 wird exemplarisch das grafische Simulationsprogramm MATLAB-SIMULINK angewendet.

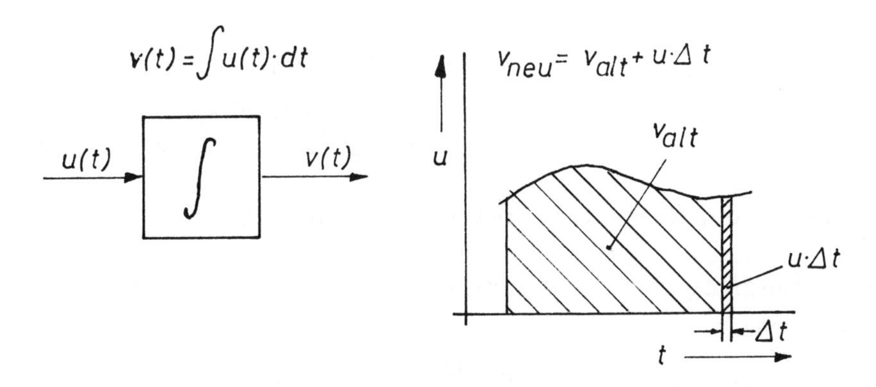

Bild 1.14 Integration nach dem Euler Verfahren

Simulationsverfahren werden nicht nur in der Regelungstechnik sondern u.a. auch in den Wirtschaftswissenschaften, in der Fertigungstechnik oder in der Logistik eingesetzt. Ein wachsendes Einsatzfeld liegt in der Automobiltechnik. Dort bemüht man sich darum, die für den Nachweis der Fahrsicherheit erforderlichen aufwendigen Crashversuche durch Simulation zu ersetzen. In der Luft- und Raumfahrt wird die Simulation mit Erfolg zur Ausbildung des fliegenden Personals eingesetzt. Teuere und riskante Flugmanöver können dadurch eingespart werden, daß schwierige Situationen im Simulator nachgebildet werden.

1.4 Die wichtigsten Arten stetiger Regler

Bei dem betrachteten Geschwindigkeitsregelkreis bildet das Fahrrad die Regelstrecke, der Fahrer übt die Funktion des Reglers aus. Er vergleicht den Sollwert mit dem Istwert und steuert entsprechend der Differenz zwischen diesen beiden Werten die Eingangsgröße der Regelstrecke.

Bei der automatischen Regelung wird der menschliche Regler durch einen Apparat ersetzt. Dieser bildet die Regeldifferenz $e = w - x$ und berechnet die Stellgröße y je nach dem Reglertyp nach einem ganz bestimmten Rechengesetz.

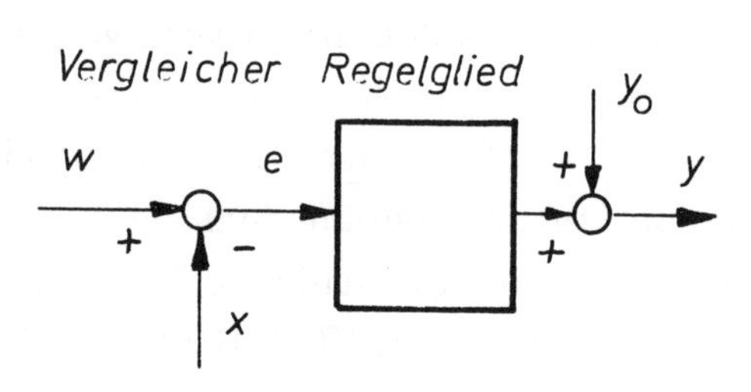

Bild 1.14 Wirkungsplan des Reglers
w Führungsgröße, x Regelgröße
y Stellgröße, y_0 Korrekturgröße

Nach der Art der Rechenvorschrift unterscheidet man:

Proportionalregler (P-Regler), die Stellgröße ist proportional zur Regeldifferenz:

$$y = K_{PR} \cdot (w - x) + y_0 \tag{1.13}$$

Integralregler (I-Regler), die Stellgröße ist proportional dem zeitlichen Integral der Regeldifferenz, bzw. die Änderung der Stellgröße ist proportional der Regeldifferenz:

$$y = K_{IR} \cdot \int (w - x) \cdot dt \tag{1.14}$$

Proportional-Integralregler (PI-Regler), die Stellgröße setzt sich zusammen aus einem Anteil, der der Regeldifferenz proportional ist und einem Anteil, der der dem zeitlichen Integral der Regeldifferenz proportional ist:

$$y = K_{PR} \cdot (w - x) + K_{IR} \cdot \int (w - x) \cdot dt \tag{1.15}$$

Proportional-Differentialregler (PD-Regler), die Stellgröße entsteht aus einem Anteil, der proportional zur Regeldifferenz ist und einem Anteil, der proportional zur Änderung der Regeldifferenz ist:

$$y = K_{PR} \cdot (w - x) + K_{DR} \cdot d(w - x)/dt + y_0 \tag{1.16}$$

Proportional-Integral-Differentialregler (PID-Regler), hier ergibt sich die Stellgröße als Summe von proportionalem, integralem und differentiellem Anteil:

$$y = K_{PR} \cdot (w - x) + K_{IR} \cdot \int (w - x) \cdot dt + K_{DR} \cdot \frac{d(w - x)}{dt} \tag{1.17}$$

Erläuterung zu y_0: y_0 ist ein Korrekturfaktor zur Stellgröße y. Bei Reglern, die nur P- bzw. PD-Anteile aufweisen, ist der Korrekturwert erforderlich, damit im Auslegungspunkt (Betriebspunkt) die Regeldifferenz tatsächlich zu Null wird.

Bei den Reglern mit I-Anteil ist der Faktor y_0 nicht erforderlich, weil die Regeldifferenz infolge des integralen Anteils ohnehin verschwindet. Dennoch ist es vorteilhaft, auch beim I-Regler, PI-Regler und beim PID-Regler den Korrekturfaktor y_0 einzuführen, um den Regler in der Nähe des Betriebspunktes zu entlasten. Da der Korrekturfaktor dafür sorgt, daß die Regeldifferenz im Betriebspunkt Null ist, wird der Regler dann weitgehend symmetrisch belastet.

In vielen Fällen reicht es aus, eine Regelstrecke mit einem P-Regler zu regeln. Der P-Regler ist einfach zu realisieren. Er reagiert schnell, kann aber bei Regelstrecken mit Ausgleich die Regeldifferenz nicht vollständig beseitigen.

Dieses gelingt mit dem I-Regler ohne weiteres. Der I-Regler hat jedoch den Nachteil, daß er nur langsam reagiert.

Der PI-Regler vereinigt die Vorteile von P- und I-Anteil. Er wird dementsprechend häufig verwendet.

Beim PID-Regler kommt ein weiterer Pluspunkt durch den D-Anteil hinzu. Der D-Anteil reagiert auf die Änderungen der Regeldifferenz und verbessert dadurch die Stabilität des Regelkreises.

Gleiches gilt für den PD-Regler. Jedoch ist dieser ebenso wie der P-Regler nicht in der Lage, die Regeldifferenz vollständig zu beseitigen.

Ein D-Regler macht keinen Sinn. Er könnte nur auf Änderungen der Regeldifferenz reagieren und würde eine konstante Abweichung nicht ausregeln. Die Beziehung

$$y = K_{DR} \cdot \frac{d(w - x)}{dt}$$

ergibt den Wert Null, wenn die Regeldifferenz e = (w - x) konstant ist. Aus diesem Grunde werden D-Anteile beim Regler nur in Verbindung mit P-Anteilen verwendet.

Im Kapitel 1.6 wird die Wirkung des P-Reglers, des I-Reglers und des PI-Reglers für die Drehzahlregelung einer Maschine untersucht.
Im Kapitel 4 werden die Regeleinrichtungen im einzelnen betrachtet und Angaben zu ihrer Realisierung gemacht.

1.5 Betrachtungen am geschlossenen Regelkreis

DIN 19226 definiert den Vorgang des Regelns in folgender Weise:
Die **Regelung** ist ein Vorgang, bei dem die zu regelnde Größe fortlaufend erfaßt, mit der Führungsgröße verglichen und im Sinne einer Angleichung an die Führungsgröße beeinflusst wird. Der sich dabei ergebende Wirkungsablauf findet in einem geschlossenen Kreis statt.

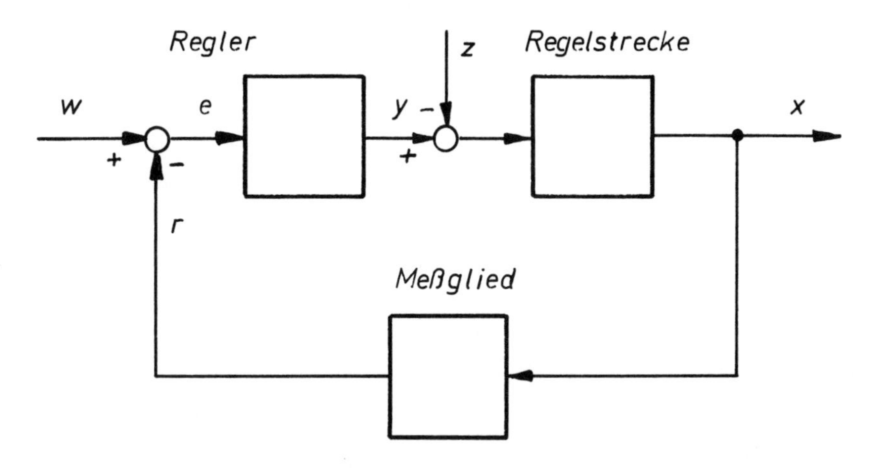

Bild 1.15 Wirkungsplan des Regelkreises
w Führungsgröße, x Regelgröße, r Rückführgröße,
e Regeldifferenz, y Stellgröße, z Störgröße

Im Gegensatz zur Regelung ist nach DIN 19226 die **Steuerung** der Vorgang in einem System, bei dem eine oder mehrere Eingangsgrößen andere Ausgangsgrößen aufgrund der dem System eigentümlichen Gesetzmäßigkeit beeinflussen. Für die Steuerung ist die offene Steuerkette kennzeichnend.

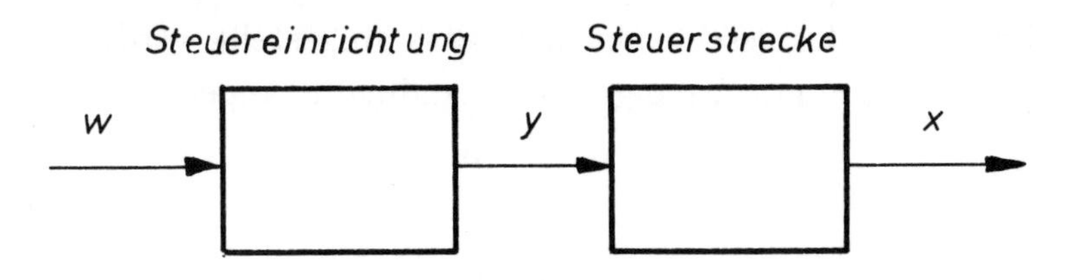

Bild 1.16 Wirkungsplan der Steuerkette
w Führungsgröße, y Stellgröße, x gesteuerte Größe

Jeder Regelkreis enthält mindestens eine Steuerkette, das ist die Reihenschaltung von Regler und Regelstrecke.
Eine Steuerung kann auf der anderen Seite auch Regelkreise enthalten. Die Steuerung der Position eines Werkzeugmaschinenschlittens enthält z.B. einen Regelkreis für die Regelung des Drehwinkels des Servomotors.

Falls das Übertragungsverhalten des Meßglieds ohne Bedeutung ist und die Regelgröße gleiche Dimension wie die Führungsgröße hat, kann das Meßglied im Wirkungsplan entfallen. Die Regeldifferenz berechnet sich dann zu $e = w - x$.

Die Störgröße z ist nicht notwendigerweise dimensionsgleich mit der Stellgröße y . Sie greift häufig nicht vor der Regelstrecke sondern an einem Ort innerhalb der Strecke an. In diesem Fall muß die Wirkung der Störgröße auf die Strecke genauer definiert werden.

Die Regelstrecke ist der Teil einer Anlage, in der die Regelung durchgeführt werden soll. Sie erstreckt sich vom Stellort bis zum Meßort.

Der Regler umfaßt die Vergleichsstelle und das Regelglied. Die Vergleichsstelle vergleicht den Istwert mit dem Sollwert. Das Regelglied bestimmt das Verhalten der Regeleinrichtung, vgl. Abschnitt 1.4 .

Beim Regelkreis unterscheidet man Führungsverhalten und Störverhalten.
Mit Führungsverhalten bezeichnet man die Reaktion der Regelgröße des Regelkreises auf eine Änderung der Führungsgröße.
Das Störverhalten ist durch die Reaktion der Regelgröße auf einen Eingriff der Störgröße gekennzeichnet.

Zur Beurteilung des dynamischen Verhaltens des Regelkreises muß die Differentialgleichung des geschlossenen Kreises aufgestellt werden und ihre Lösung für bestimmte Anfangs- und Randbedingungen berechnet werden.

Die Differentialgleichung des Regelkreises bekommt man, indem man die Gleichungen für den Regler und für die Regelstrecke miteinander kombiniert.

Die Gleichung für einen einfachen proportional wirkenden Regler lautet:

$$y = K_{PR} \cdot (w - x) + y_0$$

y ist die Stellgröße, x die Regelgröße, w die Führungsgröße und y_0 eine Korrekturgröße, mit der man den Regler auf seinen Arbeitspunkt einstellen kann. K_{PR} ist der Verstärkungsfaktor des Reglers.

Für die PT1-Regelstrecke bekommt man folgende Gleichung:

$$T_S \cdot \frac{dx}{dt} + x = K_{PS} \cdot (y - z)$$

T_S ist die Zeitkonstante der Regelstrecke, K_{PS} ist der Übertragungsfaktor der Strecke, z ist die Störgröße.

Durch Kombination der beiden Gleichungen erhält man die Differentialgleichung des Regelkreises:

$$T_S \cdot \frac{dx}{dt} + x = K_{PS} \cdot [K_{PR} \cdot (w - x) + y_0] - K_{PS} \cdot z$$

$$\frac{T_S}{1 + K_{PR} \cdot K_{PS}} \cdot \frac{dx}{dt} + x = \frac{K_{PR} \cdot K_{PS}}{1 + K_{PR} \cdot K_{PS}} \cdot w + \\ + \frac{K_{PS}}{1 + K_{PR} \cdot K_{PS}} \cdot y_0 - \frac{K_{PS}}{1 + K_{PR} \cdot K_{PS}} \cdot z$$

$$T_{Kr} \cdot \frac{dx(t)}{dt} + x(t) = K_{Pw} \cdot w(t) + K_{Py} \cdot y_0 - K_{Pz} \cdot z(t) \qquad (1.18)$$

Zeitkonstante des Regelkreises: $T_{Kr} = \frac{T_S}{1+K_{PR} \cdot K_{PS}}$

Übertragungsfaktor des Führungsverhaltens: $K_{Pw} = \frac{K_{PR} \cdot K_{PS}}{1+K_{PR} \cdot K_{PS}}$

Übertragungsfaktor des Störverhaltens: $K_{Pz} = \frac{K_{PS}}{1+K_{PR} \cdot K_{PS}} \equiv K_{Py}$

Die Korrekturgröße y_0 wird hier nicht weiter betrachtet, da sie nur zur einmaligen Kompensation der bleibenden Regeldifferenz dient.

Man erhält für das Führungsverhalten und das Störverhalten folgende Sprungantworten:

1) Führungssprungantwort aus der Lösung der Differentialgleichung für einen Sprung der Führungsgröße w um $\hat{w}$,

2) Störsprungantwort aus der Lösung der Differentialgleichung für einen Sprung der Störgröße z um $\hat{z}$.

Für Fall 1 bekommt man:

$$x(t) = K_{Pw} \cdot \hat{w} \cdot (1 - e^{-\frac{t}{T_{Kr}}}) \tag{1.19}$$

Für Fall 2 bekommt man entsprechend:

$$x(t) = -K_{Pz} \cdot \hat{z} \cdot (1 - e^{-\frac{t}{T_{Kr}}}) \tag{1.20}$$

Zur Lösung der Differentialgleichung vergleiche Abschnitt 1.2

Bild 1.17 zeigt die entsprechenden Sprungverläufe und die zugehörigen Sprungantworten der Regelstrecke.

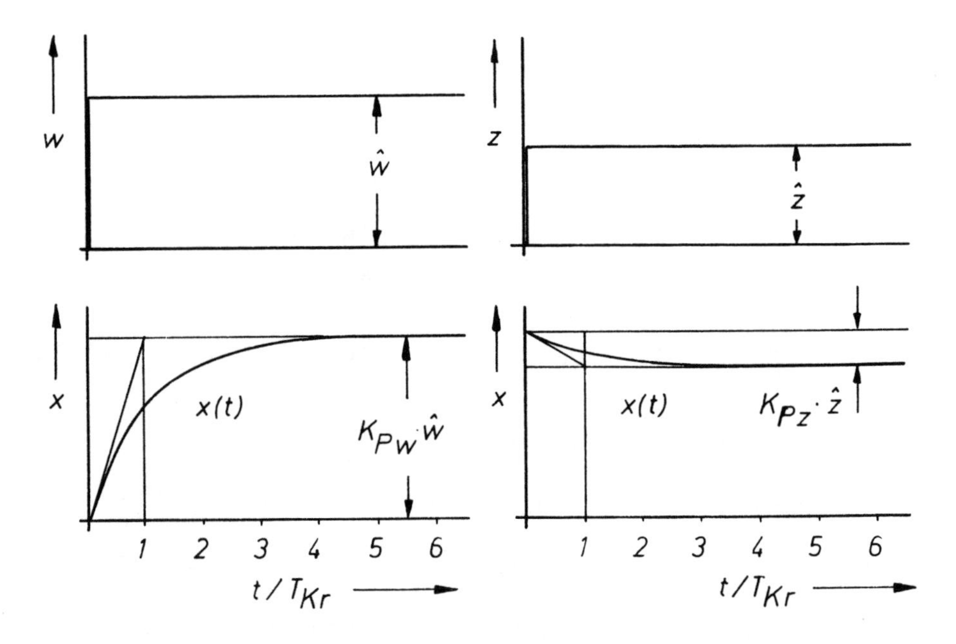

Bild 1.17 Sprungantworten des Regelkreises

Folgende Beiwerte können für die Beurteilung des Regelkreises herangezogen werden:

Die Kreisverstärkung $V_0 = K_{PR} \cdot K_{PS}$ ist das Produkt aller im Regelkreis vorhandenen Übertragungsfaktoren. Sie gibt Auskunft darüber, um welchen Faktor sich das im Regelkreis umlaufende Signal vergrößert.

Der Regelfaktor $R = \frac{1}{1+K_{PR} \cdot K_{PS}}$ ist ein Maß für die Wirkung des Reglers im geschlossenen Regelkreis gegenüber dem Fall der reinen Steuerung.

In den folgenden Bildern werden weitere Beispiele für Regelkreise gezeigt.

Durchflußregelung:

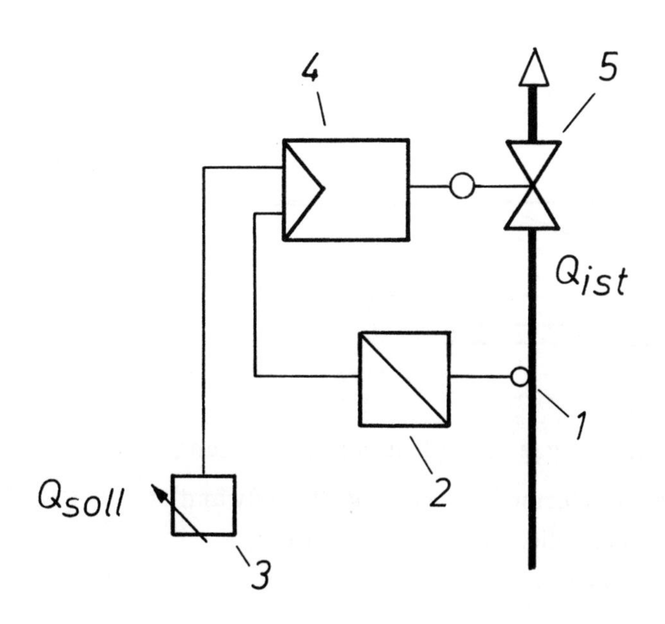

Bild 1.18 Funktionsskizze einer Durchflußregelung

1 Durchflußmeßeinrichtung, 2 Meßwandler, 3 Sollwertsteller, 4 Regeleinrichtung, 5 Stellventil

Am Sollwertsteller wird der gewünschte Wert für den Durchfluß vorgewählt.
Im Regler wird dieser Führungswert mit dem gemessenen Wert verglichen und das Ventil entsprechend der berechneten Differenz so eingestellt, daß der tatsächliche Durchfluß sich dem gewünschten Wert annähert.

Temperaturregelung:

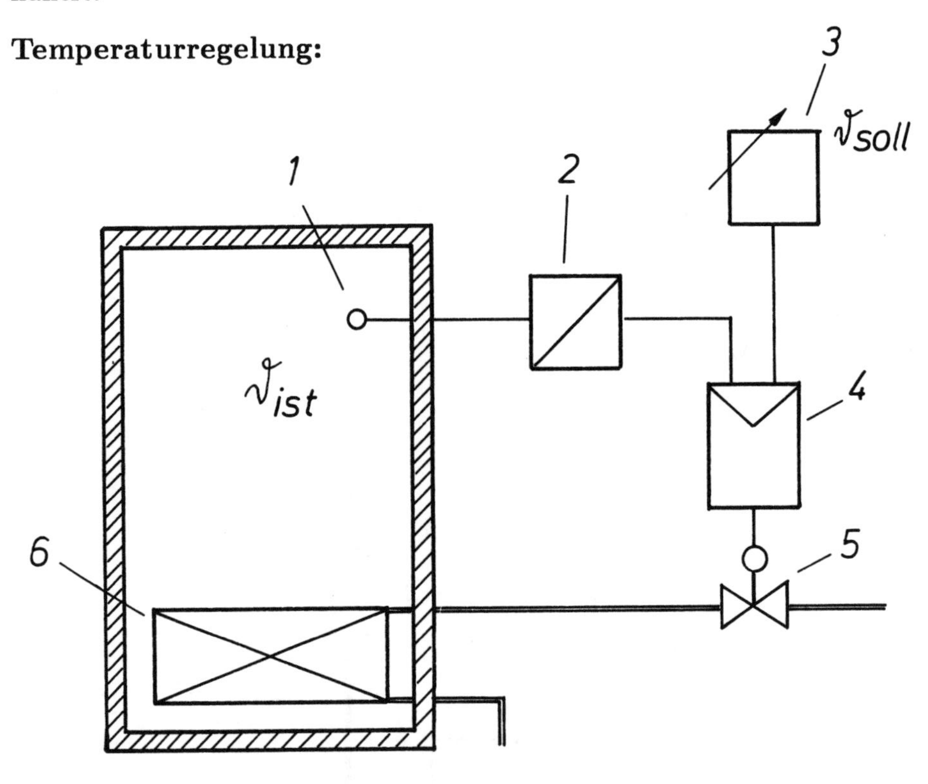

Bild 1.19 Funktionsskizze einer Temperaturregelung

1 Temperaturmeßeinrichtung, 2 Meßwandler,
3 Sollwertsteller, 4 Regeleinrichtung,
5 Stellventil, 6 Heizregister

Der am Sollwertsteller vorgewählte Wert für die Temperatur wird im Regler mit der gemessenen Ist-Temperatur verglichen. Entsprechend der Differenz wird das Stellventil des Heizregisters in der Weise beeinflußt, daß sich die Isttemperatur der Solltemperatur angleicht.

Übungsaufgabe 1.2:

Man berechne und zeichne die Sprungantworten eines Regelkreises, der einen proportionalen Regler mit dem Verstärkungsfaktor $K_P = 3$ besitzt und der eine PT1 Regelstrecke mit dem Übertragungsbeiwert $K_{PS} = 1$ und mit der Zeitkonstante $T_S = 0,5s$ enthält.

Bei der Untersuchung des Führungsverhaltens soll die Regelgröße x zunächst 40% des Maximalwerts betragen. Von hier aus soll die Führungsgröße w um 40% des maximal möglichen Wertes springen.

Bei der Untersuchung des Störverhaltens sei die sprungartige Änderung der Störgröße 33% des Maximalwertes.

Lösung der Übungsaufgabe 1.2:

Um eine Übersicht über die Verhältnisse im Regelkreis zu bekommen, zeichnet man zunächst den Wirkungsplan des Regelkreises.

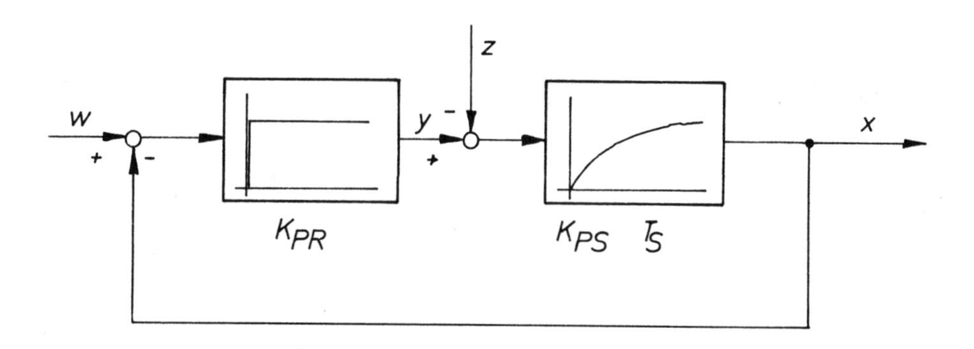

Die Gleichung des Reglers ist: $y = K_{PR} \cdot (w - x)$ bzw. $y = 3 \cdot (w - x)$

Die Gleichung der Regelstrecke lautet: $T_S \cdot \dot{x} + x = K_{PS} \cdot (y - z)$ bzw. $0,5 \cdot \dot{x} + x = 1 \cdot (y - z)$

Daraus ergibt sich die Gleichung des Regelkreises:

$$0,5\dot{x} + x = 3 \cdot (w - x) - z$$

$$0,5\dot{x} + x + 3x = 3w - z$$

$$\frac{0,5}{4}\dot{x} + x = \frac{3}{4}w - \frac{1}{4}z$$

Man erkennt aus der Gleichung ein PT1-Verhalten mit der Zeitkonstanten $T_{Kr} = 0,125s$.
Der Übertragungsfaktor für das Führungsverhalten ist $K_w = 0,75$.
Für das Störverhalten beträgt der Faktor $K_z = 0,25$.
Die Gleichung für die Führungssprungantwort ergibt sich zu:

$$x = 0,75 \cdot 0,4 \cdot w_{max} \cdot (1 - e^{-8t})$$

Für die Sprungantwort bei Störung gilt entsprechend:

$$x = -0,25 \cdot 0,33 \cdot z_{max} \cdot (1 - e^{-8t})$$

Die Zeitverläufe sind:

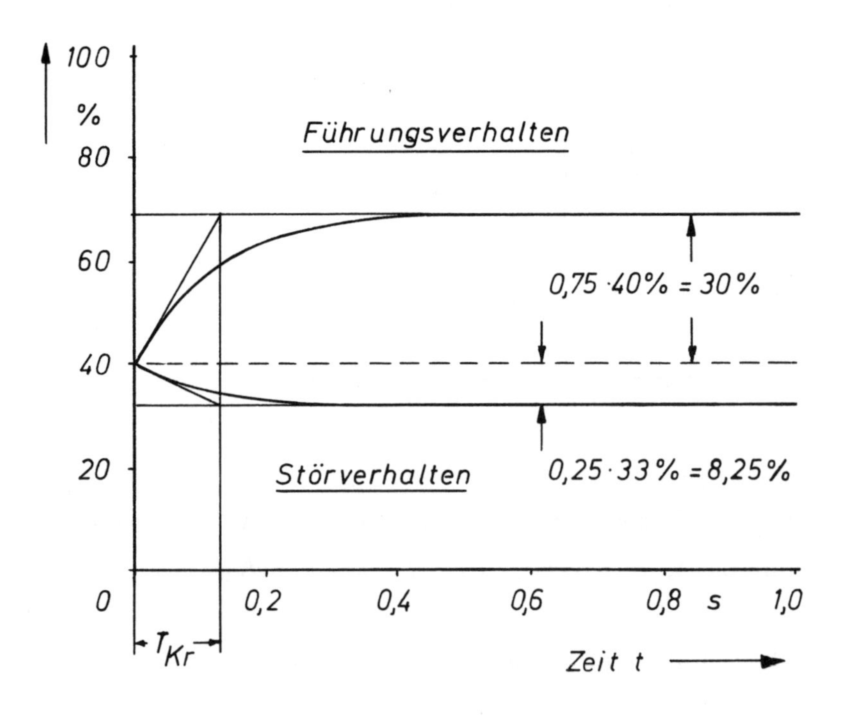

1.6 Die selbsttätige Drehzahlregelung einer Maschine

Bild 1.20 zeigt die Geräteskizze für die Regelung der Drehzahl einer Maschine.

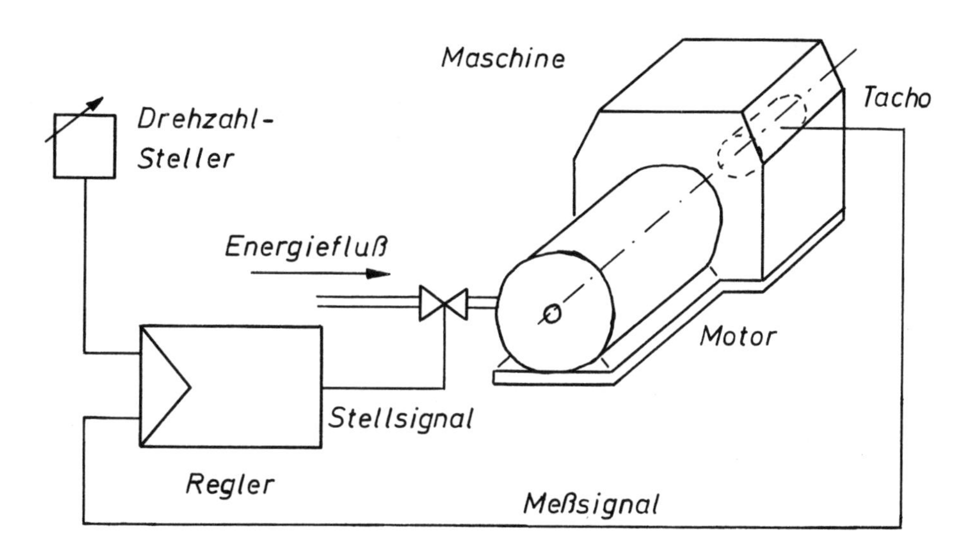

Bild 1.20 Selbsttätige Drehzahlregelung einer Maschine

Der Maschinensatz wird durch einen Motor angetrieben (Elektromotor, Hydraulikmotor, Verbrennungskraftmaschine etc.). Es sei hier der Fall angenommen, daß die angetriebene Arbeitsmaschine ein drehzahlproportionales Lastmoment erfährt, wie dies beispielsweise bei Walzen, Kalandern usw. der Fall ist. Das Lastdrehmoment wirkt dem Antriebsmoment entgegen und hat zur Folge, daß der Maschinensatz sich insgesamt wie ein propotionales Übertragungsglied mit Verzögerung erster Ordnung (PT1) verhält. *Bild 1.21* zeigt den zugehörigen Wirkungsplan.

Der Wirkungsplan stellt den Signalfluß durch den Regelkreis dar:
Die Ausgangsgröße der Maschine, die Drehzahl n, wird mit einem Meßgenerator erfaßt und in eine für den Regler passende Meßgröße r umgesetzt. Im Regler wird diese mit der Führungsgröße w verglichen. Die Ausgangsgröße y des Reglers ist die Eingangsgröße der Regelstrecke. Der Regler soll im betrachteten Fall P-Verhalten besitzen ebenso das Meßgerät. Alle Störmomente, die von außen auf die Maschine einwirken, sind in dem Störmoment M_z zusammengefaßt.

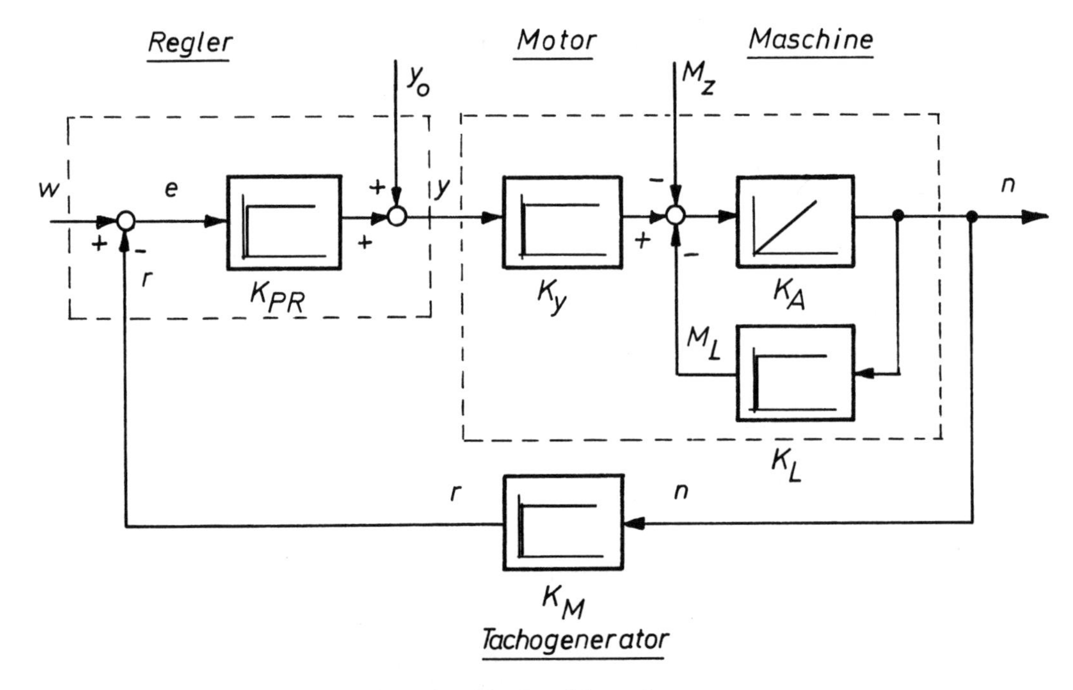

Bild 1.21 Wirkungsplan der Drehzahlregelung

1.6.1 Drehzahlregelung mit einem proportionalen Regler

Es ergeben sich für die Berechnung der Reaktion des Regelkreises folgende Gleichungen:

Gleichung für den Regler:

$$y = K_{PR} \cdot (w - r) + y_0$$

Gleichung für den Maschinensatz (Regelstrecke):

$$\frac{1}{K_A \cdot K_L} \cdot \dot{n} + n = \frac{K_y}{K_L} \cdot y - \frac{1}{K_L} \cdot M_z$$

Gleichung für das Meßgerät:

$$r = K_M \cdot n$$

Differentialgleichung des Drehzahlregelkreises:

$$\frac{1}{K_A \cdot K_L} \cdot \dot{n} + n = \frac{K_y \cdot K_{PR}}{K_L} \cdot w - \frac{K_y \cdot K_{PR} \cdot K_M}{K_L} \cdot n + \frac{K_y}{K_L} \cdot y_0 - \frac{1}{K_L} \cdot M_z$$

$$\frac{\frac{1}{K_A \cdot K_L}}{1 + K_{PR} \cdot \frac{K_y \cdot K_M}{K_L}} \cdot \dot{n} + n = \frac{\frac{K_{PR} \cdot K_y}{K_L}}{1 + K_{PR} \cdot \frac{K_y \cdot K_M}{K_L}} \cdot w$$

$$+ \frac{\frac{K_y}{K_L}}{1 + K_{PR} \cdot \frac{K_y \cdot K_M}{K_L}} \cdot y_0 - \frac{\frac{1}{K_L}}{1 + K_{PR} \cdot \frac{K_y \cdot K_M}{K_L}} \cdot M_z$$

Wenn man die Konstanten in der Differentialgleichung zusammenfaßt, erkennt man, wie die Drehzahl n des Maschinensatzes durch die drei Eingangsgrößen w, y_0, M_z beeinflußt wird. Für alle drei Einflüsse ergibt sich die gleiche Dynamik, nämlich ein PT1-Verhalten mit der Zeitkonstante T_{KR} . Die Einflüsse werden jedoch durch die jeweiligen Faktoren K_w, K_{korr} und K_z der drei P-Glieder unterschiedlich gewichtet.

$$T_{Kr} \cdot \dot{n} + n = K_w \cdot w + K_{korr} \cdot y_0 - K_z \cdot M_z \qquad (1.21)$$

Die Differentialgleichung wird in der gleichen Weise gelöst, wie auf S.5 beschrieben. Für sprungförmige Eingangsgrößen bekommt man die folgenden Lösungsgleichungen:

Wenn die Führungsgröße w um den Betrag $\hat{w}$ springt, ändert sich die Drehzahl wie folgt:

$$n(t) = K_w \cdot \hat{w} \cdot (1 - e^{-\frac{1}{T_{Kr}} \cdot t}) \qquad (1.22)$$

T_{Kr} ist die Zeitkonstante des Regelkreises: $T_{Kr} = \frac{\frac{1}{K_A \cdot K_L}}{1+K_{PR} \cdot \frac{K_y \cdot K_M}{K_L}}$

K_w ist die Übertragungskonstante für w: $K_w = \frac{\frac{K_{PR} \cdot K_y}{K_L}}{1+K_{PR} \cdot \frac{K_y \cdot K_M}{K_L}}$

Durch Änderung des Korrekturfaktors y_0 verschiebt sich die Drehzahl folgendermaßen:

$$n(t) = K_{korr} \cdot y_0 \cdot (1 - e^{-\frac{1}{T_{Kr}} \cdot t}) \qquad (1.23)$$

Übertragungsfaktor: $K_{korr} = \frac{K_y}{K_L \cdot (1+\frac{K_{PR} \cdot K_y \cdot K_M}{K_L})}$

Bei einer sprungförmigen Änderung des Lastmomentes M_z um $\hat{M}_z$ reagiert die Drehzahl wie folgt:

$$n(t) = -K_z \cdot \hat{M}_z \cdot (1 - e^{-\frac{1}{T_{Kr}} \cdot t}) \qquad (1.21)$$

Übertragungsfaktor : $K_z = \frac{1}{K_L \cdot (1 + \frac{K_{PR} \cdot K_y \cdot K_M}{K_L})}$

Bild 1.22 zeigt die entsprechenden Verläufe der Drehzahl.

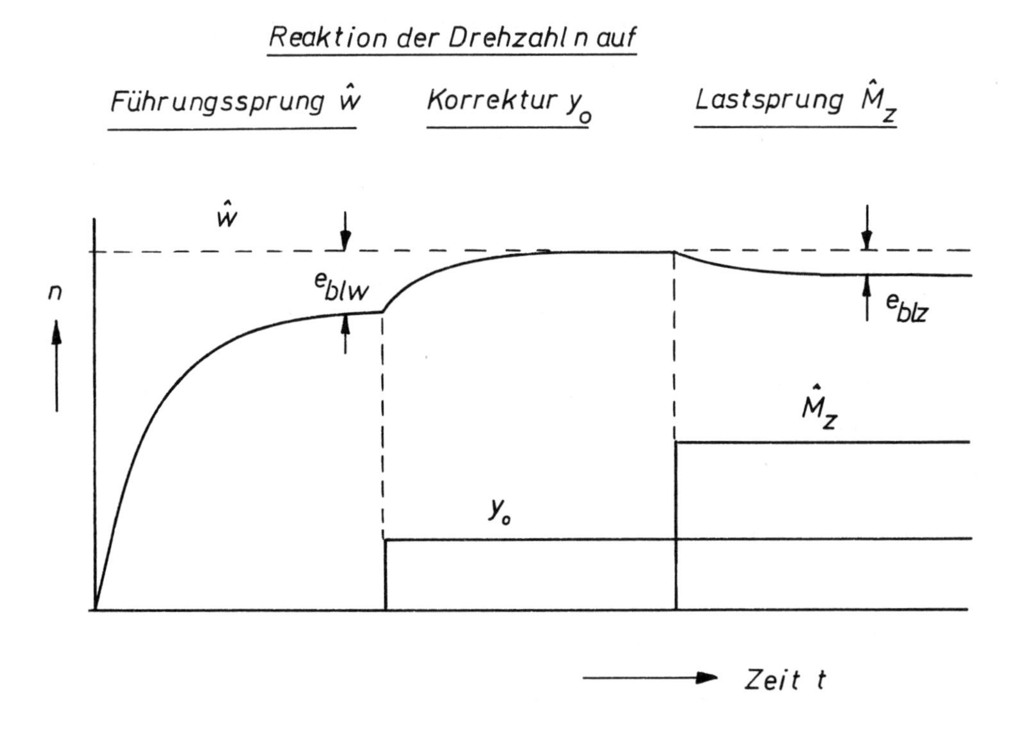

Bild 1.22 Änderung der Drehzahl unter dem Einfluß von Führungsgröße, Korrekturgröße und Lastmoment.

Bei einer idealen Regelung dürfte eine Änderung der Last keinen Einfluß auf die Drehzahl haben. In Wirklichkeit gibt es einen solchen idealen Regler nicht. Aus dem Drehzahlverlauf in Bild 1.22 erkennt man, daß die Drehzahl unter der Wirkung des Lastmoments nachgibt.

Die nach einem Sprung des Lastmomentes im Beharrungszustand noch vorhandene Änderung der Regelgröße n wird bleibende Regeldifferenz e_{blz} genannt. Sie ist proportional zum auftretenden Lastmoment und außerdem abhängig vom Übertragungsfaktor K_z.

K_z kann durch Vergrößern der Verstärkung des proportionalen Reglers K_{PR} kleiner gemacht werden. Dadurch läßt sich die bleibende Regeldifferenz e_{blz} verringern.

Bild 1.23 zeigt Ergebnisse der Untersuchung des Drehzahlregelkreises mit proportionalem Regler. Es wird die bleibende Regeldifferenz anhand der Sprungantwort des Kreises bei verschiedenen Einstellungen der Reglerverstärkung K_{PR} berechnet.

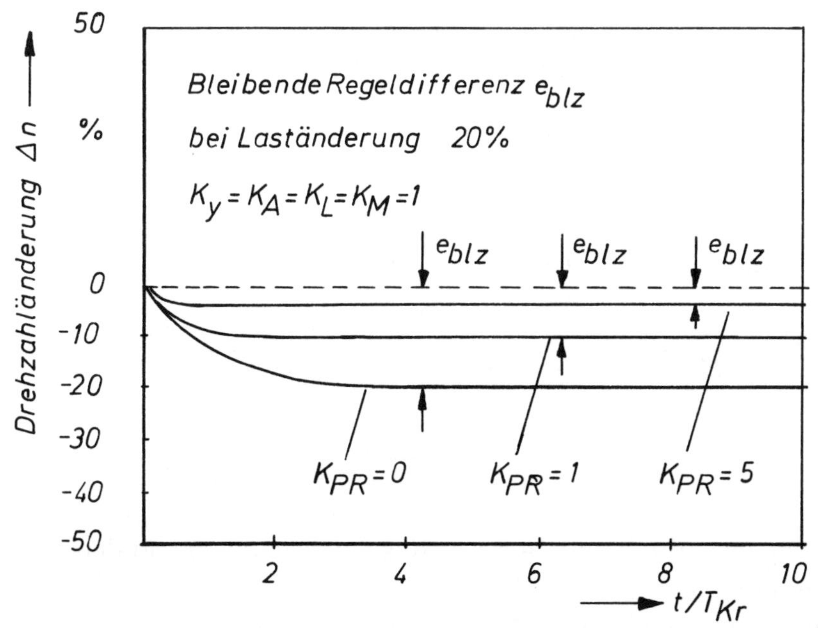

Bild 1.23 Reaktion des Drehzahlregelkreises auf sprungartige Änderung des Störmomentes M_z um 20 % bei verschiedenen Einstellungen der Reglerverstärkung K_{PR}.

Man erkennt, daß die bleibende Regeldifferenz umso kleiner wird, je größer die Reglerverstärkung gewählt wird. Unendlich große Verstärkungen sind jedoch nicht realisierbar, da die Beanspruchung des Stellgliedes dadurch zu groß wird.

Wenn noch weitere vorher unerkannte Verzögerungen in der Regelstrecke enthalten sind, würde der Regelkreis bei größerer Verstärkung sogar zu schwingen beginnen.
Der reine proportionale Regler ist daher nur bei einfachen Regelstrekken, die geringe Verzögerungen enthalten, einsetzbar.
Die bleibende Regeldifferenz läßt sich restlos beseitigen, wenn statt des proportionalen Reglers der integrale Regler eingesetzt wird. Durch die Integration verändert sich die Regelgröße solange, bis keine Differenz zwischen Sollwert und Istwert mehr vorhanden ist.

1.6.2 Drehzahlregelung mit einem integralen Regler

Der Regelkreis berechnet sich aus folgenden Gleichungen:

$$y = K_{IR} \cdot \int (w - r) \cdot dt$$

$$\frac{1}{K_A \cdot K_L} \cdot \frac{dn}{dt} + n = \frac{K_y}{K_L} \cdot y - \frac{1}{K_L} \cdot M_z$$

$$r = K_M \cdot n$$

Daraus ergibt sich die Regelkreisgleichung:

$$\frac{1}{K_A \cdot K_y \cdot K_M \cdot K_{IR}} \cdot \frac{d^2n}{dt^2} + \frac{K_L}{K_y \cdot K_M \cdot K_{IR}} \cdot \frac{dn}{dt} + n = \frac{1}{K_M} \cdot w - \frac{1}{K_y \cdot K_M \cdot K_{IR}} \cdot \frac{dM_z}{dt} \tag{1.24}$$

Bild 1.24 zeigt die Simulation des Regelkreises mit integralem Regler bei Störanregung.
Das Bild läßt erkennen, daß keine bleibende Regeldifferenz erhalten bleibt. Es wird für jede Einstellung von K_{IR} die zuvor eingestellte Drehzahl wieder erreicht. Je größer K_{IR} ist, desto schneller wird die Störung ausgeregelt. Allerdings wird mit wachsendem K_{IR} der Regelvorgang unruhiger. Es treten eine oder mehrere Überschwingungen auf. Wird eine hohe Regelgüte gefordert, so sind derartige Schwingungen nicht zu tolerieren, der Integralregler kommt daher für schnelle Regelvorgänge nicht in Frage.

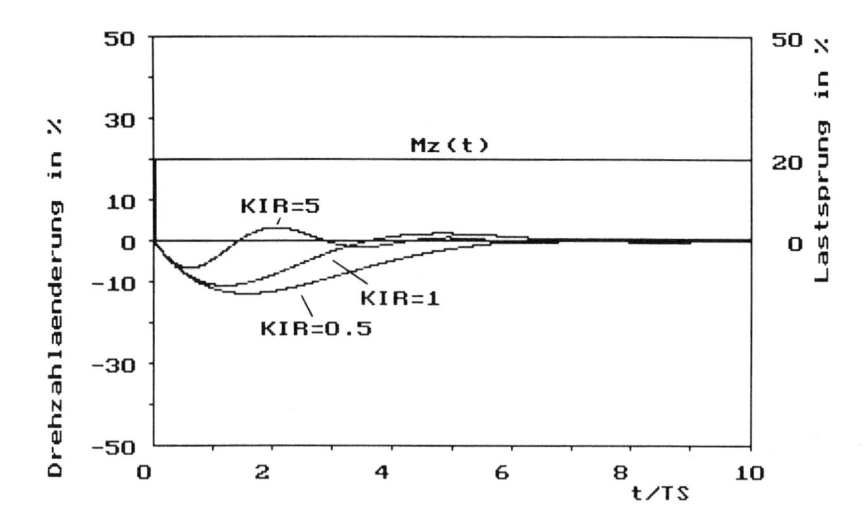

Bild 1.24 Reaktion des simulierten Drehzahlregelkreises mit integralem Regler auf sprungartige Änderung des Störmomentes M_z um 20 % bei verschiedenen Einstellungen des Integrierfaktors K_{IR}.

Weder die Regelung mit einem proportionalen Regler noch die mit dem integralen Regler zeigt ein in jedem Fall zufriedenstellendes Ergebnis. Der P-Regler greift schnell ein aber er arbeitet nicht genau. Der I-Regler regelt genau aber er ist sehr langsam. Es liegt daher nahe, P-Anteil und I-Anteil zum PI-Regler (Proportional-Integralregler) zu kombinieren. Das Zusammenwirken des schnellen Proportionalteils mit dem genauen Integralteil läßt ein Ergebnis erwarten, das in den meisten Fällen auch anspruchsvollen Regelaufgaben gerecht wird.

1.6.3 Drehzahlregelung mit einem Proportional-Integralregler

Man bekommt den folgenden Gleichungsansatz:

$$y = K_{PR} \cdot (w - x_R) + K_{IR} \cdot \int (w - x_R) \cdot dt$$

$$\frac{1}{K_A \cdot K_L} \cdot \dot{n} + n = \frac{K_y}{K_L} \cdot y - \frac{1}{K_L} \cdot M_z$$

$$r = K_M \cdot n \qquad (1.26)$$

Bild 1.25 zeigt die Ergebnisse der Simulation des Regelkreises mit PI-Regler für einen Lastsprung um 20 % bei konstanter Reglerverstärkung $K_{PR} = 4$ und Variation des Integrierbeiwerts K_{IR}.

Man erkennt deutlich die Verbesserung gegenüber dem Regelkreis mit reinem I-Regler.

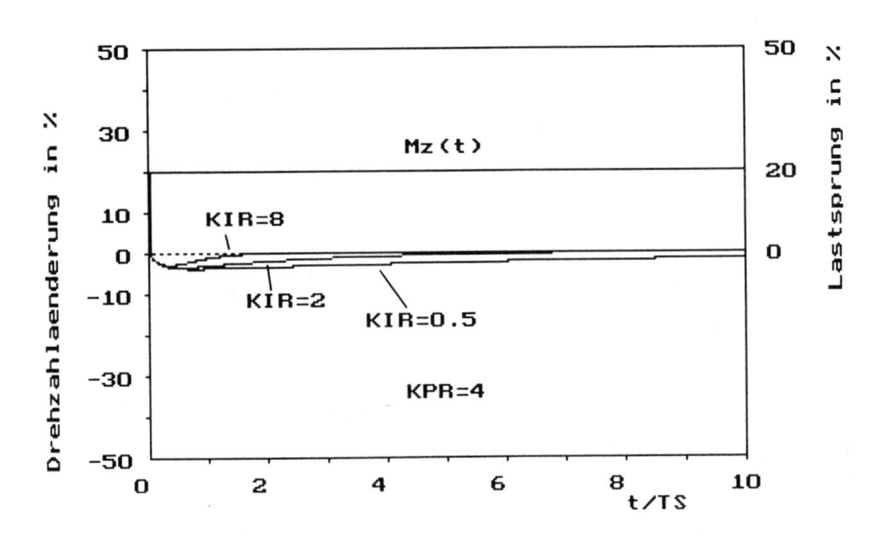

Bild 1.25 Reaktion des simulierten Drehzahlregelkreises mit Proportional-Integralregler auf sprungartige Änderung des Störmomentes M_z um 20 % bei verschiedenen Einstellungen des Reglerparameters K_{IR}.

Bild 2.1 Wirkungsplan des Übertragungsgliedes mit Eingangsgröße u(t) und Ausgangsgröße v(t)

2.1 Darstellung durch die Zeitgleichung

P-Verhalten:

Die Ausgangsgröße $v(t)$ ist proportional zur Eingangsgröße $u(t)$.

Die Zeitgleichung lautet:

$v(t) = K_P \cdot u(t)$ (2.1)

Die Sprungantwort ist:

$v(t) = K_P \cdot \hat{u}$ (2.2)

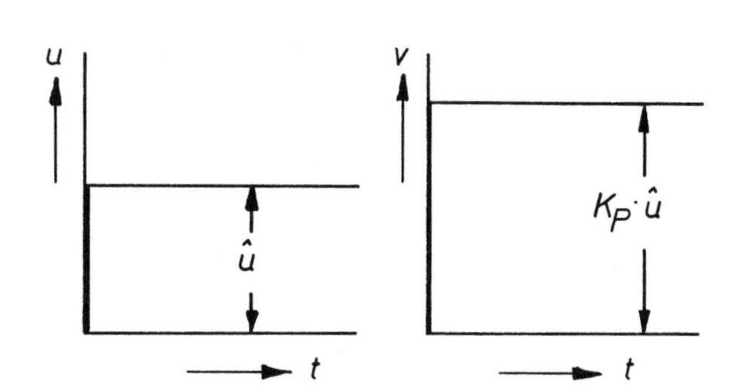

Bild 2.2 Sprungantwort des P-Verhaltens

I-Verhalten:

Die Ausgangsgröße $v(t)$ ist proportional dem zeitlichen Integral der Eingangsgröße $u(t)$.

Die Zeitgleichung lautet:

$v(t) = K_I \cdot \int u(t)dt$ (2.3)

Die Sprungantwort ist:

$v(t) = K_I \cdot \hat{u} \cdot t$ (2.4)

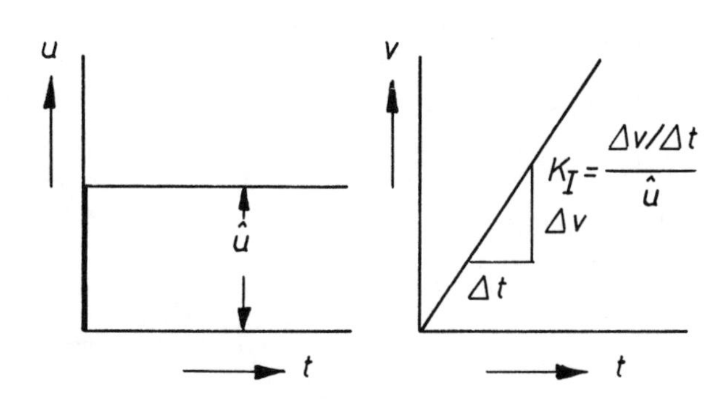

Bild 2.3 Sprungantwort des I-Verhaltens

Beispiele für proportionales Verhalten sind der mechanische Hebel oder das elektrische Potentiometer, bei diesen ist die Ausgangsgröße streng proportional zur Eingangsgröße, es ist keine Verzögerung zu merken. Beispiel für das integrale Verhalten ist die Beschleunigung einer Masse wie im Abschnitt 1.2 am Fahrrad gezeigt. Ein weiteres Beispiel bildet der Hydraulikzylinder, wenn der Ölstrom die Eingangsgröße und der Kolbenweg die Ausgangsgröße darstellt.

D-Verhalten:

Die Ausgangsgröße $v(t)$ ist proportional der zeitlichen Ableitung der Eingangsgröße $u(t)$.

$$v(t) = K_D \cdot \frac{du(t)}{dt} \quad (2.5)$$

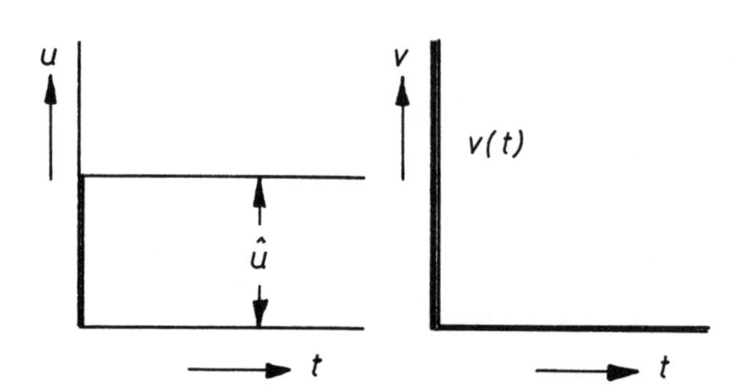

Bild 2.4 Sprungantwort des D-Verhaltens

Das D-Verhalten läßt sich anschaulich darstellen, wenn als Eingangsgröße nicht die Sprungfunktion sondern die Anstiegsfunktion verwendet wird.

Auf den Anstieg des Eingangssignals antwortet die Ausgangsgröße mit einem Sprung.

Zeitgleichung:

$$v(t) = K_D \cdot \frac{du(t)}{dt}$$

Anstiegsfunktion:

$$u(t) = \hat{u} \cdot t \quad (2.6)$$

Anstiegsantwort:

$$v(t) = K_D \cdot \hat{u} \quad (2.7)$$

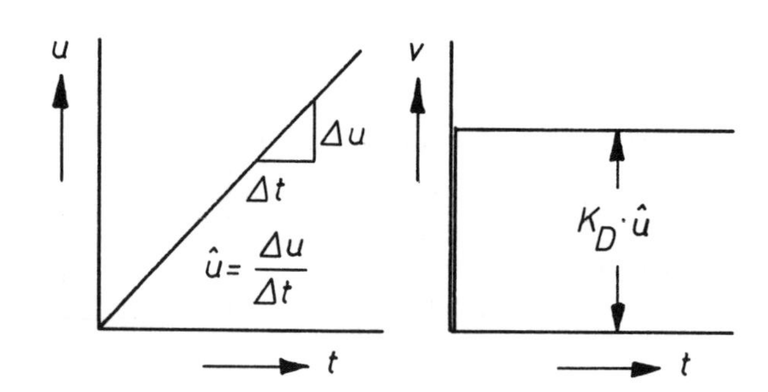

Bild 2.5 Anstiegsantwort des D-Verhaltens

Beispiel für das D-Verhalten ist eine bewegte Masse, deren Eingangsgröße die Geschwindigkeit und deren Ausgangsgröße die an der Masse auftretende Kraft ist.
Es gilt das Newtonsche Gesetz: "Kraft gleich Masse mal Beschleunigung"

$$F(t) = m \cdot a(t) = m \cdot \frac{dv(t)}{dt}$$

Wird die Geschwindigkeit sprungartig verändert, fährt die Masse z.B. gegen eine starre Wand, so entsteht ein unendlich großer unendlich kurzer Kraftstoß, dies entspricht der Sprungantwort des D-Verhaltens. Wird die Masse dagegen gleichmäßig beschleunigt oder verzögert, so äußert sich dies im Auftreten einer konstanten Kraft, wie man sie z.B. beim Beschleunigen oder Bremsen eines Kraftfahrzeugs deutlich spürt, Anstiegsantwort des D-Verhaltens.

PT1-Verhalten

Die Ausgangsgröße verhält sich verzögert proportional zur Eingangsgröße.

Zeitgleichung:

$$T_1 \cdot \dot{v}(t) + v(t) = K_P \cdot u(t) \qquad (2.8)$$

Sprungantwort:

$$v(t) = K_P \cdot \hat{u} \cdot (1 - e^{-\frac{t}{T}}) \qquad (2.9)$$

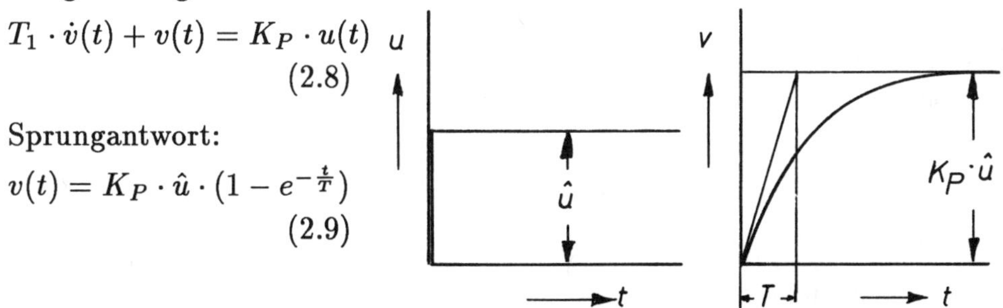

Bild 2.6 Sprungantwort des PT1-Verhaltens

Für das PT1-Verhalten lassen sich viele Beispiele finden. Im Abschnitt 1.2 wurde das PT1-Verhalten der Regelstrecke Fahrrad beschrieben. Weitere PT1-Systeme ergeben sich, wenn man den Temperaturanstieg in einem beheizten Medium oder den Druckanstieg in einem Duckkessel untersucht.
Das PT1-Verhalten läßt sich immer als eine Kombination von Integralglied mit proportionaler Rückführung beschreiben, Abschnitt 1.3 .

PT2-Verhalten

Die Ausgangsgröße verhält sich proportional zur Eingangsgröße, es tritt eine Verzögerung zweiter Ordnung auf.

$$T_2{}^2 \cdot \ddot{v}(t) + T_1 \cdot \dot{v}(t) + v(t) = K_P \cdot u(t) \tag{2.10}$$

Für den Fall, daß es sich bei dem PT-2 Verhalten um ein schwingungsfähiges System handelt, lassen sich folgende Größen definieren:

Dämpfungsgrad $\vartheta = \frac{T_1}{2 \cdot T_2}$ und Kennkreisfrequenz $\omega_0 = \frac{1}{T_2}$.

Dann lautet die Differentialgleichung des PT2-Verhaltens wie folgt:

$$\frac{1}{\omega_0{}^2} \cdot \ddot{v}(t) + \frac{2 \cdot \vartheta}{\omega_0} \cdot \dot{v}(t) + v(t) = K_p \cdot u(t)$$

Für den Dämpfungsgrad $\vartheta = 0$ ergibt sich eine Dauerschwingung.
Für $\vartheta = 1$ wird der aperiodische Grenzfall erreicht.
Für $0 \leq \vartheta \leq 1$ liegt eine gedämpfte Schwingung vor.
Für den Fall der gedämpften Schwingung ist die Lösung der Differentialgleichung bei sprungartiger Änderung der Eingangsgröße u um $\hat{u}$:

$$v(t) = K_p \cdot \hat{u} \left[1 - e^{-\vartheta \omega_0 t} \cdot (\cos \omega_0 \sqrt{1 - \vartheta^2}\, t + \frac{\vartheta}{\sqrt{1 - \vartheta^2}} \sin \omega_0 \sqrt{1 - \vartheta^2}\, t)\right]$$

Darin ist $\omega_0 \cdot \sqrt{1 - \vartheta^2} = \omega_d$ die Eigenkreisfrequenz des gedämpften Systems.

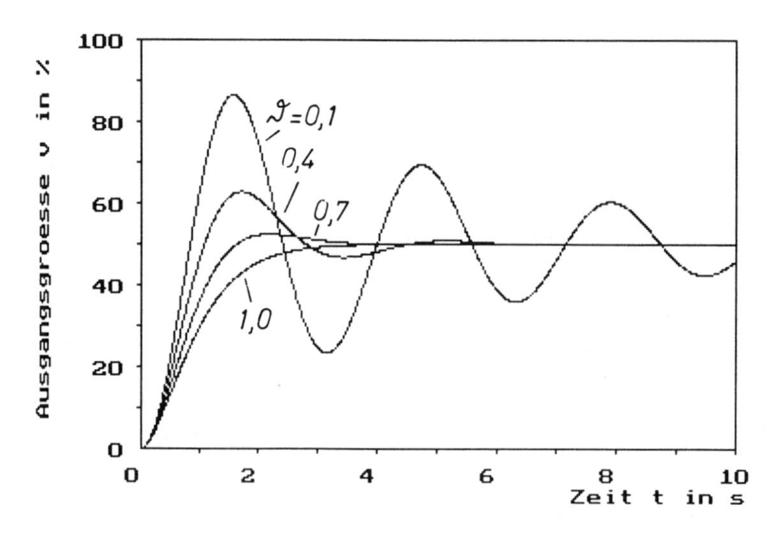

Bild 2.7 Sprungantwort des PT2 Verhaltens

Das PT2-Verhalten entsteht dadurch, daß zwei Energiespeicher vorhanden sind. Wenn diese ihre Energie gegenseitig austauschen können, treten Schwingungen auf, die mehr oder weniger stark gedämpft sind. Die Dämpfung ist darauf zurückzuführen, daß bei jedem Austauschvorgang ein Teil der Energie in Wärme umgesetzt wird.
Aus *Bild 2.7* kann man erkennen, daß mit Zunahme des Dämpfungsgrades ϑ die Schwingung schneller abklingt und die Eigenfrequenz abnimmt.

Typische schwingungsfähige PT2-Glieder sind der mechanische Schwinger aus Masse, Feder, Dämpfer sowie der elektrische Schwingkreis aus Induktivität, Kapazität und Widerstand.
Beim mechanischen Schwinger, *Bild 2.8* , sind die Feder und die Masse die beiden Energiespeicher. Die Feder speichert potentielle Energie, die Masse speichert kinetische Energie. Da beide miteinander gekoppelt sind, findet ein Energieaustausch statt. Infolge der unvermeidlichen Reibung, die bei der Schwingungsbewegung in den Gelenken und in der Feder selbst auftritt, setzt sich Energie in Wärme um. Die Schwingung wird gedämpft.
Durch Einbau eines Dämpfungsgliedes (Stoßdämpfer beim Kfz) kann die Wirkung der Dämpfung beeinflußt werden.

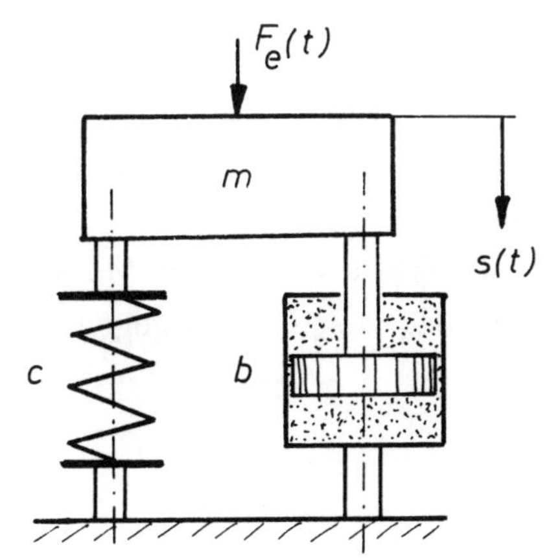

Eingangsgröße: Erregerkraft F_e
Ausgangsgröße: Weg s
m Masse b Dämpferkonstante
c Federkonstante

Kräftebilanz:

$$F_m + F_b + F_c = F_e$$

$$m \cdot \ddot{s} + b \cdot \dot{s} + c \cdot s = F_e$$

$$\frac{m}{c} \cdot \ddot{s} + \frac{b}{c} \cdot \dot{s} + s = \frac{1}{c} \cdot F_e$$

Bild 2.8 Mechanischer Schwinger aus Feder, Masse und Dämpfer

Schwingungsfähige Regelstrecken lassen sich schlecht regeln. Man versucht, durch entsprechende Gestaltung des Übertragungsgliedes die Schwingungen von vorneherein zu vermeiden oder zu verlagern.

Übungsaufgabe 2.1:

Bei der Federung eines Kraftfahrzeuges handelt es sich um ein System aus Massen, Federn und Dämpfern. In einfacher Näherung kann man das System als PT2-System ansehen, das aus einer Parallelanordnung von Feder, Masse und Dämpfer besteht.

Entwickeln Sie aus dem nebenstehend skizzierten System die zugehörige Differentialgleichung zweiter Ordnung. Berechnen Sie die Eigenfrequenz und die Dämpfung.
(Gewicht und ungefederte Massen werden vernachlässigt.)

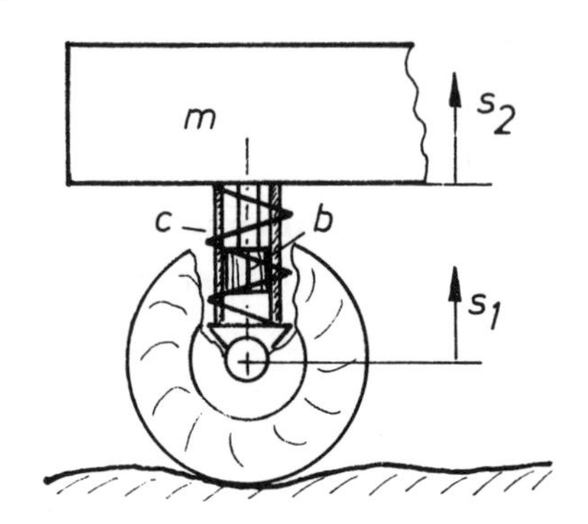

Lösung der Übungsaufgabe 2.1:

Man kann folgendes Ersatzschaltbild für das Federsystem ansetzen: Zunächst wird die Bilanz aller an dem System wirkenden Kräfte aufgestellt.

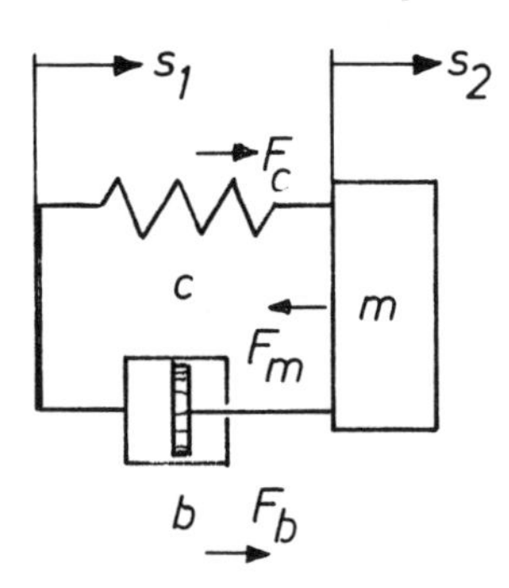

Auf das Federungssystem wirkt durch die Straßenunebenheiten die Federkraft $F_c = (s_1 - s_2) \cdot c$. Außerdem wirkt die Dämpferkraft $F_b = (\dot{s}_1 - \dot{s}_2) \cdot b$. Beide Kräfte wirken der Massenkraft $F_m = \ddot{s}_2 \cdot m$ entgegen.

Daraus ergibt sich die Differentialgleichung wie folgt:

$$F_m = F_b + F_c$$

$$m \cdot \ddot{s}_2 = b \cdot \dot{s}_1 - b \cdot \dot{s}_2 + c \cdot s_1 - c \cdot s_2$$

$$m \cdot \ddot{s}_2 + b \cdot \dot{s}_2 + c \cdot s_2 = b \cdot \dot{s}_1 + c \cdot s_1$$

$$(m/c) \cdot \ddot{s}_2 + (b/c) \cdot \dot{s}_2 + s_2 = (b/c) \cdot \dot{s}_1 + s_1$$

$$T_2{}^2 \cdot \ddot{s}_2 + T_1 \cdot \dot{s}_2 + s_2 = K_D \cdot \dot{s}_1 + s_1$$

Die linke Seite der gefundenen Gleichung zeigt, daß es sich um eine Differentialgleichung zweiter Ordnung handelt, so daß sich eine Verzögerung zweiter Ordnung ergeben muß. Aus der rechten Seite der Gleichung läßt sich entnehmen, daß ein proportionaler Anteil und ein differentieller Anteil vorhanden sind. Es handelt sich also um ein PDT2-Verhalten.

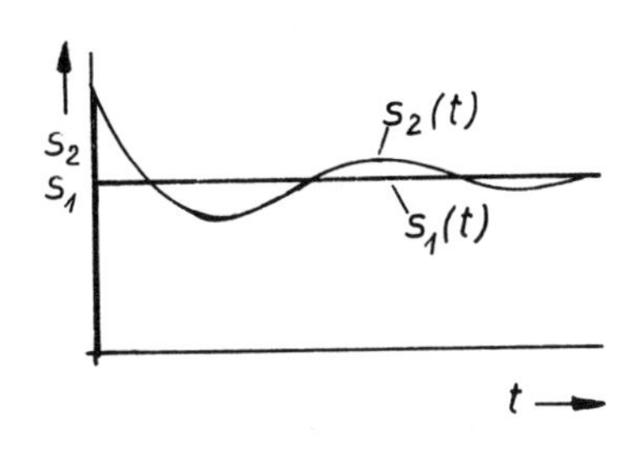

Das System reagiert in der skizzierten Weise auf eine Sprunganregung.

Die Eigenfrequenz berechnet sich zu $\omega_0 = \sqrt{\frac{1}{T_2}} = \sqrt{\frac{c}{m}}$.

Der Dämpfungsgrad ist

$\vartheta = \frac{T_1}{2 \cdot T_2} = \frac{b/c}{2\sqrt{m/c}} = \frac{b}{2\sqrt{cm}}$.

PTn-Verhalten

Zeitverhalten höherer Ordnung resultiert aus der Reihenschaltung von Verhalten einfacher Ordnung. Es wird in Abschnitt 2.2.3 behandelt.

Totzeitverhalten

Die Ausgangsgröße verhält sich proportional zur Eingangsgröße, dabei ist der Übertragungsfaktor stets gleich eins. Die Antwortfunktion $v(t)$ ist aber gegenüber der Eingangsfunktion $u(t)$ um die Totzeit T_t verschoben.

Die Gleichung des Totzeitgliedes lautet: $v(t) = u(t - T_t)$ (2.11)

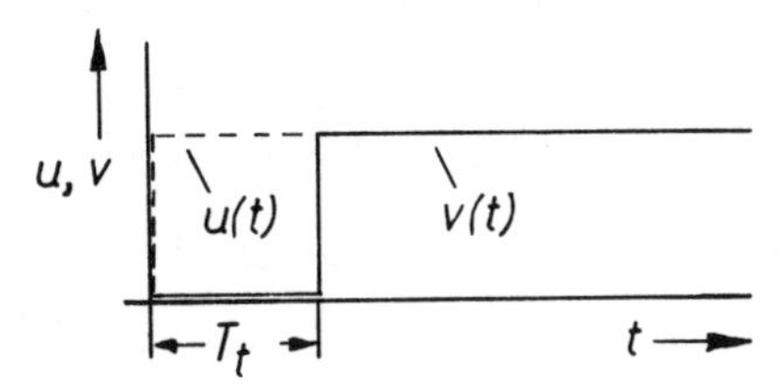

Bild 2.9 Sprungantwort des Totzeitverhaltens

Totzeitverhalten tritt auf bei Fördervorgängen in Förderanlagen oder in Rohrleitungen. Die Totzeit entsteht dadurch, daß das Fördergut eine gewisse Zeit benötigt, bevor es die Förderanlage durchlaufen hat.

Ist l_F die Förderlänge und v_F die Fördergeschwindigkeit, so errechnet sich die Totzeit zu $T_t = \frac{l_F}{v_F}$.

2.2 Frequenzgang der Übertragungsglieder im Regelkreis

Der Frequenzgang eines Übertragungsgliedes gibt Auskunft darüber, wie sich das Übertragungsglied verhält, wenn es mit einer sinusförmigen Signalschwingung beaufschlagt wird.

Die Sinusfunktion am Eingang des Gliedes lautet:

$$u(t) = \hat{u} \cdot sin(\omega \cdot t) \tag{2.12}$$

Es sind:

$\hat{u}$ Amplitude der Eingangsschwingung, $\omega = 2\pi \cdot f$ Kreisfrequenz,
f Frequenz, $T = \frac{1}{f}$ Periodendauer der Schwingung, *Bild 2.9.*

Am Ausgang des Übertragungsgliedes tritt wieder eine Sinusschwingung auf, allerdings mit geänderter Amplitude $\hat{v}$ und mit einer Phasenverschiebung α gegenüber der Eingangsschwingung:

$$v(t) = \hat{v} \cdot sin(\omega t + \alpha) \tag{2.13}$$

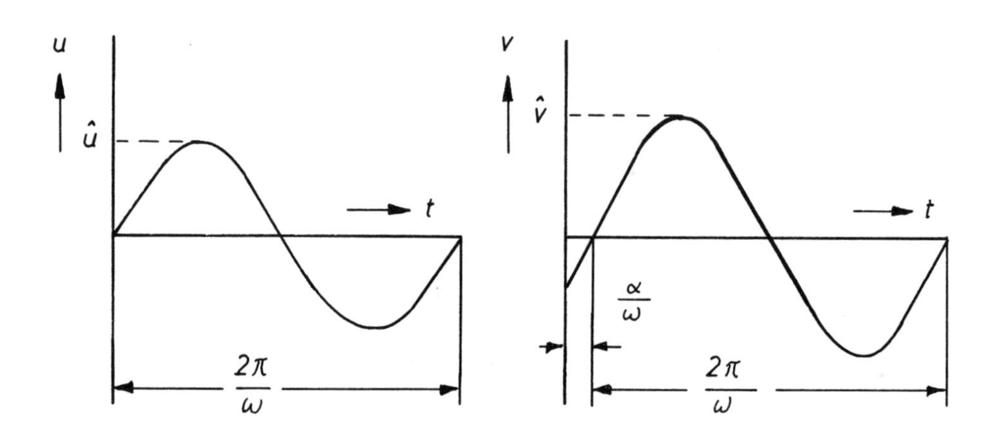

Bild 2.9 Sinusförmige Ein- und Ausgangsgröße

Aus dem Frequenzgang des Übertragungsgliedes, das heißt aus dem charakteristischen Verlauf des Amplitudenverhältnisses und der Phasenverschiebung in Abhängigkeit von der Frequenz der Eingangsschwingung, kann man das Zeitverhalten des Gliedes erkennen.

Bei der mathematischen Formulierung des Frequenzgangs kommt es darauf an, einen Ausdruck zu benutzen, durch den beide Informationen, das Amplitudenverhältnis und die Phasenverschiebung, gleichzeitig ausgedrückt werden können. Dieses ist mit der komplexen Zahl z möglich [1].
Die komplexe Zahl kann in der komplexen Zahlenebene durch die kartesischen Koordinaten, nämlich durch den Realteil a und den Imaginärteil b dargestellt werden. Sie kann auch mit Hilfe der Polarkoordinaten als Zeiger ausgedrückt werden. Sie wird dann durch den Radius (Betrag) r und das Argument φ des Zeigers festgelegt.

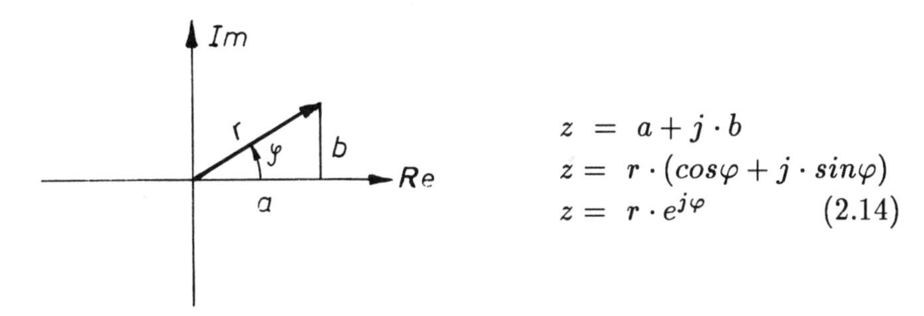

Bild 2.10 Darstellung der komplexen Zahl z

Der Frequenzgang wird als komplexe Funktion in Abhängigkeit von ω definiert:

$$G(j\omega) \;=\; \frac{\hat{v}}{\hat{u}} \cdot e^{j\alpha} \;=\; Re(\omega) + j \cdot Im(\omega) \qquad (2.15)$$

$\hat{v}/\hat{u}$ ist das Verhältnis der Amplituden von Ausgangs- und Eingangsschwingung. α ist die Phasenverschiebung zwischen beiden Signalen.
Aus dem Vergleich von GL. 2.14 und Gl. 2.15 erkennt man sofort, daß das Amplitudenverhältnis durch die Länge und die Phasenverschiebung durch die Winkellage des komplexen Zeigers $G(j\omega)$ wiedergegeben wird.

Berechnet man für verschiedene aufeinanderfolgende Kreisfrequenzen die jeweiligen Zeiger des Frequenzgangs und trägt diese in die komplexe Zahlenebene ein, so erhält man als Verbindunglinie der Zeigerendpunkte die sogenannte Ortskurve des Frequenzgangs. Die Ortskurve hat für jedes Übertragungsverhalten eine ganz bestimmte charakteristische Form, die entsprechende Aussagen über das System zuläßt.

2.2.1 Frequenzgang aus der Differentialgleichung

Nach der Eulerschen Gleichung [1]

$$cos\varphi + j \cdot sin\varphi = e^{j\varphi} \tag{2.16}$$

angewendet auf $\hat{u} \cdot cos\omega t + j \cdot \hat{u} \cdot sin\omega t = \hat{u} \cdot e^{j\omega t}$
kann eine Sinusschwingung $u(t) = \hat{u} \cdot sin\omega t$ ersetzt werden durch den komplexen Ausdruck
$u(j\omega) = \hat{u} \cdot e^{j\omega t}$.

$\hat{u} \cdot e^{j\omega t}$ kann anschaulich gedeutet werden als ein Zeiger der Länge $\hat{u}$, der mit dem zeitlich veränderlichen Winkel ωt umläuft, *Bild 2.11.*

Durch die Projektion der Zeigerendpunkte auf die imaginäre Achse und deren Abwicklung über der Zeitachse erhält man die Sinusfunktion
$u(t) = \hat{u} \cdot sin\omega t$.

Ebenso wird $v(t) = \hat{v} \cdot sin(\omega t + \alpha)$ ersetzt durch $v(j\omega) = \hat{v} \cdot e^{j(\omega t + \alpha)}$.
$v(j\omega)$ ist ein Zeiger mit der Länge $\hat{v}$, der um den Winkel α phasenverschoben zu $u(j\omega)$ umläuft.

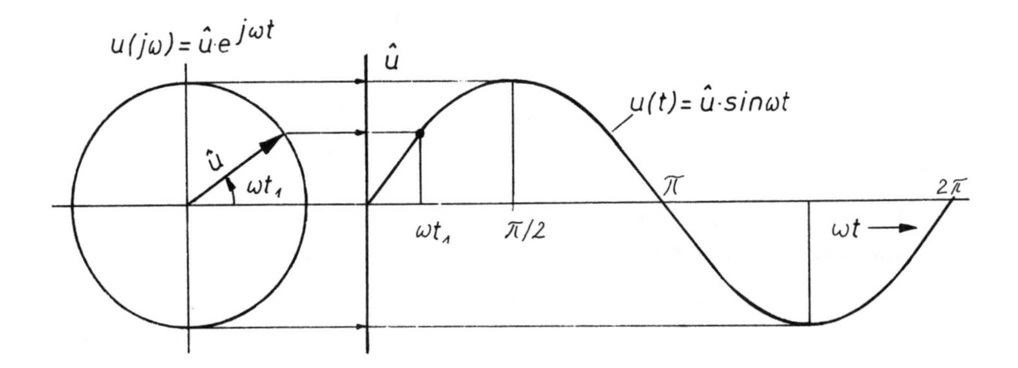

Bild 2.11 Abbildung der Sinusfunktion als umlaufender Zeiger

Der Frequenzgang ergibt sich aus dem Verhältnis der komplexen Ausgangsgröße zur komplexen Eingangsgröße, Gl. (2.15):

$$G(j\omega) = \frac{v(j\omega)}{u(j\omega)} = \frac{\hat{v} \cdot e^{j(\omega t + \alpha)}}{\hat{u} \cdot e^{j\omega t}} = \frac{\hat{v}}{\hat{u}} \cdot e^{j\alpha} \tag{2.17}$$

Im folgenden soll der Frequenzgang des PT1-Verhaltens aus der zugehörigen Differentialgleichung entwickelt werden. In die Dgl. des PT1-Gliedes werden die komplexen Ausdrücke der sinusförmigen Eingangs- und Ausgangssignale eingesetzt.

$$T \cdot \dot{v}(t) + v(t) = K \cdot u(t)$$

$u(t) = \hat{u} \cdot sin(\omega t)$ wird ersetzt durch $u(j\omega) = \hat{u} \cdot e^{j\omega t}$
$v(t) = \hat{v} \cdot sin(\omega t + \alpha)$ wird ersetzt durch $v(j\omega) = \hat{v} \cdot e^{j(\omega t + \alpha)}$
$\dot{v}(t) = d[\hat{v} \cdot sin(\omega t + \alpha)]/dt$ wird ersetzt durch

$$\frac{d[\hat{v} \cdot e^{j(\omega t + \alpha)}]}{dt} = \hat{v} \cdot j\omega \cdot e^{j(\omega t + \alpha)} = j\omega \cdot v(j\omega)$$

Damit wird aus der Differentialgleichung die Frequenzgleichung:

$$T \cdot j\omega \cdot v(j\omega) + v(j\omega) = K \cdot u(j\omega)$$

$$(T \cdot j\omega + 1) \cdot v(j\omega) = K \cdot u(j\omega)$$

$$G(j\omega) = \frac{v(j\omega)}{u(j\omega)} = \frac{K}{T \cdot j\omega + 1} \tag{2.18}$$

Das Ergebnis ist ein komplexer Bruch mit reellem Zähler und komplexem Nenner. Um diesen Ausdruck in eine komplexe Zahl mit Realteil $Re(\omega)$ und Imaginärteil $Im(\omega)$ umzuwandeln, muß der Bruch mit dem konjugiert komplexen Nenner erweitert werden.

$$G(j\omega) = \frac{K}{1 + T \cdot j\omega} \cdot \frac{1 - T \cdot j\omega}{1 - T \cdot j\omega} = \frac{K \cdot (1 - T \cdot j\omega)}{1 + T^2 \cdot \omega^2}$$

$$G(j\omega) = \frac{K}{1 + T^2 \cdot \omega^2} + j \cdot \frac{-K \cdot T \cdot \omega}{1 + T^2 \cdot \omega^2} \tag{2.19}$$

$$G(j\omega) = Re(\omega) + j \cdot Im(\omega)$$

Für jede Kreisfrequenz ω läßt sich jetzt der Zeiger des Frequenzgangs in der komplexen Ebene konstruieren. Dies soll am folgenden Beispiel verdeutlicht werden.

Der Frequenzgang für ein Übertragungsglied mit PT1-Verhalten soll berechnet und die Zeiger des Frequenzgangs gezeichnet werden. Das Übertragungsglied habe den Übertragungsfaktor $K_P = 2$ und die Zeitkonstante $T = 1s$.
Die Differentialgleichung des Gliedes lautet

$$T \cdot \frac{dv(t)}{dt} + v(t) = K_P \cdot u(t)$$

$$1 \cdot \frac{dv(t)}{dt} + v(t) = 2 \cdot u(t)$$

Nach Ersetzen der Zeitfunktionen durch die komplexen Frequenzfunktionen ergibt sich die Frequenzgleichung:

$$1 \cdot j\omega \cdot v(j\omega) + v(j\omega) = K_P \cdot u(j\omega)$$

Der Frequenzgang lautet dann:

$$G(j\omega) = \frac{2}{1 \cdot j\omega + 1} = \frac{2}{1+\omega^2} + j \cdot \frac{-2\omega}{1+\omega^2}$$

Mit eingesetzten Werten für die Kreisfrequenz ω ergeben sich die folgenden Zeiger des Frequenzgangs.
Die Verbindungslinie der Endpunkte der Zeiger ist die Ortskurve des Frequenzgangs.

$\omega \,/\, \frac{1}{s}$	0,0	0,5	1,0	2,0	$\Rightarrow \infty$
Re	2,0	−1,6	1,0	0,4	$\Rightarrow 0$
Im	0,0	−0,8	−1,0	−0,8	$\Rightarrow 0$

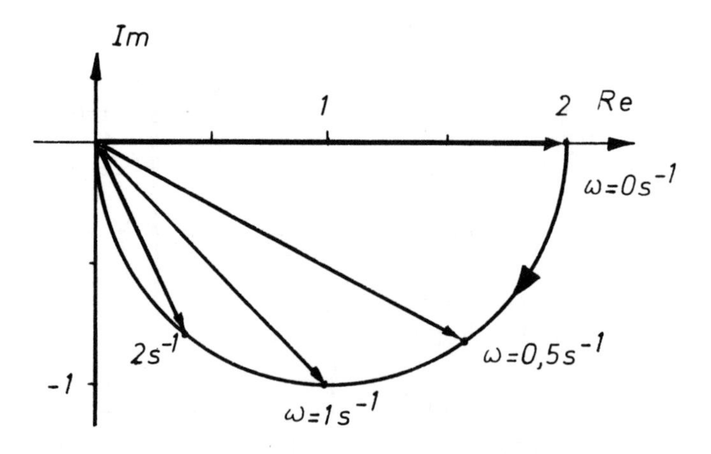

Bild 2.12 Zeiger und Ortskurve des Frequenzgangs

Beim PT1-Glied verläuft die Ortskurve des Frequenzganges vollständig im vierten Quadranten der komplexen Ebene.
Aus der Ortskurve läßt sich leicht erkennen, daß mit wachsender Frequenz die Zeigerlänge abnimmt und der Zeigerwinkel von 0° bis auf −90° zunimmt. Das bedeutet, das Amplitudenverhältnis nimmt ab und der Phasenwinkel nimmt bis auf maximal −90° zu.
Je schneller sich also das Eingangssignal des PT1-Gliedes verändert, desto weniger kommt von der Amplitude des Signals am Ausgang an und desto mehr hinkt das Ausgangssignal in der Phase hinterher, bis schließlich bei sehr schnellen Änderungen die Nacheilung 90° beträgt und praktisch nichts mehr am Ausgang ankommt.

2.2.2 Frequenzgang und Ortskurve für die grundlegenden Übertragungsglieder

Auf die gleiche Art und Weise können für alle Glieder des Regelkreises die entsprechenden Frequenzgleichungen aufgestellt werden. Daraus können für ausgewählte Frequenzen die Zeiger berechnet werden, aus denen dann die Ortskurven der Frequenzgänge konstruiert werden.
Bild 2.13 zeigt die Ortskurven für das P-, das I-, und das D-Glied, ferner für die Glieder mit Zeitverzögerung: PT1, PT2 und für das Totzeitglied T_t.

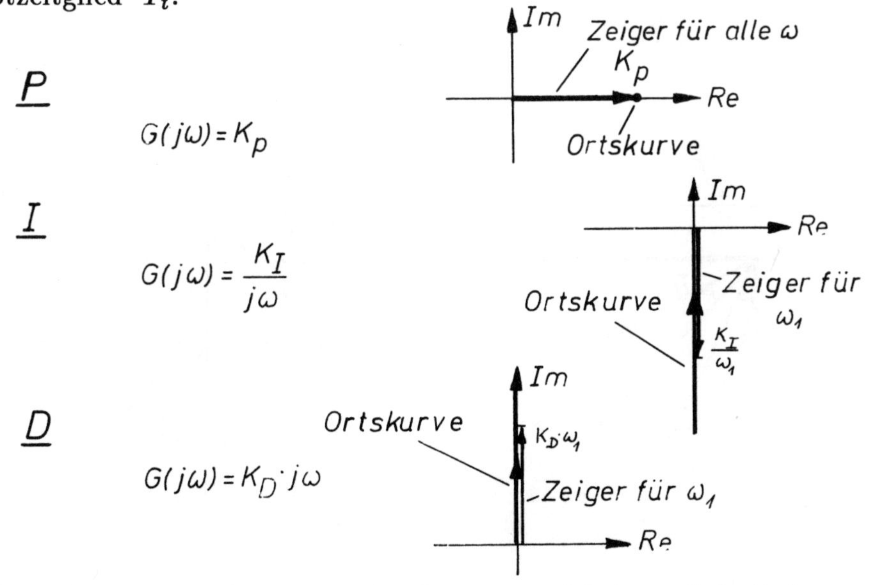

Bild 2.13 Frequenzgang und Ortskurve verschiedener Zeitglieder

PT_1

$$G(j\omega) = \frac{K_p}{Tj\omega + 1}$$

$$G(j\omega) = \frac{K_p}{T^2\omega^2 + 1} + j\,\frac{-K_p T\omega}{T^2\omega^2 + 1}$$

PT_2

$$G(j\omega) = \frac{K_p}{T_2^2(j\omega)^2 + T_1 j\omega + 1}$$

$$G(j\omega) = \frac{K_p(1 - T_2^2\omega^2)}{(1 - T_2^2\omega^2)^2 + T_1^2\omega^2} + j\cdot\frac{-K_p T_1\omega}{(1 - T_2^2\omega^2)^2 + T_1^2\omega^2}$$

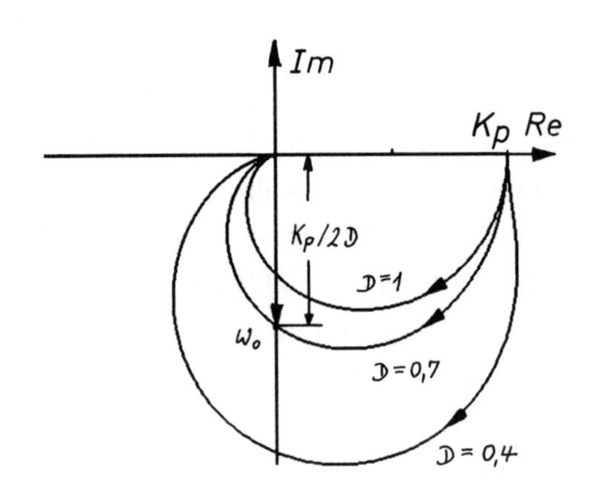

Totzeit T_t

$$G(j\omega) = e^{-j\omega T_t}$$

$$G(j\omega) = \cos\omega T_t - j\sin\omega T_t$$

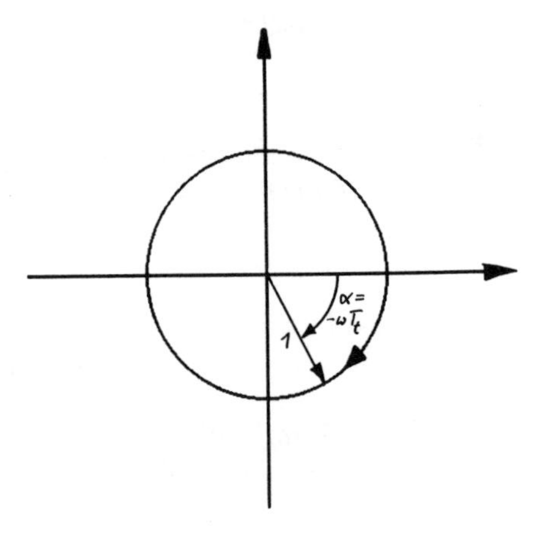

Bild 2.13 Frequenzgang und Ortskurve der verschiedenen Zeitglieder

2.2.3 Frequenzgang zusammengeschalteter Regelkreisglieder

Die Übertragungsglieder im Regelkreis können in Reihenschaltung, in Parallelschaltung oder in Kreisschaltung miteinander kombiniert werden. Für jeden dieser Fälle kann man den Frequenzgang der resultierenden Kombination aus den Einzelfrequenzgängen berechnen.

2.2.3.1 Frequenzgang einer Reihenschaltung

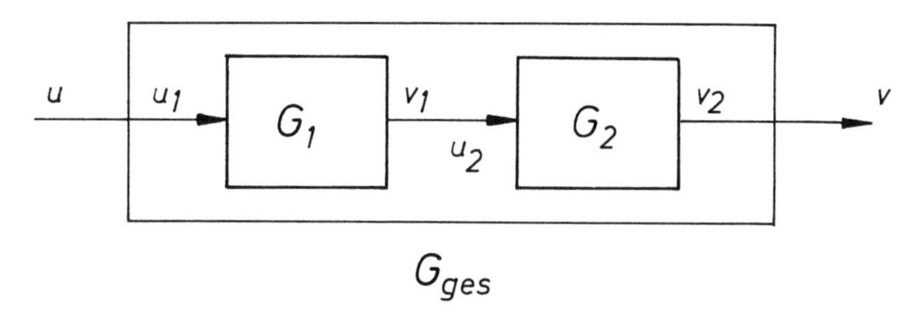

Bild 2.14 Reihenschaltung zweier Übertragungsglieder

Für das erste Glied gilt:

$$G_1(j\omega) = \frac{v_1(j\omega)}{u_1(j\omega)} \qquad bzw. \qquad v_1(j\omega) = G_1(j\omega) \cdot u_1(j\omega)$$

Für das zweite Glied gilt entsprechend: $v_2(j\omega) = G_2(j\omega) \cdot u_2(j\omega)$

$$u_2(j\omega) = v_1(j\omega) \qquad also \qquad v_2(j\omega) = G_1(j\omega) \cdot G_2(j\omega) \cdot u_1(j\omega)$$

Für die gesamte Reihenschaltung ergibt sich nach Bild 7.5 der Frequenzgang zu:

$$G_{ges}(j\omega) = \frac{v(j\omega)}{u(j\omega)} = \frac{v_2(j\omega)}{u_1(j\omega)} = G_1(j\omega) \cdot G_2(j\omega) \tag{2.20}$$

Die Berechnung gilt für beliebig viele Übertragungsglieder.
Der Frequenzgang einer Reihenschaltung mehrerer Übertragungsglieder ergibt sich aus der Multiplikation der Einzelfrequenzgänge.

2.2.3.2 Frequenzgang einer Parallelschaltung

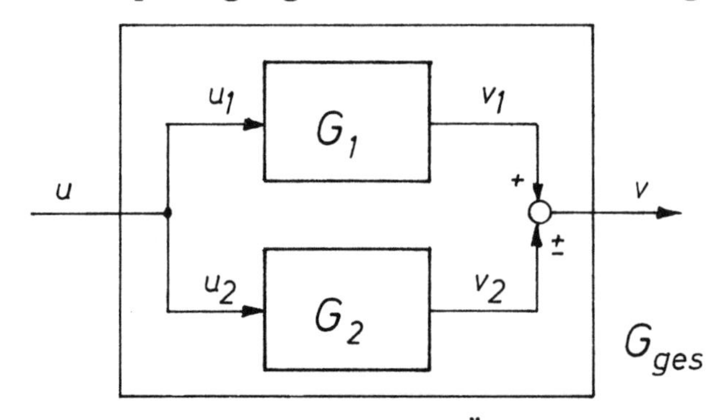

Bild 2.15 Parallelschaltung zweier Übertragungsglieder

Aus *Bild 2.15* läßt sich erkennen, daß für die Parallelschaltung gilt:

$$G_{ges}(j\omega) = \frac{v(j\omega)}{u(j\omega)} \qquad v(j\omega) = v_1(j\omega) \pm v_2(j\omega)$$

$$G_{ges}(j\omega) = \frac{v_1(j\omega) \pm v_2(j\omega)}{u_1(j\omega)} = \frac{G_1(j\omega) \cdot u_1(j\omega) \pm G_2(j\omega) \cdot u_1(j\omega)}{u_1(j\omega)}$$

$$G_{ges}(j\omega) = G_1(j\omega) \pm G_2(j\omega) \tag{2.21}$$

Bei der Parallelschaltung können beliebig viele Glieder zusammengeschaltet werden.

Der Frequenzgang einer Parallelschaltung ergibt sich aus der Addition bzw. Subtraktion der Einzelfrequenzgänge.

2.2.3.3 Frequenzgang einer Kreisschaltung

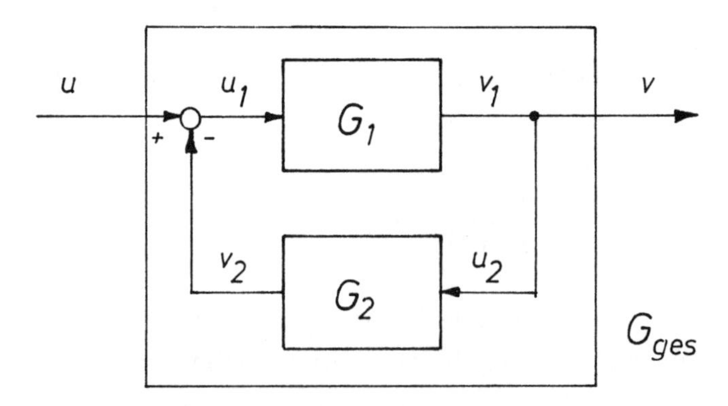

Bild 2.16 Kreisschaltung zweier Übertragungsglieder

Aus *Bild 2.16* läßt sich ableiten:

$$v(j\omega) = v_1(j\omega) = G_1(j\omega) \cdot u_1(j\omega) \qquad\qquad u_2(j\omega) = v_1(j\omega)$$

$$v_2(j\omega) = G_2(j\omega) \cdot u_2(j\omega) = G_2 \cdot v_1(j\omega) = G_1(j\omega) \cdot G_2(j\omega) \cdot u_1(j\omega)$$

$$G_{ges}(j\omega) = \frac{v(j\omega)}{u(j\omega)} = \frac{G_1(j\omega) \cdot u_1(j\omega)}{u_1(j\omega) + v_2(j\omega)}$$

$$G_{ges}(j\omega) = \frac{G_1(j\omega) \cdot u_1(j\omega)}{u_1(j\omega) + G_1(j\omega) \cdot G_2(j\omega) \cdot u_1(j\omega)}$$

$$G_{ges}(j\omega) = \frac{G_1(j\omega)}{1 + G_1(j\omega) \cdot G_2(j\omega)} \tag{2.22}$$

Der Frequenzgang der Kreisschaltung läßt sich auf diese Weise aus den beiden beteiligten Frequenzgängen berechnen.
Bei der hier gezeigten Kreisschaltung handelt es sich um eine Gegenkopplung: das Ausgangssignal wird mit umgekehrtem Vorzeichen auf den Eingang geschaltet.
Der Regelkreis kann nur mit einer Gegenkopplung funktionieren. Das Stellsignal muß immer der Tendenz des Regelsignals entgegenwirken. Nur dann kann der Regelkreis stabil arbeiten.

Wird das Ausgangssignal dagegen mit gleichem Vorzeichen auf den Eingang aufgeschaltet, so handelt es sich um eine Mitkopplung.
Den Frequenzgang der Mitkopplung erhält man, wenn in Gl. 2.22 im Nenner das positive Vorzeichen durch ein negatives ausgetauscht wird. Im Regelkreis würde bei einer Mitkopplung die Stellgröße die gleiche Tendenz wie die Regelgröße haben. Das hätte zur Folge, daß der Regler gegen den Anschlag läuft und dort stehen bleibt. Das gewünschte Regelergebnis wird dann nicht erreicht. Es wird Ausschuß produziert oder unter ungünstigen Umständen die Anlage zu Bruch gefahren.

Ein einfaches Beispiel für die Mitkopplung bietet eine Lautsprecheranlage, bei der das Mikrophon dem Lautsprecher zu nahe kommt. Der Kreis schwingt sich dann so stark auf, daß ein schrilles Pfeifgeräusch entsteht.

Übungsaufgabe 2.2:

Berechnen Sie den Frequenzgang und zeichnen Sie die zugehörige Ortskurve für ein IT1-Regelkreisglied mit der Zeitgleichung

$$0,5 \cdot \frac{dv(t)}{dt} + v(t) = 5 \cdot \int u(t)dt.$$

Lösung der Übungsaufgabe 2.2:

Zur Berechnung des Frequenzganges muß die Gleichung zunächst vom Zeitbereich in den Frequenzbereich transformiert werden.

Für $v(t)$ wird gesetzt $v(j\omega)$

Für die Differentiation $\frac{dv(t)}{dt}$ wird gesetzt $j\omega \cdot v(j\omega)$

Für die Integration $\int u(t)dt$ wird gesetzt $\frac{1}{j\omega} \cdot u(j\omega)$

$$0,5 \cdot j\omega \cdot v(j\omega) + v(j\omega) = 5 \cdot \frac{1}{j\omega} \cdot u(j\omega)$$

Der Frequenzgang ist das Verhältnis der transformierten Ausgangsgröße zur transformierten Eingangsgröße:

$$G(j\omega) = \frac{v(j\omega)}{u(j\omega)} = \frac{5 \cdot \frac{1}{j\omega}}{0,5 \cdot j\omega + 1} = Re(\omega) + j \cdot Im(\omega) =$$

$$\frac{5}{(-0,5\omega^2 + j\omega)} \cdot \frac{(-0,5\omega^2 - j\omega)}{(-0,5\omega^2 - j\omega)}$$

$$G(j\omega) = \frac{-2,5\omega^2}{0,25\omega^4 + \omega^2} + j \cdot \frac{-5\omega}{0,25\omega^4 + \omega^2}$$

$$Re(\omega) = \frac{-2,5\omega^2}{0,25\omega^4 + \omega^2} \qquad Im(\omega) = \frac{-5\omega}{0,25\omega^4 + \omega^2}$$

Wertetabelle:

ω $\frac{1}{s}$	0	1	1,2	1,4	1,6	2	3
Re	$-\infty$	-2,00	-1,84	-1,68	-1,52	-1,25	-0,77
Im	$-\infty$	-4,00	-3,06	-2,40	-1,91	-1,25	-0,51

Aus den Werten der Tabelle lassen sich die Zeiger des Frequenzgangs für die einzelnen Kreisfrequenzen ω konstruieren und in die Frequenzebene einzeichnen. Die Verbindungslinie der Zeigerendpunkte bildet die Ortskurve des IT1-Regelkreisgliedes.

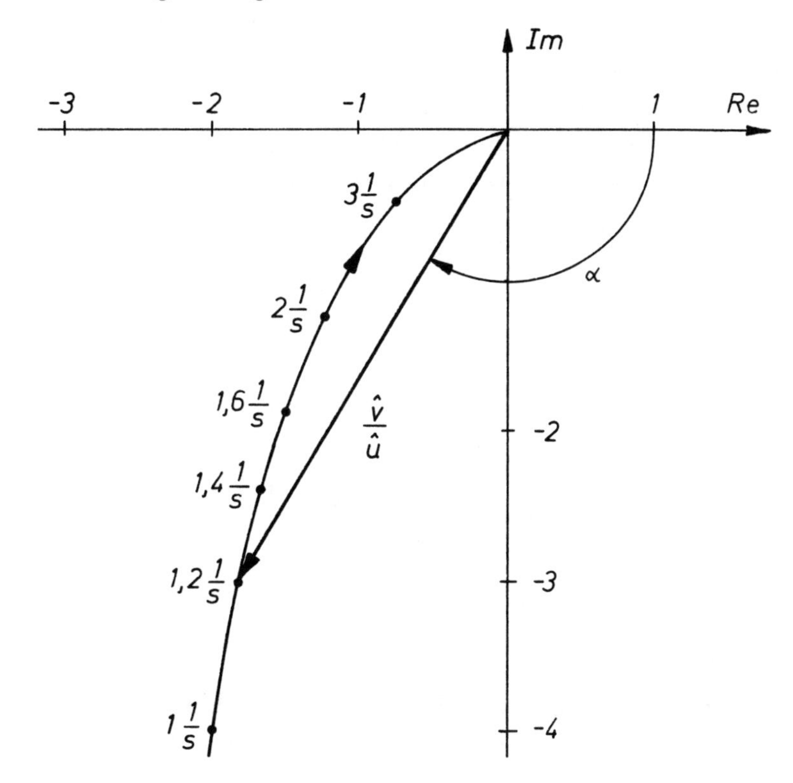

Man erkennt aus der Ortskurve, daß die Zeigerlänge mit wachsender Frequenz abnimmt und der Phasenverschiebungswinkel sich dem Wert $-180°$ annähert. Das bedeutet, die Amplitude wird kleiner während die Nacheilung dem Maximalwert $-180°$ zustrebt.

Übungsaufgabe 2.3:

Ein Proportional-Integral-Regler, PI-Regler, kann durch Parallelschalten eines P-Anteils mit einem I-Anteil verwirklicht werden.
Zeichnen Sie den der Parallelschaltung entsprechenden Wirkungsplan.
Geben Sie die Frequenzgänge für den P-Anteil und für den I-Anteil an.
Berechnen Sie aus den Einzelfrequenzgängen den Frequenzgang des PI-Reglers, es sei $K_{PR} = 2$, $K_{IR} = 0,5\frac{1}{s}$.
Konstruieren Sie aus den Ortskurven für P- und I-Anteil grafisch die Ortskurve des PI-Reglers durch Zeigeraddition.

Lösung der Übungsaufgabe 2.3:

Der Wirkungsplan der Parallelschaltung hat folgende Struktur:

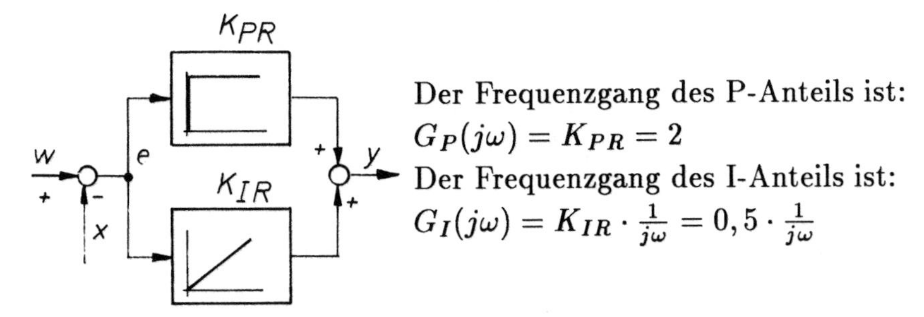

Der Frequenzgang des P-Anteils ist:
$G_P(j\omega) = K_{PR} = 2$
Der Frequenzgang des I-Anteils ist:
$G_I(j\omega) = K_{IR} \cdot \frac{1}{j\omega} = 0,5 \cdot \frac{1}{j\omega}$

Berechnung des Frequenzgangs:
Der Frequenzgang des PI-Reglers ergibt sich aus der Parallelschaltung von G_P und G_I , das heißt beide Frequenzgänge werden addiert.

$$G_{PI} = G_P + G_I = K_{PR} + K_{IR} \cdot \frac{1}{j\omega} = 2 + 0,5\frac{1}{j\omega}$$

Konstruktion der Ortskurve durch Zeigeraddition:

$G_P = 2$
$G_I = j \cdot (-\frac{0,5}{\omega})$

ω $\frac{1}{s}$	0	0,25	0,5	1
Re_P	2	2	2	2
Im_I	$-\infty$	-2	-1	-0,5

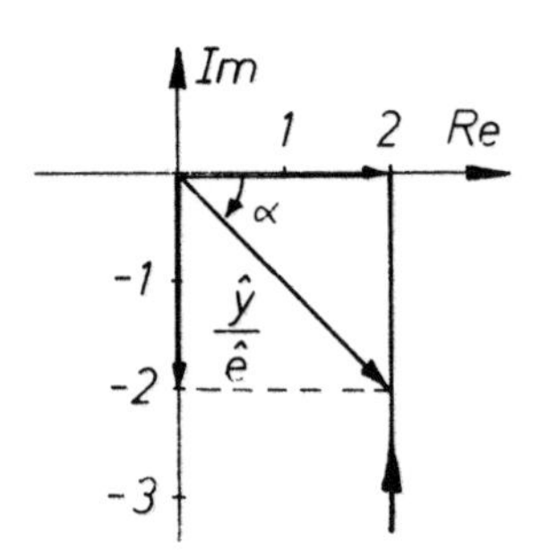

2.3 Darstellung durch Frequenzkennlinien

Die Übertragungseigenschaften von Regelkreisgliedern lassen sich in ähnlicher Weise wie durch die Ortskurven auch durch die Frequenzkennlinien beschreiben.
Frequenzkennlinien sind Darstellungen des Amplitudenverhältnisses $\frac{\hat{v}}{\hat{u}}$ und des Phasenverschiebungswinkels α in Abhängigkeit der Kreisfrequenz ω :

$$\frac{\hat{v}}{\hat{u}} = f_1(\omega) \quad \text{und} \quad \alpha = f_2(\omega) \ .$$

Aus Gründen der leichteren graphischen Handhabung der Kurven werden die Abszissen logarithmisch geteilt, außerdem wird das Amplitudenverhältnis in logarithmischer Teilung aufgetragen.

Beispiel: Darstellung des PT1-Verhaltens in Frequenzkennlinien

Berechnung des Amplitudenverhältnisses:

Aus dem Frequenzgang $G(j\omega) = \frac{K}{T \cdot j\omega + 1}$ wird die Zeigerlänge $|G| = \frac{\hat{v}}{\hat{u}}$ berechnet.

$$|G| = \sqrt{Re^2 + Im^2} = \sqrt{\left(\frac{K}{T^2\omega^2 + 1}\right)^2 + \left(\frac{-K \cdot T \cdot \omega}{T^2\omega^2 + 1}\right)^2}$$

$$|G| = \frac{K}{T^2\omega^2 + 1} \cdot \sqrt{1 + T^2\omega^2} = \frac{K}{\sqrt{1 + T^2\omega^2}} \tag{2.23}$$

Aus dieser Gleichung kann die Kennlinie punktweise berechnet werden. Für $\omega \Rightarrow 0$ und $\omega \Rightarrow \infty$ findet man außerdem die folgenden Asymptoten:

$$|G| \Rightarrow K \ \text{für kleine} \ \omega \quad \text{und} \quad |G| \Rightarrow \frac{K}{T} \ \text{für große} \ \omega$$

Der Phasenverschiebungswinkel wird ebenfalls aus dem Frequenzgang berechnet:

$$\alpha = arc\ tan\left(\frac{Im}{Re}\right) = arc\ tan(-T \cdot \omega) = -arc\ tan(T \cdot \omega) \tag{2.24}$$

$$\alpha \Rightarrow 0° \ \text{für kleine} \ \omega \quad \text{und} \quad \alpha \Rightarrow -90° \ \text{für große} \ \omega$$

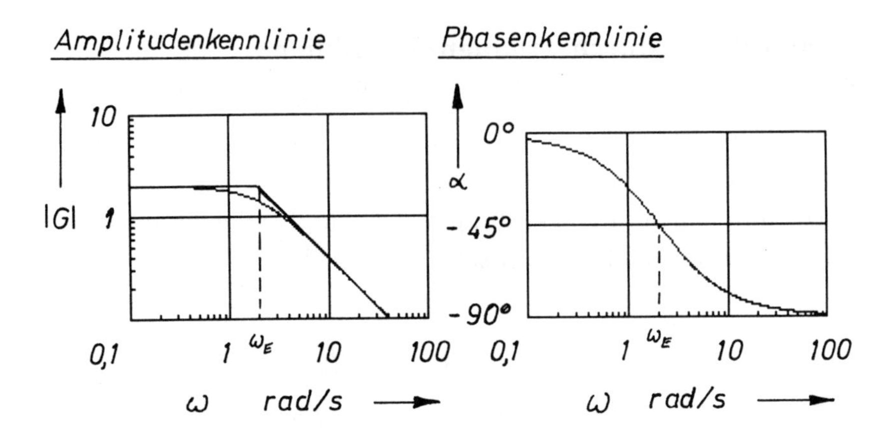

Bild 2.17 Frequenzkennlinien des PT1-Gliedes

In *Bild 2.17* sind die Amplitudenkennlinie und die Phasenkennlinie des PT1-Gliedes mit der Zeitkonstanten $T = 0,5s$ und dem Übertragungsfaktor $K = 2$ dargestellt.

Die Asymptoten der Amplitudenkennlinie für $\omega \Rightarrow 0$ und $\omega \Rightarrow \infty$ schneiden sich in einem Punkt. Sie bilden dort eine "Ecke". Die zugehörige Kreisfrequenz ω_E wird aus diesem Grund die Eckfrequenz genannt.
Die Eckfrequenz hängt mit der Zeitkonstante durch die Beziehung $T = \frac{1}{\omega_E}$ zusammen.
Aus der Phasenkennlinie läßt sich ablesen, daß der Phasenwinkel bei der Eckfrequenz gerade $\alpha = -45°$ beträgt. Man vergleiche hierzu die Ortskurve des PT1-Verhaltens in *Bild 2.13* .
In *Bild 2.18* sind die Frequenzkennlinien der wichtigsten Übertragungsglieder aufgeführt. Sie lassen sich auf ähnliche Weise, wie dies anhand des PT1-Gliedes gezeigt wurde, aus dem Frequenzgang herleiten.

P-Verhalten:

Gleichung: $v(t) = K_P \cdot u(t)$ Frequenzgang: $G(j\omega) = K_P$

Amplitudenkennlinie: $|G| = K_P$ Phasenkennlinie: $\alpha = 0°$

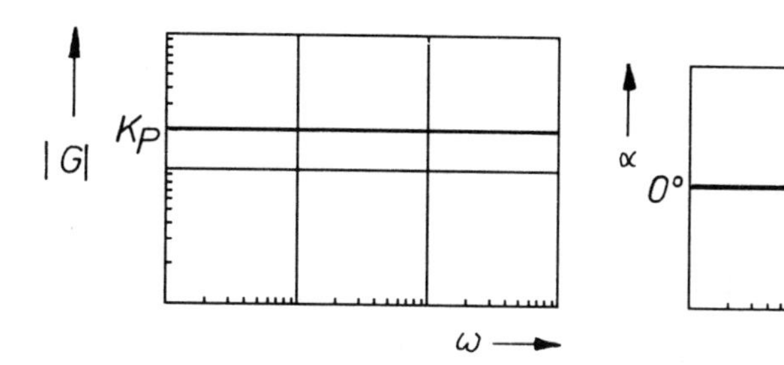

Bild 2.18 a Frequenzkennlinien des P-Verhaltens

I-Verhalten:

Gleichung: $v(t) = K_I \cdot \int u(t)dt$ Frequenzgang: $G(j\omega) = \frac{K_I}{j\omega}$

Amplitudenkennlinie: $|G| = \frac{K_I}{\omega}$ Phasenkennlinie: $\alpha = -90°$

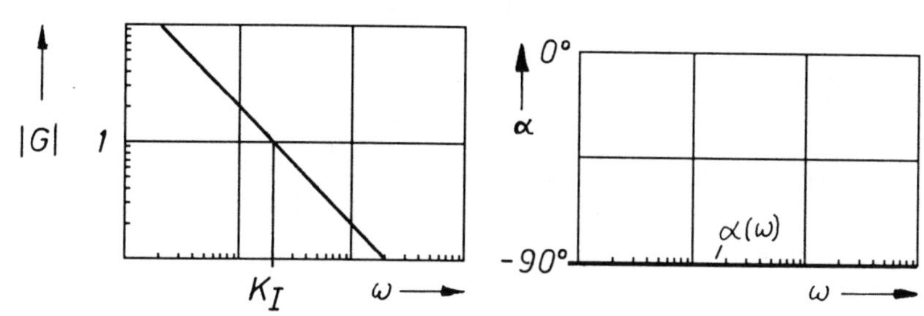

Bild 2.18 b Frequenzkennlinien des I-Verhaltens

D-Verhalten:

Gleichung: $v(t) = K_D \cdot \frac{du(t)}{dt}$ Frequenzgang: $G(j\omega) = K_D \cdot j\omega$

Amplitudenkennlinie: $|G| = K_D \cdot \omega$ Phasenkennlinie: $\alpha = +90°$

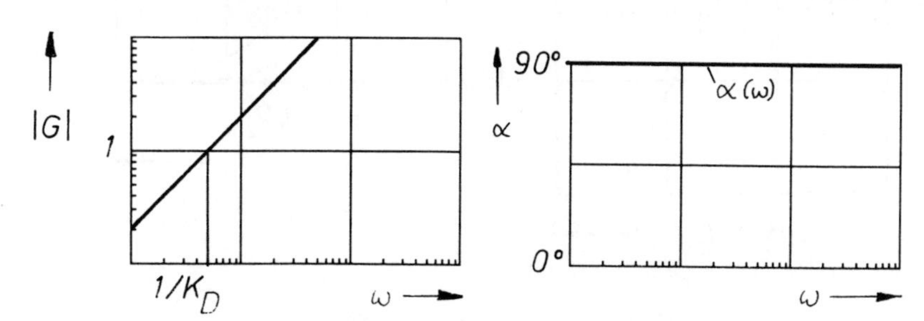

Bild 2.18 c Frequenzkennlinien des D-Verhaltens

PT2-Verhalten:

Gleichung:

$$T_2{}^2 \cdot \frac{d^2v(t)}{dt^2} + T_1 \cdot \frac{dv(t)}{dt} + v(t) = K \cdot u(t)$$

Frequenzgang:

$$G(j\omega) = \frac{K}{T_2^2(j\omega)^2 + T_1 j\omega + 1} = Re(\omega) + j \cdot Im(\omega)$$

$$G(j\omega) = \frac{K(1 - T_2^2\omega^2)}{(1 - T_2^2\omega^2)^2 + T_1^2\omega^2} + j \cdot \frac{-K \cdot T_1 \cdot \omega}{(1 - T_2^2\omega^2)^2 + T_1^2\omega^2}$$

Amplitudenkennlinie:

$$|G| = \sqrt{Re^2 + Im^2} = \frac{K}{\sqrt{(1 - T_2^2\omega^2)^2 + T_1^2\omega^2}}$$

Phasenkennlinie:

$$\alpha = arctan(\frac{Im}{Re}) = -arctan\Big(\frac{T_1\omega}{1 - T_2^2\omega^2}\Big)$$

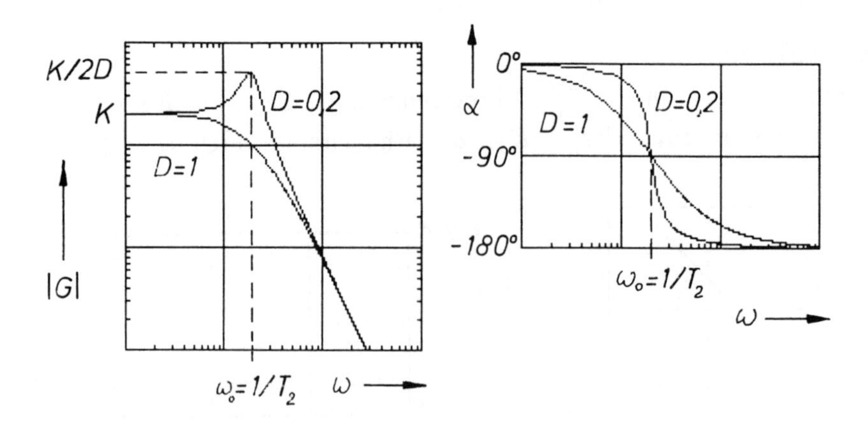

Bild 2.18 d Frequenzkennlinien des PT2-Verhaltens

2.4 Laplace Transformation

Die Laplace Transformation ist eine Rechenmethode, mit deren Hilfe lineare Differentialgleichungen, wie sie dem Regelkreis zugrundeliegen, einfach und schnell gelöst werden können. Auf diese Weise kann die Antwort des Regelkreises auch auf andere als sinusförmige Eingangsfunktionen berechnet werden.
Die Differentialgleichung des Regelkreises wird dazu in den sogenannten Bildbereich überführt. Dies geschieht in ähnlicher Weise wie beim Frequenzgangverfahren. Dort wird die Differentialgleichung in die Frequenzgleichung transformiert.
Der Bildbereich wird so gewählt, daß sich die Differentialgleichung in ihm als einfache algebraische Gleichung abbildet, die dann mit den gewöhnlichen algebraischen Rechenmethoden behandelt werden kann. Das Ergebnis wird anschließend aus dem Bildbereich in den Zeitbereich zurücktransformiert und ergibt auf diese Weise die gesuchte Lösung der Differentialgleichung.
Originalfunktion und Bildfunktion stehen durch folgende Integralausdrücke miteinander in Verbindung, vgl. [1], Abschn. 13 :
$f(t)$ ist die Originalfunktion, $F(s)$ ist die Bildfunktion.
Transformation aus dem Zeitbereich in den Bildbereich:

$$F(s) = \int_0^\infty f(t) \cdot e^{-st} \cdot dt \tag{2.26}$$

Transformation aus dem Bildbereich in den Zeitbereich:

$$f(t) = \frac{1}{2\pi j} \cdot \int_{c-j\omega}^{c+j\omega} F(s) \cdot e^{st} ds \tag{2.27}$$

s ist der Laplace Operator $s = \sigma + j\omega$

Für die meisten der in der Regelungstechnik gebräuchlichen Ausdrücke brauchen die Integrale nicht gelöst zu werden, weil entsprechende Tafeln zur Verfügung stehen, aus denen die Korrespondenzen zwischen Originalfunktion und Bildfunktion abgelesen werden können.

Die Transformation und Rücktransformation wird abgekürzt folgendermaßen geschrieben:

Transformation :	*Rücktransformation :*
$F(s) \bullet\!\!-\!\!\circ\, f(t)$	$f(t) \circ\!\!-\!\!\bullet\, F(s)$
$F(s) = \mathcal{L}\{f(t)\}$	$f(t) = \mathcal{L}^{-1}\{F(s)\}$
"F(s) gleich Laplace–Transformierte von f(t)"	*"f(t) gleich Laplace – Rück–transformierte von F(s)"*

Transformation von Differentiations- und Integrationstermen in den Bildbereich:

Differentiation:

1. Ordnung: $\mathcal{L}\{f'(t)\} = s \cdot \mathcal{L}\{f(t)\} - f(0)$ (2.28)

2. Ordnung: $\mathcal{L}\{f''(t)\} = s^2 \cdot \mathcal{L}\{f(t)\} - s \cdot f(0) - f'(0)$ (2.29)

n.Ordnung:

$$\mathcal{L}\{f^{(n)}(t)\} = s^n \cdot \mathcal{L}\{f(t)\} - \sum_{i=0}^{n-1} s^{n-1-i} \cdot f^{(i)}(0) \; f\ddot{u}r \; n \geq 1 \quad (2.30)$$

Die Differentialgleichung im Zeitbereich geht im Bildbereich in eine algebraische Gleichung über, die gleichzeitig auch die Anfangsbedingungen der Differentialgleichung enthält. Für jede Ordnung der Differentiation im Zeitbereich wird der transformierte Ausdruck im Bildbereich einmal mit s multipliziert.

In den meisten Fällen sind die Anfangswerte Null, dadurch wird die Rechnung weiter vereinfacht.

Integration:

$$\mathcal{L}\{\int f(t)dt\} = \frac{1}{s} \cdot [\mathcal{L}\{f(t)\} + I(0)] \quad (2.31)$$

$I(0)$ ist der Anfangswert der Funktion $f(t)$, d.h. die Integrationskonstante.

Für jede Integration im Zeitbereich wird der transformierte Ausdruck im Bildbereich einmal durch s geteilt.

Korrespondenztabelle

$F(s)$		$f(t)$
$\frac{1}{s}$		1
$\frac{1}{s^n}$		$\frac{t^{n-1}}{(n-1)!}$
$\frac{1}{s+a}$		e^{-at}
$\frac{1}{s(s+a)}$		$\frac{1}{a}(1-e^{-at})$
$\frac{s}{s^2+\omega^2}$		$cos\omega t$
$\frac{\omega}{s^2+\omega^2}$		$sin\omega t$
$\frac{1}{(s+\alpha)(s+\beta)}$		$\frac{e^{-\beta t}-e^{-\alpha t}}{\alpha-\beta}$
$\frac{1}{(s+a)^n}$	$(n>0)$	$\frac{t^{n-1}}{(n-1)!}\cdot e^{-at}$
$\frac{1}{s(s+a)^n}$		$\frac{1}{a^n}[1-(\sum_{\nu=0}^{n-1}\frac{(at)^\nu}{\nu!})\cdot e^{-a}]$
$\frac{1}{s^2+2\alpha s+\beta^2}$	$(\vartheta=\frac{\alpha}{\beta}>1)$	$\frac{1}{2\sqrt{\alpha^2-\beta^2}}[e^{s_1 t}-e^{s_2 t}]$
$\frac{1}{s^2+2\alpha s+\beta^2}$	$(\vartheta<1)$	$\frac{1}{\omega}\cdot e^{-\alpha t}\cdot sin\omega t \qquad (\omega=\sqrt{\beta^2-\alpha^2})$
$\frac{1}{s\cdot(s^2+2\alpha s+\beta^2)}$	$(\vartheta>1)$	$\frac{1}{\beta^2}[1+\frac{s_2}{2\sqrt{\alpha^2-\beta^2}}\cdot e^{s_1 t}-\frac{s_1}{2\sqrt{\alpha^2-\beta^2}}\cdot e^{s_2 t}]$
$\frac{1}{s\cdot(s^2+2\alpha s+\beta^2)}$	$(\vartheta<1)$	$\frac{1}{\beta^2}[1-(cos\omega t+\frac{\alpha}{\omega}sin\omega t)\cdot e^{-\alpha t}]$

Weitere Korrespondenzen s. [1], *Abschnitt* 13.5.

2.4.1 Berechnung der Reaktion eines PT1-Systems mit Hilfe der Laplace-Transformation

Es soll die Sprungantwort $v(t)$ des PT1-Systems mit den Daten $T = 0.5s$ und $K_P = 2$ auf einen Sprung der Eingangsgröße u(t) um $\hat{u} = 3$ berechnet werden.
Zu Begin sei das System in Ruhe: $v(0) = 0$.

Gleichung des PT1-Systems: $0,5 \cdot \dot{v}(t) + v(t) = 2 \cdot u(t)$

Laplace-Transformierte des Eingangssprungs: $u(s) = \mathcal{L}\{u(t)\} = \hat{u} \cdot \frac{1}{s}$

Laplace-Transformierte der Dgl.: $0,5 \cdot s \cdot v(s) - v(0) + v(s) = 2 \cdot u(s)$

Laplace-Transformierte der Sprungantwort:

$$v(s) = \frac{2 \cdot \hat{u}}{s \cdot (0,5s + 1)} = \frac{6}{s \cdot (0,5s + 1)}$$

Rücktransformation:

$$v(t) = \mathcal{L}^{-1}\{v(s)\} = \mathcal{L}^{-1}\left\{\frac{6}{s \cdot (0,5s + 1)}\right\}$$

$$v(t) = \mathcal{L}^{-1}\left\{\frac{12}{s \cdot (s + 2)}\right\} = \frac{12}{2} \cdot (1 - e^{-2t}) = 6 \cdot (1 - e^{-2t})$$

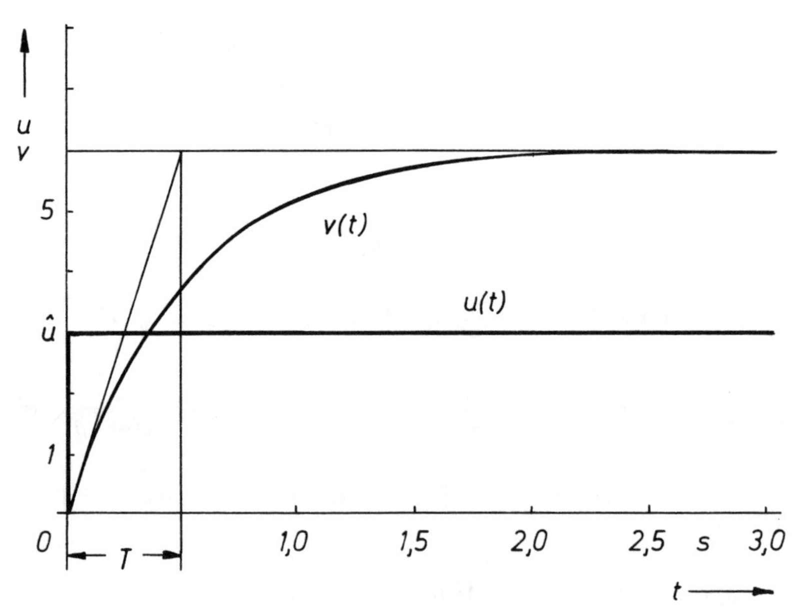

Bild 2.19 Grafik für das Beispiel 2.4.1

2.4.2 Berechnung des Temperaturverlaufs bei einem Temperaturregelkreis mit Integralregler

Gegeben sei eine Temperaturregelstrecke mit PT1-Verhalten. Bei der zugeführten oder abgezogenen Wärmemenge pro Zeiteinheit (Wärmeleistung) von $q = 2\ kW$ soll sich die Temperatur gerade um die Differenz $\vartheta = 10\ K$ ändern. Die Temperaturänderung soll mit der Zeitkonstante $T_S = 30\ min = 1800\ s$ vonstatten gehen.
Die Regelstrecke wird mit einem I-Regler geregelt. Der Integralbeiwert des Reglers zusammen mit dem Übertragungsfaktor des Leistungsverstärkers wird auf den Wert $K_{IR} \cdot K_V = 0,056\ \frac{W}{K \cdot s}$ eingestellt.
Der Übertragungsfaktor der Meßeinrichtung sei $K_M = 1$.

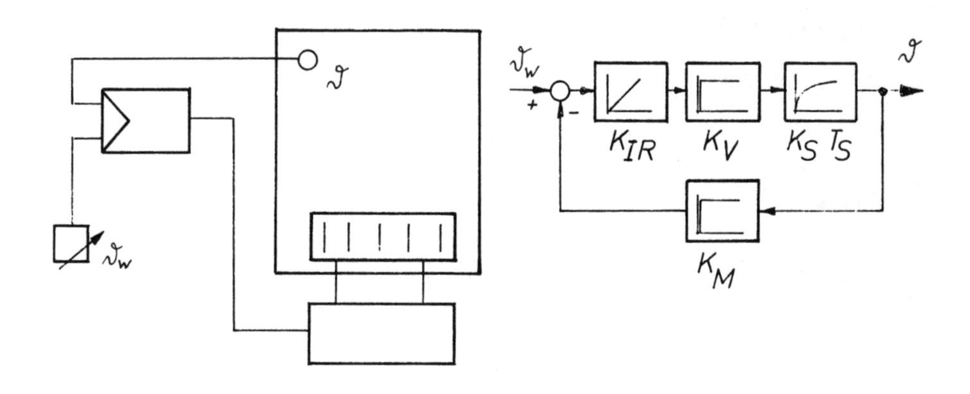

Bild 2.20 Geräteskizze und Wirkungsplan der Temperaturregelung

Die Gleichung der Regelstrecke ist

$$T_S \cdot \dot{\vartheta}(t) + \vartheta(t) = K_S \cdot q(t)$$

$$1800 \cdot \dot{\vartheta}(t) + \vartheta(t) = \frac{10}{2 \cdot 10^3} \cdot q(t) = 5 \cdot 10^{-3} \cdot q(t)$$

Die Gleichung des I-Reglers einschließlich Stelleinrichtung lautet:

$$q(t) = K_{IR} \cdot K_V \cdot \int [\vartheta_w(t) - \vartheta(t)] \cdot dt = 0,056 \cdot \int [\vartheta_w(t) - \vartheta(t)] \cdot dt$$

Damit wird die Gleichung des Regelkreises:

$$1800 \cdot \dot{\vartheta}(t) + \vartheta(t) = 5 \cdot 10^{-3} \cdot 0,056 \cdot \int [\vartheta_w(t) - \vartheta(t)] \cdot dt$$

$$1800 \cdot \dot{\vartheta}(t) + \vartheta(t) + 2,8 \cdot 10^{-4} \cdot \int \vartheta(t)dt = 2,8 \cdot 10^{-4} \cdot \int \vartheta_w(t)dt$$

$$1800 \cdot \ddot{\vartheta}(t) + \dot{\vartheta}(t) + 2,8 \cdot 10^{-4} \cdot \vartheta(t) = 2,8 \cdot 10^{-4} \cdot \vartheta_w(t)$$

$$\ddot{\vartheta}(t) + 5,56 \cdot 10^{-4} \cdot \dot{\vartheta}(t) + 15,56 \cdot 10^{-8}\vartheta(t) = 15,56 \cdot 10^{-8}\vartheta_w(t)$$

Lösung der Differentialgleichung mit Hilfe der Laplace-Transformation:

Eingangssprung:

$$\vartheta_w(s) = \frac{1}{s} \cdot \hat{\vartheta}_w$$

Regelkreis:

$$(s^2 + 5,56 \cdot 10^{-4}s + 15,56 \cdot 10^{-8}) \cdot \vartheta(s) = 15,56 \cdot 10^{-8}\vartheta_w(s)$$

Regelgröße:

$$\vartheta(s) = \frac{15,56 \cdot 10^{-8}}{s(s^2 + 5,56 \cdot 10^{-4}s + 15,56 \cdot 10^{-8})} \cdot \hat{\vartheta}_w$$

Rücktransformation: $\alpha = 2,78 \cdot 10^{-4}$ $\alpha^2 = 7,73 \cdot 10^{-8}$

$\beta^2 = 15,56 \cdot 10^{-8}$ $\beta = 3,94 \cdot 10^{-4}$ $\omega = 2,8 \cdot 10^{-4}$ $\vartheta = 0,7$

Mit Hilfe der Korrespondenztabelle ergibt sich folgende Lösungsfunktion:

$$\vartheta(t) = [1 - (cos2,78 \cdot 10^{-4}t - 0,99 \cdot sin2,78 \cdot 10^{-4}t)e^{-2,78 \cdot 10^{-4}t}] \cdot \hat{\vartheta}_w$$

Es wird ein Führungssprung von $\hat{\vartheta}_w = 30K$ gewählt.
Dann ergibt sich bei einer Umgebungstemperatur von 20°C der folgende Temperaturverlauf:

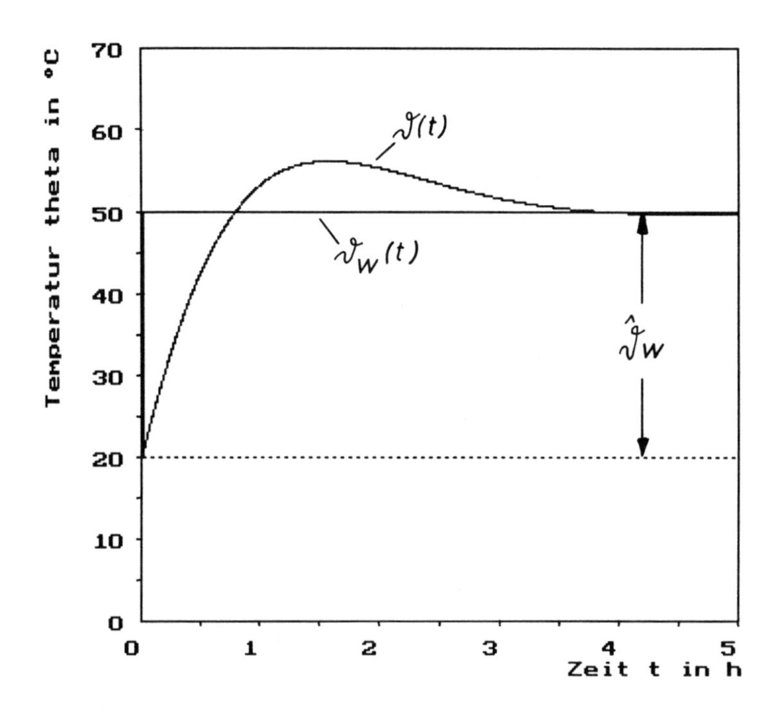

Bild 2.21 Grafik für das Beispiel 2.4.2

3 Stabilität des Regelkreises.

Die Fortpflanzung der Information durch den Regler und die Regelstrecke ist zeitabhängig. Daher kann es geschehen, daß die Information, die am Ausgang der Regelstrecke vorliegt, dem Reglereingang gerade zur Unzeit wieder zugeführt wird. Dies führt dazu, daß der Regelkreis mit Schwingungen reagiert oder sogar instabil wird.

Man unterscheidet drei Zustände des Regelkreises:

1) Die Ausgangsgröße des Regelkreises schwingt nicht oder sie führt gedämpfte Schwingungen durch.
   Dies ist der Zustand der Stabilität.
2) Das Ausgangssignal vollführt Dauerschwingungen mit gleichbleibender Amplitude. In diesem Zustand befindet sich der Regelkreis an der Stabilitätsgrenze.
3) Der Regelkreis schwingt sich auf. Der Regelkreis ist instabil.

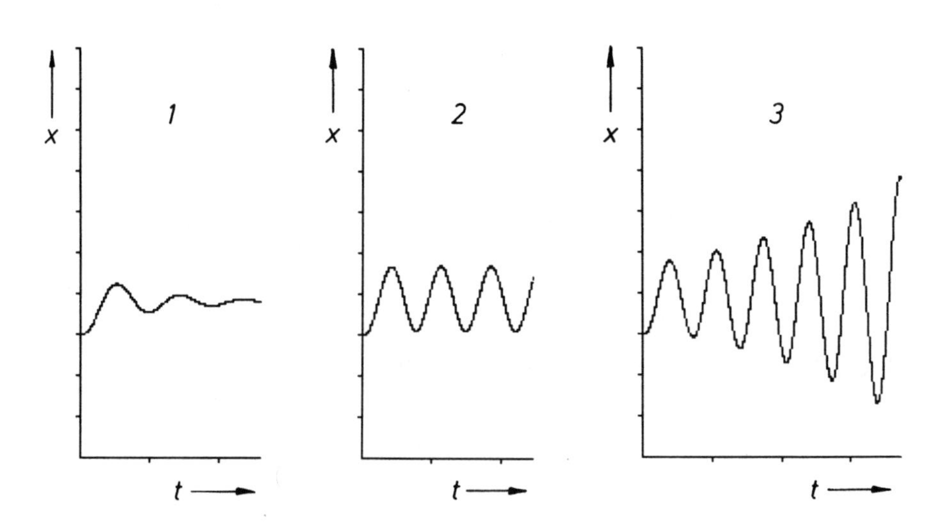

Bild 3.1 Stabilitätszustände des Regelkreises

Der Regelkreis darf auf keinen Fall instabil werden. Er büßt dann nicht nur seine Funktion ein sondern die gesamte Anlage wird gefährdet, da durch das Anfachen der Regelschwingungen Werte erreicht werden, die außerhalb des zulässigen Bereiches liegen.

Es ist sehr wichtig, daß man schon vor dem Zusammenschalten des Regelkreises erkennt, ob der Kreis stabil arbeiten wird oder nicht.
Zu diesem Zweck können verschiedene Stabilitätskriterien angewendet werden, von denen hier das Stabilitätskriterium von Nyquist und das Kriterium von Hurwitz erläutert werden sollen.

3.1 Stabilitätskriterium von Nyquist

Nyquist beurteilt die Stabilität des geschlossenen Regelkreises aus der Lage derjenigen Ortskurve, die sich für den Frequenzgang des aufgeschnittenen Regelkreises in der komplexen Zahlenebene ergibt.

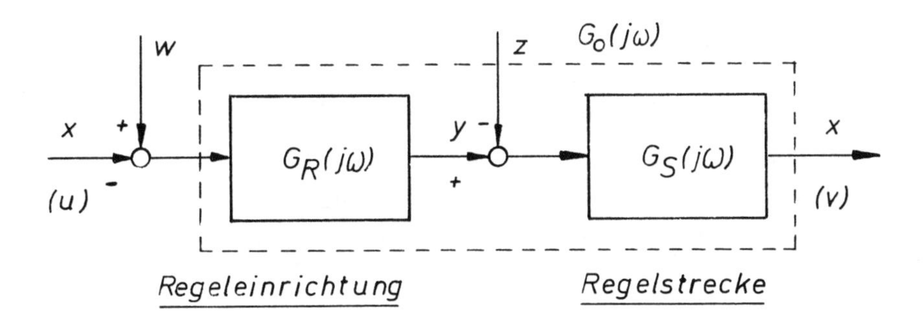

Bild 3.2 Wirkungsplan des aufgeschnittenen Regelkreises

Man kann die Stabilität des Kreises aus dem Amplitudenverhältnis der Sinusschwingung erkennen, die nach dem Durchlauf durch die Übertragungsglieder gerade mit der Phasennacheilung 360° aus der Regelstrecke austritt und dem Regler über die Rückführung wieder zugeführt wird.
Ist bei dieser Schwingung die Ausgangsamplitude größer als die Eingangsamplitude, ist also das Amplitudenverhältnis $\frac{\hat{v}}{\hat{u}}$ größer als 1, so wächst bei jedem Durchgang durch den Kreis die Signalamplitude an. Der Regelkreis ist instabil.
In der Praxis zieht man allerdings nicht den Zeiger, der gerade die Phasendrehung $-360°$ hat, zur Beurteilung heran, sondern man betrachtet das Amplitudenverhältnis $|G_0| = \frac{\hat{v}}{\hat{u}}$ desjenigen Zeigers, der gerade $-180°$ Phasenverschiebung besitzt. Dieser unterscheidet sich

von dem ersteren dadurch, daß die zusätzliche Phasendrehung, die durch die Vorzeichenumkehr an der Vergleichsstelle entsteht, und gerade $-180°$ beträgt, nicht enthalten ist.
"Aufgeschnittener Regelkreis" bedeutet in diesem Fall die Reihenschaltung von Regler und Regelstrecke ohne Berücksichtigung der Drehung des Vorzeichens: $G_0(j\omega) = G_R(j\omega) \cdot G_S(j\omega)$.

3.1.1 Untersuchung der Stabilität

Bild 3.3 zeigt die Ortskurven der Frequenzgänge verschiedener aufgeschnittener Regelkreise. Die Zeiger mit der Phasenverschiebung $-180°$ liegen auf der negativ reellen Achse der komplexen Zahlenebene. Der Schnittpunkt der Ortskurve mit der negativ reellen Achse bestimmt die Zeigerlänge und damit das Amplitudenverh"altnis.
Schneidet die Ortskurve die Achse links vom Punkt -1, so ist das Amplitudenverhältnis größer 1, der Kreis ist nicht stabil.
Schneidet die Ortskurve im Punkt -1, so ist das Amplitudenverhältnis gleich 1, der Kreis befindet sich an der Stabilitätsgrenze.
Beim Schnittpunkt rechts von -1 ist das Amplitudenverhältnis kleiner als 1, die Regelschwingungen klingen ab, der Regelkreis arbeitet stabil.

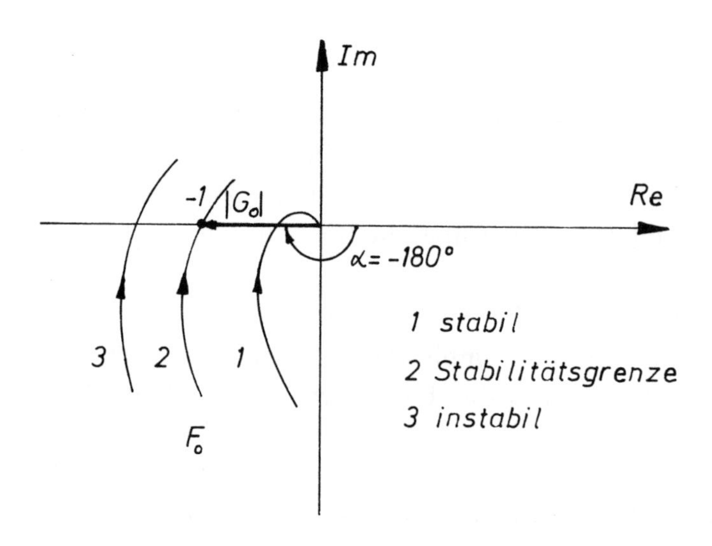

Bild 3.3 Stabilitätsbetrachtung beim Nyquist Kriterium

Mit dem Nyquist-Kriterium läßt sich sofort erkennen, daß ein Regelkreis, bei dem die Ortskurve des aufgeschnittenen Kreises ausschließlich im vierten Quadranten der komplexen Zahlenebene verläuft, gar nicht instabil werden kann, weil die Ortskurve keinen Schnittpunkt mit der negativ reellen Achse besitzt. Dies ist z.B. der Fall bei einem Regelkreis aus P-Regler und PT1-Regelstrecke.
Ein solcher Regelkreis heißt strukturstabil.

Ein Regelkreis, bei dem die Ortskurve des aufgeschnittenen Kreises direkt auf der negativ reellen Achse verläuft, wird dagegen niemals stabil sein können, weil seine Ortskurve stets durch den Punkt -1 geht. Er wird strukturinstabil genannt. Ein derartiger strukturinstabiler Regelkreis entsteht z.B., wenn man versucht, eine Regelstrecke, die rein integrales Verhalten zeigt, mit einem I-Regler zu regeln.

3.1.2 Untersuchung der Stabilitätsreserve

Anhand der Ortskurve des Nyquist-Kriteriums kann man gut erkennen, was passiert, wenn die Kreisverstärkung im Regelkreis größer wird. Der Faktor der Kreisverstärkung wächst z.B. an, wenn man die Verstärkung des Reglers erhöht.
Die Kreisverstärkung $V_0 = K_{PR} \cdot K_{PS}$ steht im Zähler des Frequenzgangs G_0 und bestimmt die Länge der Zeiger des Frequenzgangs. Wächst die Kreisverstärkung an, so bedeutet das ein Aufblähen der Ortskurve in der komplexen Ebene. Dadurch kann es geschehen, daß eine Ortskurve, die vorher rechts vom kritischen Punkt -1 die negativ reelle Achse geschnitten hat, jetzt plötzlich durch diesen Punkt hindurchgeht oder die Achse links vom kritischen Punkt schneidet. Ein vorher stabiler Regelkreis gerät dadurch an die Stabilitätsgrenze oder wird sogar instabil, *Bild 3.3* .

Auch wenn dafür Sorge getragen ist, daß die Zeigerlänge der Ortskurve sich nicht ändern kann, kann es dennoch geschehen, daß der Regelkreis instabil wird. Dies ist der Fall, wenn sich die Winkel der Zeiger infolge einer zusätzlichen Phasendrehung zu größeren Werten hin verschieben. Eine zusätzliche Verschiebung tritt auf, wenn im Regelkreis eine Totzeit vorhanden ist.

Der Gefahr, daß der Regelkreis instabil wird, wenn sich die Kreisfrequenz ungewollt ändert oder wenn eine zusätzlich Totzeit auftritt, versucht man dadurch zu begegnen, daß die Einstellparameter des Reglers von vorneherein schwächer eingestellt werden, so daß ein genügender Abstand zur Stabilitätsgrenze bestehen bleibt. Man sorgt damit für Stabilitätsreserve.

Zwei Kenngrößen geben Auskunft, ob der Regelkreis über genügend Stabilitätsreserve verfügt: Es sind dies der Amplitudenrand A_r und der Phasenrand α_r.

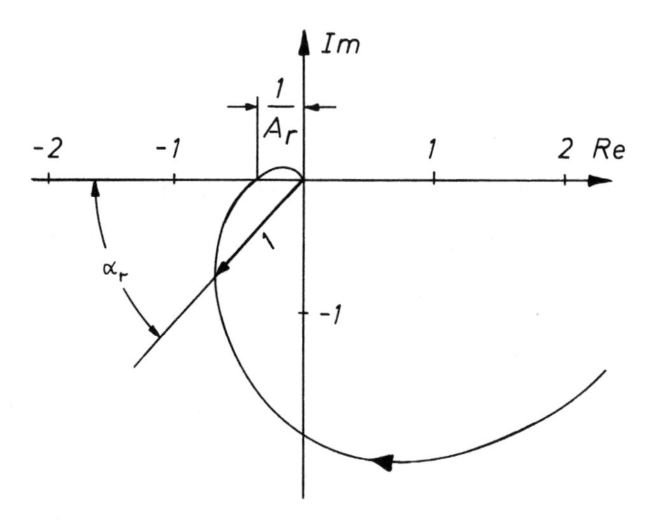

Bild 3.4 Stabilitätsreserve, Amplitudenrand und Phasenrand

A_r ist der Faktor, mit dem die Kreisverstärkung gerade noch multipliziert werden darf, bevor die Stabilitätsgrenze erreicht wird.

α_r ist der Winkel für den Zeiger mit der Länge 1, der die Phasenverschiebung dieses Zeigers gerade zu $-180°$ ergänzen würde.

Bei $-180°$ liegt der Zeiger 1 auf der negativ rellen Achse. Die Ortskurve geht dann durch den Punkt -1, der Regelkreis befindet sich an der Stabilitätsgrenze.
Ein Regelkreis weist im allgemeinen ausreichende Stabilität auf, wenn der Amplitudenrand $A_r \geq 2,0$ ist und der Phasenrand $\alpha_r \geq 30°$ beträgt.

Übungsaufgabe 3.1:

Die Temperatur in der Wand eines beheizten Wassergefäßes soll geregelt werden.

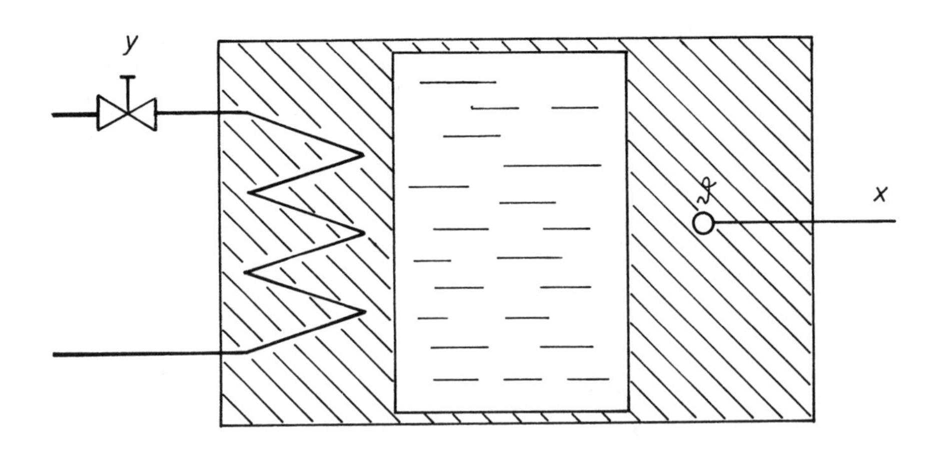

Die Regelstrecke besteht aus drei hintereinandergeschalteten Teilsystemen: die Heizschlange heizt die linke Wand auf, die Wand gibt ihre Wärme an das Wasser ab, das Wasser heizt die rechte Wand auf, in der die Temperatur gemessen wird. Die Strecke kann daher als Reihenschaltung von drei PT1-Gliedern angesetzt werden.
Die Regelung soll durch einen P-Regler erfolgen.

Gegeben sind folgende Werte: $T_1 = 30min,\ T_2 = 45min,\ T_3 = 15min.$
Die Kreisverstärkung beträgt $K_{ges} = 10.$

Anhand des Nyquist-Kriteriums soll die Stabilität des Regelkreises geprüft werden. Die Ortskurve des aufgeschnittenen Regelkreises ist zu zeichnen.

Lösung der Übungsaufgabe 3.1:

Der Frequenzgang des aufgeschnittenen Regelkreises ergibt sich zu:

$$G_0 = G_R \cdot G_S = \frac{K_{PR} \cdot K_{PS}}{(T_1 j\omega + 1) \cdot (T_2 j\omega + 1) \cdot (T_3 j\omega + 1)}$$

$$= \frac{K_{PR} \cdot K_{PS}}{T_1 T_2 T_3 (j\omega)^3 + (T_1 T_2 + T_2 T_3 + T_3 T_1)(j\omega)^2 + (T_1 + T_2 + T_3) j\omega + 1}$$

Um G_0 auf die Form $G_0 = Re(\omega) + j \cdot Im(\omega)$ bringen zu können, muß der Nenner des Bruchs reell gemacht werden. Dazu wird der Bruch mit dem konjugiert komplexen Nenner erweitert:

$$G_0 = \frac{K_{ges}}{ReNenner + j \cdot ImNenner} \cdot \frac{ReNenner - j \cdot ImNenner}{ReNenner - j \cdot ImNenner}$$

$$G_0 = \frac{K_{ges} \cdot ReNenner}{ReNenner^2 + ImNenner^2} + j \cdot \frac{-K_{ges} \cdot ImNenner}{ReNenner^2 + ImNenner^2}$$

Die Gleichung wird am besten mit Hilfe des Computers ausgewertet. Es werden Werte für die Kreisfrequenz ω vorgegeben, die zugehörigen Real- und Imaginärteile berechnet und daraus die Zeiger konstruiert. Mit den Endpunkten der Zeiger wird die Ortskurve des Frequenzgangs des aufgeschnittenen Regelkreises gezeichnet. Die Lage des Schnittpunktes mit der negativ reellen Achse gibt Auskunft über die Stabilität des geschlossenen Kreises.

```
{Pascal-Programm zum Beispiel 3.1}
program complex;
uses crt;
var taste  :  char;
    omega, delta, K_ges, T1, T2, T3  :  real;
    Re_Nenner, Im_Nenner, Nenner, Re, Im  :  real;
    i  :  integer;

begin
  clrscr;
  K_ges := 10; T1 := 30; T2 := 45; T3 := 15;
  omega := 0; delta := 0.01;
  for i := 0 to 10 do
  begin
    Re_Nenner := 1 - (T1*T2 + T2*T3 + T3*T1)
    * sqr(omega);
    Im_Nenner := (T1 + T2 + T3) * omega - T1*T2*T3
    * sqr(omega) * omega;
    Nenner := sqr(Re_Nenner) + sqr(Im_Nenner);
    Re := K_ges * Re_Nenner / Nenner;
    Im := -K_ges * Im_Nenner / Nenner;
    writeln(' omega =',omega:4:2,'Realteil =',Re:4:2,
    'Imaginärteil =',Im:4:2);
    omega : omega + delta;
    taste := readkey;
    if taste = 'q' then halt;
  end;
end.
```

Es werden die Zeiger mit den Frequenzen $0 \leq \omega \leq 10\frac{1}{min}$ berechnet und folgende Werte für die Konstruktion der Ortskurve herangezogen:
Wertetabelle:

$\omega \quad \frac{1}{min}$	0,04	0,05	0,06	0,07	0,08
Re	$-2,10$	-1,69	-1,24	-0,90	-0,64
Im	$-1,64$	-0,64	-0,16	0,05	0,14

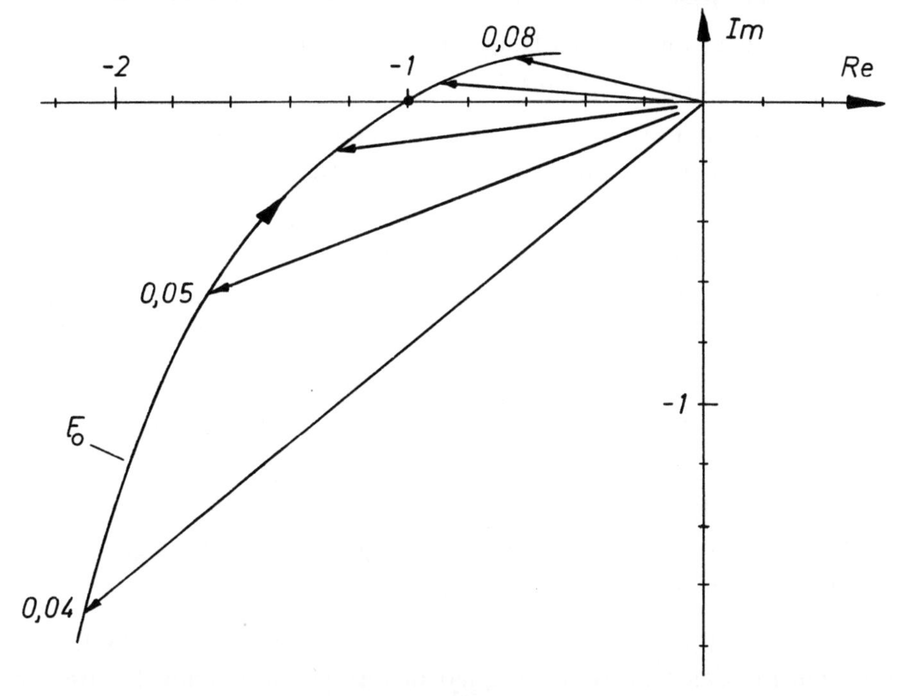

Die Lage der Ortskurve in der Bildebene zeigt, daß der Regelkreis an der Stabilitätsgrenze arbeitet. Um Stabilität zu erreichen, muß die Kreisverstärkung erniedrigt werden. Das kann nur dadurch geschehen, daß die Reglerverstärkung K_{PR} verringert wird.

3.1.3 Anwendung der Frequenzkennlinien auf die Stabilitätsuntersuchung nach Nyquist.

Bei der Stabilitätsuntersuchung des Regelkreises nach dem Nyquist Verfahren wird die Ortskurve des Frequenzgangs des aufgeschnittenen Regelkreises $G_0(j\omega)$ untersucht.
Statt dessen kann die Stabilität auch am Verlauf der Frequenzkennlinien des aufgeschnittenen Regelkreises beurteilt werden. Dazu wird das Diagramm der Phasenkennlinie
$\alpha = f_2(\omega)$ direkt unter das Diagramm der Amplitudenkennlinie
$|G_0| = f_1(\omega)$ gezeichnet, *Bild 3.5.*

Im Amplitudendiagramm wird zunächst der Punkt auf der $|G_0|$- Kurve gesucht, der zur Zeigerlänge "eins" gehört, $|G_0| = 1$. Von diesem Punkt aus wird das Lot auf die Phasenkennlinie gefällt und der zum Schnittpunkt gehörige Winkelwert abgelesen.
Liegt der Winkel zwischen $-90°$ und $-180°$, so ist der Regelkreis stabil. Der Winkelabstand zu $-180°$ gibt dabei zugleich den Phasenrand an.

Weiterhin wird im Phasendiagramm der Punkt der α-Kennlinie gesucht, für den $\alpha = -180°$ ist. Von hier aus wird senkrecht nach oben bis zum Schnittpunkt mit der Amplitudenkennlinie gegangen.
Ergibt sich auf diese Weise eine Zeigerlänge kleiner als eins, so ist der Regelkreis stabil. Der an der Ordinate abgelesene Wert ist gleichzeitig der Wert für den reziproken Amplitudenrand $\frac{1}{A_r}$.

Die Beobachtung der Stabilität des Regelkreises anhand der Frequenzkennlinien für das Übertragungsglied des aufgeschnittenen Kreises ermöglicht anschaulich eine schrittweise Optimierung des Regelkreises durch gezielte Änderung der Reglerparameter.

Die Konstruktion der Kennlinien des aufgeschnittenen Regelkreises erfordert die Reihenschaltung von Regler und Regelstrecke. Hierfür bietet die Darstellung der Amplitudenkennlinie in doppeltlogarithmischer und die der Phasenkennlinie in einfachlogarithmischer Form Vorteile:
Man erhält den Frequenzgang der Reihenschaltung aus dem Produkt der Frequenzgänge der Einzelglieder.

$$G_0(j\omega) = G_R(j\omega) \cdot G_S(j\omega)$$

Angewendet auf die Zeiger $(\frac{\hat{v}_1}{\hat{u}_1}) \cdot e^{\alpha_1}$ und $(\frac{\hat{v}_2}{\hat{u}_2}) \cdot e^{\alpha_2}$ der in Reihe geschalteten Frequenzgänge ergibt sich entsprechend

$$\left(\frac{\hat{v}}{\hat{u}}\right)_{ges} \cdot e^{\alpha_{ges}} = \left(\frac{\hat{v}}{\hat{u}}\right)_1 \cdot e^{\alpha_1} \cdot \left(\frac{\hat{v}}{\hat{u}}\right)_2 \cdot e^{\alpha_2}$$

$$\left(\frac{\hat{v}}{\hat{u}}\right)_{ges} \cdot e^{\alpha_{ges}} = \left(\frac{\hat{v}}{\hat{u}}\right)_1 \cdot \left(\frac{\hat{v}}{\hat{u}}\right)_2 \cdot e^{\alpha_1+\alpha_2}$$

Aus dieser Formel läßt sich ersehen, daß der Winkel des Zeigers einer Reihenschaltung durch Addition der Einzelwinkel entsteht.
Die Länge des resultierenden Zeigers erhält man aus dem Produkt der Längen der Einzelzeiger. Der Logarithmus der Zeigerlänge entsteht demnach aus der Summe der Logarithmen der Längen der Einzelzeiger. Da die Amplituden im doppeltlogarithmischen Maßstab und die Phasenwinkel im einfachlogarithmischen Maßstab eingezeichnet sind, läßt sich der resultierende Zeiger einfach durch Abgreifen und grafisches Addieren der jeweiligen Werte von $|G|$ und α gewinnen.

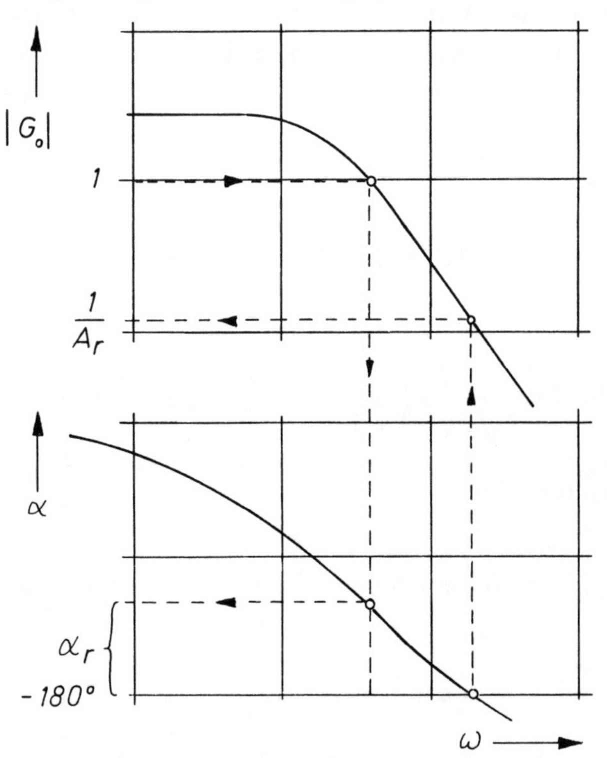

Bild 3.5 Stabilitätsbetrachtung anhand der Frequenzkennlinien

Die Methode der manuellen grafischen Konstruktion der Frequenzkennlinien hat an Bedeutung verloren, weil sich die Kennlinien inzwischen einfacher und schneller mit dem Computer berechnen und zeichnen lassen.
Dagegen ist die Darstellung des dynamischen Verhaltens der Übertragungsglieder im Regelkreis in Form von Frequenzkennlinien wegen der hohen Anschaulichkeit nach wie vor berechtigt.

Übungsaufgabe 3.2:

Es soll der Regelkreis mit dem P-Regler: $K_{PR} = 4$
und mit der Regelstrecke aus drei Pt1-Gliedern in Reihe: $K_{S1} = 1$, $K_{S2} = 0,5$, $K_{S3} = 2$, $T_{S1} = 1s$, $T_{S2} = 0,8s$, $T_{S3} = 0,5s$ mit Hilfe der Frequenzkennlinien auf Stabilität untersucht werden.

Lösung der Übungsaufgabe 3.2:

Zunächst werden die Amplitudenverhältnisse und Phasenwinkel der Einzelglieder berechnet. Danach werden aus den Einzelwerten die Frequenzkennlinien des aufgeschnittenen Regelkreises bestimmt. Aus der Zeichnung der Frequenzkennlinien wird die Stabilität abgelesen.

Frequenzkennlinien der Einzelglieder:

Regler:

$$log|G_R| = logK_{PR} \quad , \quad \alpha_R = 0°$$

Regelstrecke:

$$log|G_{Si}| = log(\frac{K_{Si}}{\sqrt{T_{Si}^2\omega^2 + 1}}) \; , \quad \alpha_{Si} = arc\; tan(-T_{Si} \cdot \omega)$$

aufgeschnittener Regelkreis:

$$log|G_0| = logK_{PR} + log|G_{S1}| + log|G_{S2}| + log|G_{S3}|$$

$$\alpha_0 = \alpha_R + \alpha_{S1} + \alpha_{S2} + \alpha_{S3}$$

Die Berechnung und Zeichnung erfolgt mit dem Rechner.

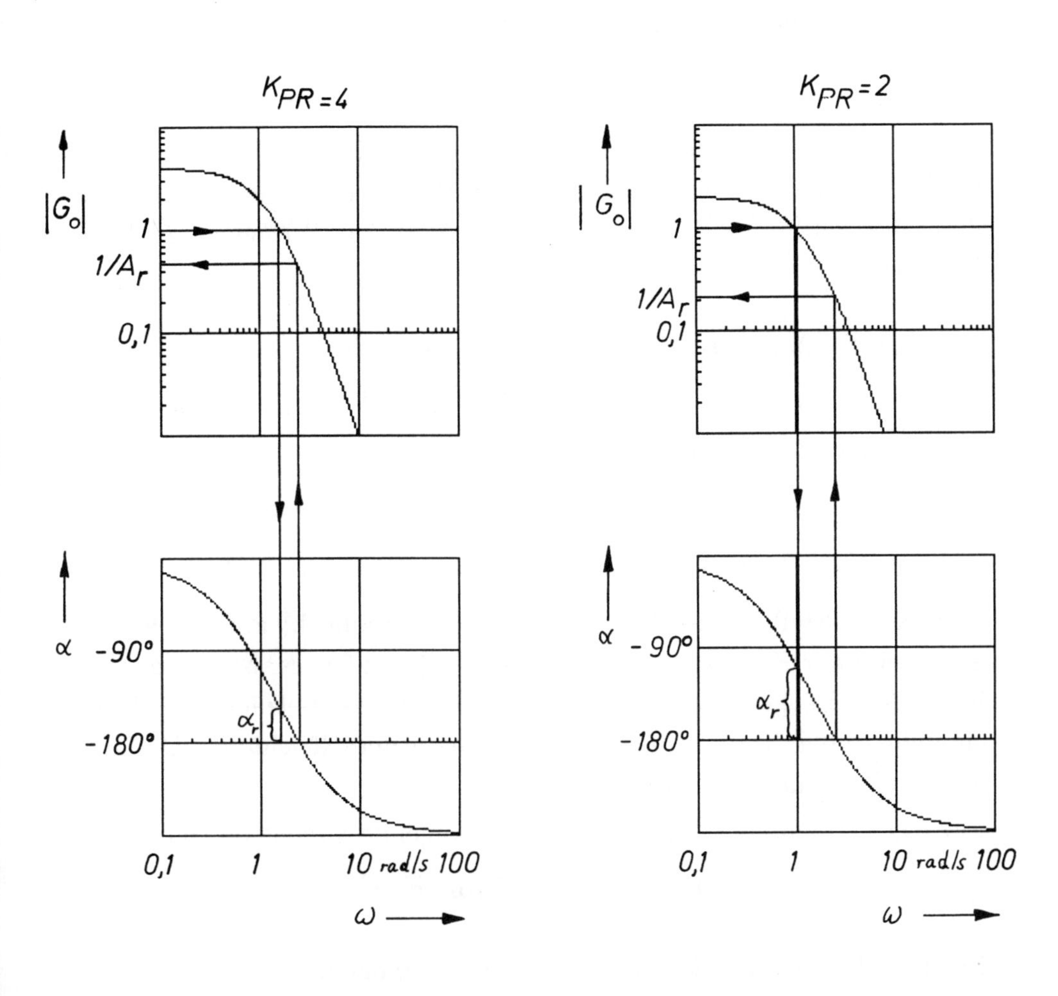

$K_{PR}=4$: $A_r = 1/0{,}48 = 2{,}08$

$\alpha_r = 31°$

ausreichende Stabilität

$K_{PR}=2$: $A_r = 1/0{,}22 = 4{,}55$

$\alpha_r = 69°$

gute Stabilität

Bild 3.6 Beurteilung der Stabilität anhand der Frequenzkennlinien

3.2 Stabilitätskriterium von Hurwitz

Das Hurwitz-Kriterium stellt eine Methode zur Verfügung, die es ermöglicht, die Stabilität des Regelkreises aus seiner Differentialgleichung zu erkennen. Die Differentialgleichung des Kreises erhält man, durch Kombination der Gleichungen für den Regler und die Regelstrecke. Zum Beispiel ergibt sich für einen Regelkreis aus P-Regler und PT2-Regelstrecke:

Gleichung des P-Reglers: $y = K_{PR} \cdot (w - x)$

Gleichung der Regelstrecke: ${T_2}^2 \cdot \ddot{x} + T_1 \cdot \dot{x} + x = K_{PS} \cdot y$

Gleichung des Regelkreises:

$$ {T_2}^2 \cdot \ddot{x} + T_1 \cdot \dot{x} + x = K_{PR} \cdot K_{PS} \cdot (w - x) $$

$$ {T_2}^2 \cdot \ddot{x} + T_1 \cdot \dot{x} + (1 + K_{PR} \cdot K_{PS}) \cdot x = K_{PR} \cdot K_{PS} \cdot w $$

Für die Beurteilung der Stabilität ist es unerheblich, auf welche Art und Weise der Kreis angeregt wird. Deshalb genügt es, beim Hurwitz-Kriterium die homogene Differentialgleichung zu betrachten. Diese entsteht durch Nullsetzen der rechten Seite der Gleichung. Dadurch wird das sogenannte Störglied eliminiert.

Für das betrachtete Beispiel ergibt sich folgende homogene Dgl.:

$$ {T_2}^2 \cdot \ddot{x} + T_1 \cdot \dot{x} + (1 + K_{PR} \cdot K_{PS}) \cdot x = 0 $$

Für Gleichungen nter Ordnung lautet die homogene Dgl.:

$$ a_n \cdot x^{(n)} + \ldots + a_3 \cdot x^{(3)} + a_2 \cdot \ddot{x} + a_1 \cdot \dot{x} + a_0 \cdot x = 0 \tag{3.1} $$

Hurwitz gibt folgende Beiwertbedingungen für die Stabilität an:

Alle Koeffizienten $a_1, \ldots a_n$ müssen vorhanden sein und positives Vorzeichen haben.

Ordnung	Stabilität bei	kritische Frequenz
2	$a_1 \geq 0$	$\omega_{krit} = \sqrt{\frac{a_0}{a_2}}$
3	$a_1 a_2 - a_0 a_3 \geq 0$	$\omega_{krit} = \sqrt{\frac{a_1}{a_3}}$
4	$a_1 a_2 a_3 - a_0 a_3^2 - a_4 a_1^2 \geq 0$	$\omega_{krit} = \sqrt{\frac{a_1}{a_3}}$

Übungsaufgabe 3.3

Der Regelkreis aus der Übungsaufgabe 3.2 soll mit dem Kriterium von Hurwitz auf Stabilität untersucht werden.

Lösung der Übungsaufgabe 3.3

Die Differentialgleichung für den Regelkreis aus Aufgabe 3.2 läßt sich aus den gegebenen Gleichungen der Einzelglieder berechnen. Hierzu wird zunächst der resultierende Frequenzgang aus den Frequenzgängen der Einzelglieder aufgestellt (vgl. Abschnitt 2.2.3):

$$G_w(j\omega) = \frac{x(j\omega)}{w(j\omega)} = \frac{G_R \cdot G_{S1} \cdot G_{S2} \cdot G_{S3}}{1 + G_R \cdot G_{S1} \cdot G_{S2} \cdot G_{S3}}$$

$$x(j\omega) \cdot (1 + \frac{4}{0,4 \cdot (j\omega)^3 + 1,7(j\omega)2 + 2,3 \cdot j\omega + 1}) =$$

$$= w(j\omega) \cdot \frac{4}{0,4 \cdot (j\omega)^3 + 1,7 \cdot (j\omega)^2 + 2,3 \cdot j\omega + 1}$$

Durch Rücktransformation in den Zeitbereich erhält man die Dgl.:

$$0,4 \cdot x^{(3)}(t) + 1,7 \cdot \ddot{x}(t) + 2,3 \cdot \dot{x}(t) + 5 \cdot x(t) = 4 \cdot w(t)$$

Die homogene Differentialgleichung lautet:

$$0,4 \cdot x^{(3)}(t) + 1,7 \cdot \ddot{x}(t) + 2,3 \cdot \dot{x}(t) + 5 \cdot x(t) = 0$$

Die Koeffizienten sind: $a_3 = 0,4 \quad a_2 = 1,7 \quad a_1 = 2,3 \quad a_0 = 5$

$$a_1 \cdot a_2 - a_0 \cdot a_3 \quad = \quad 2,3 \cdot 1,7 - 5 \cdot 0,4 \quad = \quad 1,91 \quad > \quad 0$$

Der Regelkreis ist stabil! Die kritische Frequenz, mit der der Kreis an der Stabilitätsgrenze schwingen würde, beträgt

$$\omega_{krit} = \sqrt{\frac{a_1}{a_3}} = \sqrt{\frac{2,3}{0,4}} = 2,4\frac{1}{s}$$

$$f_{krit} = \frac{\omega_{krit}}{2\pi} = 0,38Hz$$

3.3 Beurteilung der Stabilität eines Regelkreises anhand der Lage der Wurzeln der charakteristischen Gleichung

Die Stabilität eines Regelkreises läßt sich aus der Lage der Wurzeln seiner charakteristischen Gleichung erkennen. Der Regelkreis ist stabil, wenn alle Wurzeln der charakteristischen Gleichung in der negativen Hälfte der komplexen Ebene liegen.

Die Führungsübertragungsfunktion des Regelkreises lautet:

$$G_w(s) = \frac{G_R(s) \cdot G_S(s)}{1 + G_R(s) \cdot G_S(s)}$$

Die Störübertragungsfunktion ergibt sich zu:

$$G_z(s) = \frac{G_S(s)}{1 + G_R(s) \cdot G_S(s)}$$

Die charakteristische Gleichung lautet in beiden Fällen:

$$1 + G_R(s) \cdot G_S(s) = 0 \tag{3.2}$$

Die Lage der Wurzeln (Nullstellen) dieser Gleichung wird untersucht.

Beispiel: Regelkreis aus Übungsaufgabe 3.2

P-Regler mit Reglerverstärkung $K_{PR} = 4$
Reglergleichung: $y(t) = K_{PR} \cdot (w - x) = 4 \cdot [w(t) - x(t)]$
Übertragungsfunktion des Reglers: $G_R(s) = 4$
Die Regelstrecke besteht aus drei PT1-Gliedern in Reihenschaltung:
$K_{PS1} = 1$, $K_{PS2} = 0,5$, $K_{PS3} = 2$
$T_{S1} = 1\ s$, $T_{S2} = 0,8\ s$, $T_{S3} = 0,5\ s$
Übertragungsfunktion der Strecke:

$$G_S(s) = \frac{K_{PS1} \cdot KPS2 \cdot K_{PS3}}{T_{S1} \cdot T_{S2} \cdot T_{S3} \cdot s^3 + [T_{s1} \cdot T_{S2} + T_{S2} \cdot T_{S3} + T_{S3} \cdot T_{S1}] \cdot s^2 + (T_{S1} + T_{S2} + T_{S3}) \cdot s + 1}$$

$$= \frac{1}{1 \cdot 0,8 \cdot 0,5 \cdot s^3 + (1 \cdot 0,8 + 0,8 \cdot 0,5 + 0,5 \cdot 1) \cdot s^2 + (1 + 0,8 + 0,5) \cdot s + 1} = \frac{1}{0,4 \cdot s^3 + 1,7 \cdot s^2 + 2,3 \cdot s + 1}$$

Die charakteristische Gleichung des Regelkreises folgt aus Gl. 3.2:

$1 + G_0 = \frac{4}{0,4 \cdot s^3 + 1,7 \cdot s^2 + 2,3 \cdot s + 1} = 0 \quad s^3 + 4,25 \cdot s^2 + 5,75 \cdot s + 12,5 = 0$

$s_1 = -3,6 \qquad s_{2,3} = -0,325 \pm j \cdot 1,82$

Die Wurzeln liegen alle in der negativen Halbebene. Die Imaginärteile von s_2 *und* s_3 sind ungleich Null. Das bedeutet, der Regelkreis ist stabil und führt gedämpfte Schwingungen aus.

Bild 3.7 zeigt die Kriterien für die Stabilität:
Liegen alle Wurzeln in der negativen Halbebene, so ist der Kreis stabil. Haben die Wurzeln des stabilen Kreises nur reelle Anteile, so verläuft die Sprungantwort des Regelkreises aperiodisch.
Treten in der negativen Halbebene komplexe Lösungen auf, so ergeben sich gedämpfte Schwingungen.
Sind nur imaginäre Anteile vorhanden, dann schwingt der Kreis ungedämpft.
Wenn Wurzeln in der positiven Halbebene auftreten, liegt ein instabiler Regelkreis vor.

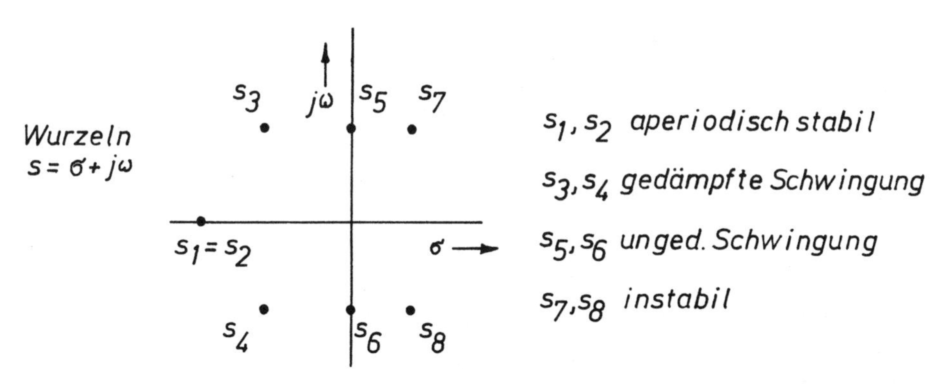

Bild 3.7 Beurteilung der Wurzelorte für die Stabilität

Man kann sich das Stabilitätskriterium in der s-Ebene gut erklären, wenn man die Größe $s = \sigma + j \cdot \omega$ als komplexe Frequenz der Schwingung des Systems deutet. Die Schwingung läßt sich dann durch den Zeiger $v(s) = \hat{v} \cdot e^{(\sigma + j \cdot \omega)t}$ darstellen, *Bild 3.8*.

Schreibt man $v(s) = \hat{v} \cdot e^{\sigma t} \cdot e^{j \cdot \omega t}$, so sieht man sofort:

Ist $\underline{\sigma = 0}$ also $s = j \cdot \omega$, so ergibt sich eine Dauerschwingung mit der Frequenz ω_0 . Das ist der Fall der **Stabilitätsgrenze**.

Ist $\underline{\sigma > 0}$, so steigt die Schwingungsamplitude an.
Es liegt der Fall der **Instabilität** vor.

Ist $\underline{\sigma < 0}$, so nimmt die Schwingungsamplitude ab.
Es herrscht **Stabilität**.

σ wird daher auch das Wuchsmaß der Schwingung genannt, während $\omega = \omega_0$ die Eigenfrequenz bedeutet.

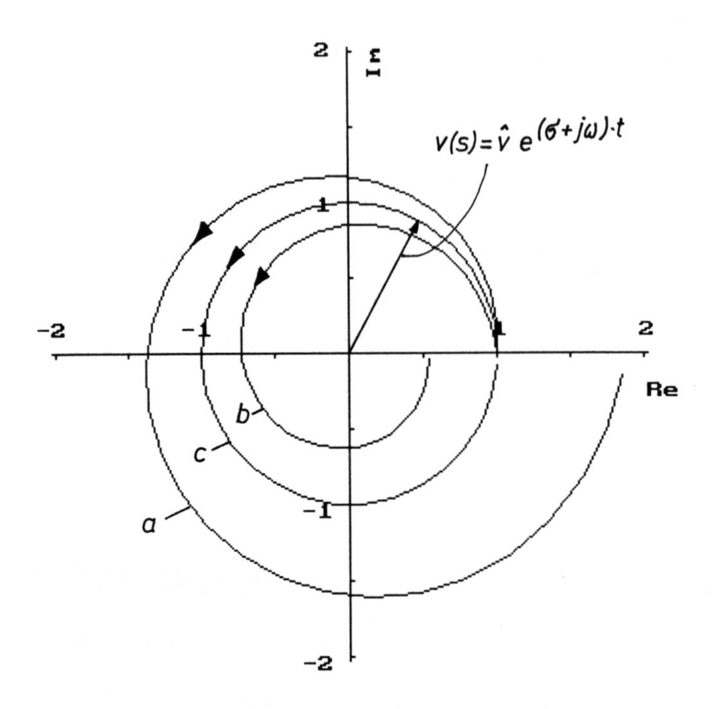

Bild 3.8 Ortskurven
a) der aufklingenden, b) der abklingenden und
c) der andauernden Schwingungen

4 Regeleinrichtungen und ihre Ausführung

Die Gesamtheit der Einrichtung zum Regeln der Regelstrecke wird Regeleinrichtung genannt. Zu ihr wird oft auch die Stelleinheit und das Meßgerät gezählt. Die Regelstrecke wird dann entsprechend vom Stellort bis zum Meßort gerechnet.
Je nach der Art, wie die Stellgröße des Reglers auf die Regeldifferenz reagiert, spricht man von stetigen oder unstetigen Reglern.

4.1 Unstetige Regler

Beim unstetigen Regler reagiert die Stellgröße des Reglers auf eine Änderung der Regeldifferenz mit nur wenigen, d.h. mit zwei oder drei Zustandsbereichen. Entsprechend spricht man vom Zweipunkt- bzw. vom Dreipunktregler.

4.1.1 Der Zweipunktregler

Zweipunktregler finden ihrer einfachen Bauart wegen häufige Verwendung. Ein Zweipunktregler regelt z.B. die Temperatur des Bügeleisens im Haushalt oder er schaltet den Ölbrenner für die Zentralheizung ein und aus, *Bild 4.3* .
Die Ausgangsgröße des Zweipunktsreglers kann nur zwei Zustände einnehmen, z.B. "Heizung einschalten" und "Heizung ausschalten". Je nachdem, ob die Regeldifferenz $e = (w - x)$ größer/gleich oder kleiner Null ist, wird ausgeschaltet oder eingeschaltet. Beim Bügeleisen wird der Schaltvorgang z.B. durch einen Bimetallschalter ausgelöst.

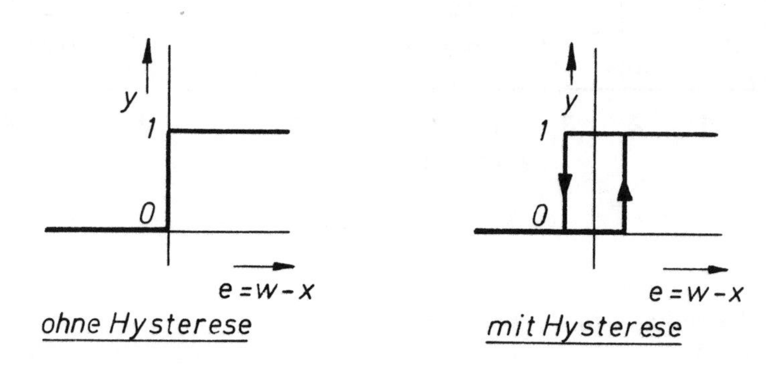

Bild 4.1 Kennlinien des Zweipunktreglers

Zweipunktregler besitzen keine Ruhelage. Die Stellgröße pendelt dauernd zwischen den beiden möglichen Zuständen hin und her. Die Ausgangsgröße des Regelkreises beschreibt eine Dauerschwingung.
In der Praxis besitzt der Zweipunktregler eine sogenannte Schaltdifferenz (Hysterese). Der Regler schaltet ein, wenn die Regeldifferenz $e = w - x$ deutlich positiv ist, er schaltet wieder aus, wenn die Differenz deutlich negativ ist, *Bild 4.1.*
Ein Zweipunktregler ohne Hysterese, der mit einer schnell reagierenden Regelstrecke, z.B. mit einer PT1-Regelstrecke, zusammenarbeitet, schaltet mit hoher Frequenz hin und her. Dabei wird theoretisch eine gute Regelgenauigkeit erreicht. Wegen der hohen Schaltfrequenz kann die Regeleinrichtung jedoch Schaden nehmen, z.B. können bei einem elektrischen Schaltregler die Kontakte verbrennen.
Bild 4.2 zeigt die Verhältnisse bei der Regelung einer Regelstrecke mit Totzeit durch einen Zweipunktregler mit Hysterese. Regelkreise dieser Art treten häufig in der Versorgungstechnik, z.B. bei der Regelung von Klimaanlagen auf [6].

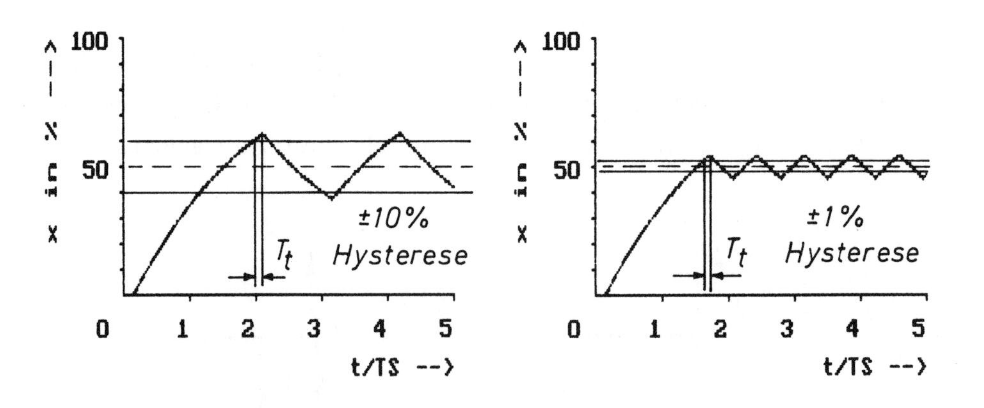

Bild 4.2 Regelkreis mit Zweipunktregler

Regelung der Temperatur des Bügeleisens

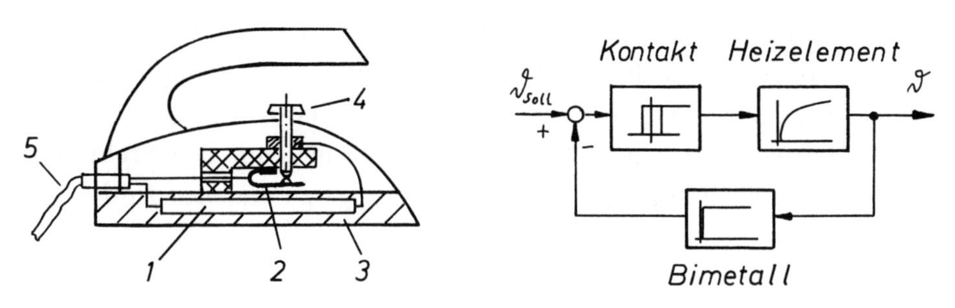

1 Heizelement 2 Bimetallschalter
3 Sohle 4 Temperatursteller
5 Netzkabel

Drehzahlregelung

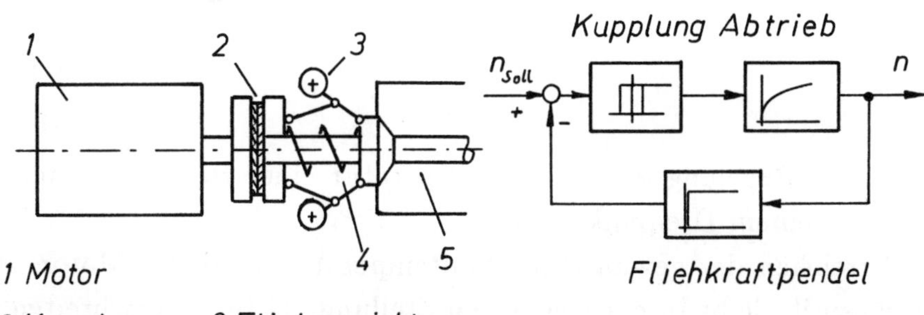

1 Motor
2 Kupplung 3 Fliehgewichte
4 Druckfeder 5 Abtriebswelle

Bild 4.3 Beispiele für Regelkreise mit Zweipunktreglern

4.1.2 Der Dreipunktregler

Beim Dreipunktregler werden in Abhängigkeit von der Regeldifferenz drei verschiedene Zustände angefahren:
"Links", "Geradeaus", "Rechts" bei einem Kursregler oder
"Heben", "Halt", "Senken" bei einem Positionsregler.

Im Gegensatz zum Zweipunktsregler, bei dem es zu einem dauernden Hin- und Herschalten des Reglers kommt, findet der Dreipunktregler bei richtiger Auslegung in der Mittelstellung seine Ruhelage.
Ein Dreipunktregler kann z.B. eingesetzt werden, um den Stellmotor für das Mischventil einer Zentralheizungsanlage zu steuern, *Bild 4.4*.

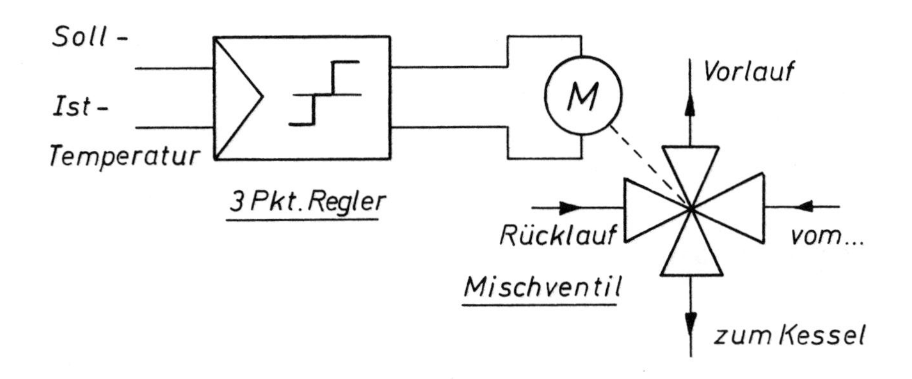

Bild 4.4 Regelung der Vorlauftemperatur einer Heizungsanlage mit einem Dreipunktregler

Bei Erreichen der gewünschten Solltemperatur steht der Motor. Das Mischventil bleibt in der gegebenen Stellung. Beim Überschreiten der Solltemperatur um mehr als einen gegebenen Schwellwert dreht der Motor und bringt das Ventil in eine solche Stellung, daß die Wasserzirkulation hauptsächlich im Kessel selbst stattfindet. Beim Unterschreiten der Solltemperatur um mehr als den gegebenen Schwellwert dreht der Motor in Gegenrichtung und stellt das Ventil so ein, daß mehr warmes Wasser in den Vorlauf gelangt.

4.2 Stetige Regler

Stetige Regler stellen eine Ausgangsgröße bereit, die einen von der Regeldifferenz abhängigen aber stetig verlaufenden Wert hat.
Diese Regler haben zwar einen komplizierteren Aufbau als die unstetigen Regler, mit ihnen läßt sich aber ein wesentlich besserer Verlauf der Regelgröße erzielen.
Im Kapitel 1.4 wurden bereits die fünf gängigen Typen der stetigen Regler vorgestellt.
Es sind dies der P-Regler, der I-Regler, der PI-Regler, der PD-Regler und der PID-Regler.

4.2.1 Proportionalregler (P-Regler)

Beim Proportionalregler ist die Ausgangsgröße (Stellgröße) proportional zur Eingangsgröße (Regeldifferenz).

$$Gleichung: \; y = K_{PR} \cdot (w - x) + y_0 \quad Frequenzgang: \; G_R(j\omega) = K_{PR}$$

Mit der Korrekturgröße y_0 kann die bleibende Regeldifferenz für den Betriebspunkt des Reglers zu Null gemacht werden, vgl. Kap. 1.6.1 .
y_0 verschiebt die Kennlinie des P-Reglers in Richtung y.

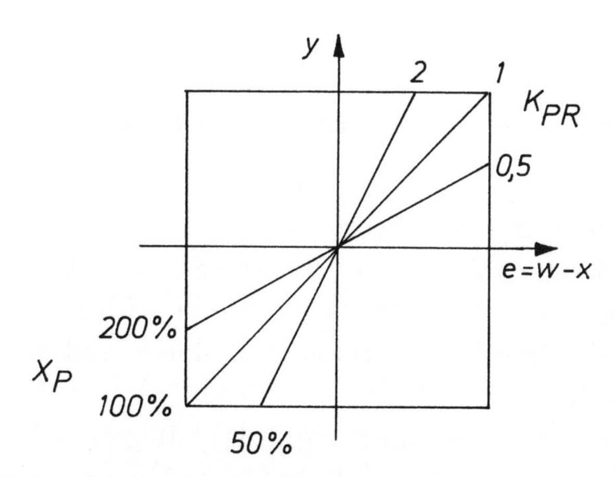

Bild 4.5 Kennlinie des P-Reglers

Die Intensität des P-Reglers läßt sich durch den Verstärkungsfaktor K_{PR} einstellen. Zwischen der Verstärkung K_{PR} und dem sogenannten Proportionalbereich X_P besteht die Beziehung:

$$X_P = \frac{1}{K_{PR}} \cdot 100 \; in \; \%$$

4.2.1.1 Mechanischer P-Regler

Ein Beispiel für den Regelkreis mit einem mechanischen P-Regler bildet die Wasserstandsregelung mit einem Schwimmerventil.

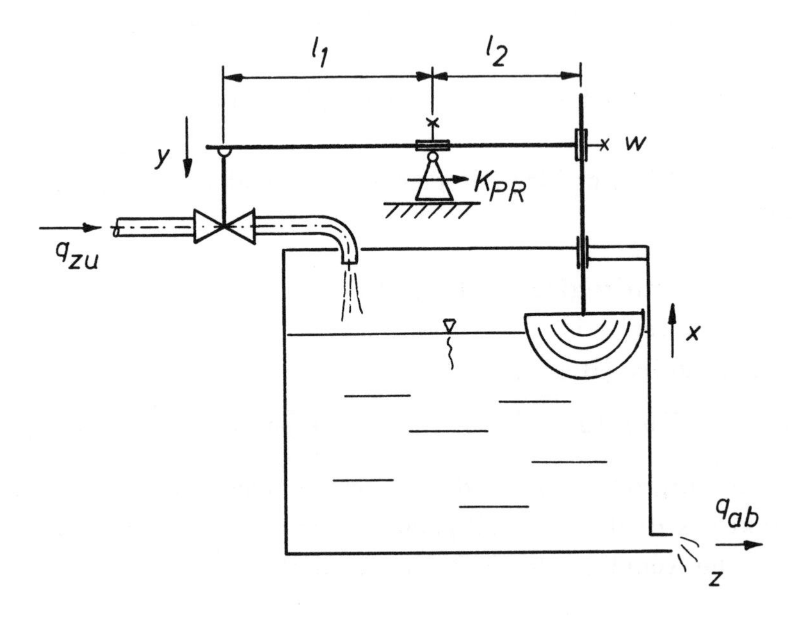

Bild 4.6 Wasserstandsregelung mit mechanischem P-Regler

Der P-Regler in *Bild 4.6* wird durch den mechanischen Hebel gebildet, der die Schwimmerstange mit dem Ventilstößel verbindet.
Der Wasserstand wird vorgewählt durch Verkürzung bzw. Verlängerung der Schwimmerstange. Die Verstärkung des Reglers wird verändert durch Verschiebung des Hebel-Drehpunkts, d.h. durch Änderung des Hebelverhältnisses l_1/l_2.
Der Wasserbehälter kann in erster Näherung als PT1-Regelstrecke angesehen werden. Ohne Regelung würde sich nach einer Übergangszeit für jeden Volumenstrom eine neue Gleichgewichtslage einstellen.
Das Zu- oder Abschalten verschiedener Verbraucher wirkt als Störgröße. Es würde zu Änderungen des Wasserniveaus führen, wenn keine Regelung vorhanden wäre.

4.2.1.2 Elektronischer P-Regler

Ein elektronischer P-Regler kann mit Hilfe von Operationsverstärkern realisiert werden. Der Operationsverstärker, ist ein Gleichspannungsverstärker kleiner Leistung $P < 1\,Watt$ aber hoher Genauigkeit, der als Rechenverstärker betrieben wird. Die Spannungssignale am Operationsverstärker liegen in der Größenordnung von 10 bis 30 Volt, die Ströme durch den Verstärker betragen nur wenige Milliampere.
Bild 4.7 a zeigt das Schaltsymbol des Operationsverstärkers.

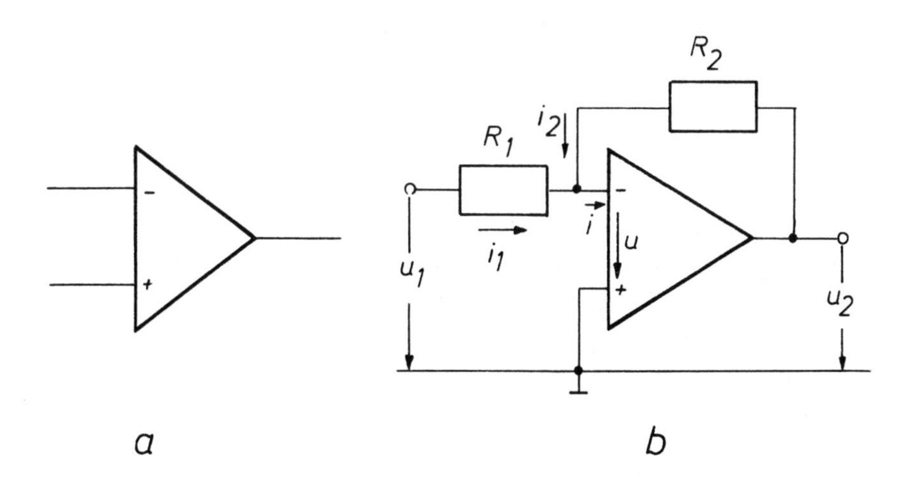

Bild 4.7 Schaltsymbol des elektronischen Operationsverstärkers
a) offener Verstärker b) Verstärker mit P-Beschaltung

Der Operationsverstärker besitzt zwei Eingänge und einen Ausgang. Die Anschlüsse der Spannungsversorgung werden nicht mit in die Schaltung eingezeichnet. Einer der Eingänge ist invertierend (-), der andere nichtinvertierend (+). Kennzeichnend ist der sehr hohe Verstärkungsfaktor des offenen Verstärkers. Sein Wert beträgt $K \geq 10^5$.
Indem man den Verstärker, wie in *Bild 4.7 b* gezeigt, mit einer äußeren Beschaltung aus Widerständen und Kondensatoren versieht, kann man ihm gezielt unterschiedliches Verhalten geben, z.B. proportionales Verhalten mit einem vorgegebenen Verstärkungsfaktor.

Die Wirkungsweise der P-Schaltung läßt sich wie folgt berechnen:
u_1 ist die Spannung am Eingang, u_2 die Spannung am Ausgang der P-Schaltung. Die Spannung u am Eingang des Verstärkers hat wegen der hohen Verstärkung des offenen Verstärkers nahezu Nullpotential $u \cong 0\ V$. Da der Verstärker einen großen Eingangswiderstand besitzt, ist der Strom i in den Verstärker hinein ebenfalls verschwindend gering $i \cong 0\ A$.
Die beiden Spannungen u_1 und u_2 fallen deshalb an den Widerständen R_1 und R_2 ab und es fließen die Ströme $i_1 = u_1/R_1$ und $i_2 = u_2/R_2$.
Am Summenpunkt gilt: $i_1 + i_2 = i \cong 0\ A$ also $i_2 = -i_1$

$$u_2 = -\frac{R_2}{R_1} \cdot u_1 \tag{4.1}$$

Die Ausgangsspannung u_2 ist proportional zur Eingangsspannung u_1. Der Verstärkungsfaktor der P-Schaltung ist durch das Verhältnis der Widerstände R_2 / R_1 gegeben. Es wird $R_1 \cong 10\ k\Omega$ gewählt.
Der Verstärker dreht zwar das Vorzeichen um. Dies muß aber kein Nachteil sein, da man in Reglerschaltungen ohnehin oft einen Vorzeichenwechsel benötigt. Außerdem kann man durch Nachschalten eines weiteren Verstärkers mit dem Faktor 1 immer dafür sorgen, daß das Vorzeichen ein weiteres Mal gedreht wird.

Bild 4.8 zeigt zwei weitere wichtige Operationsverstärkerschaltungen: den Summierer und den Vergleicher.

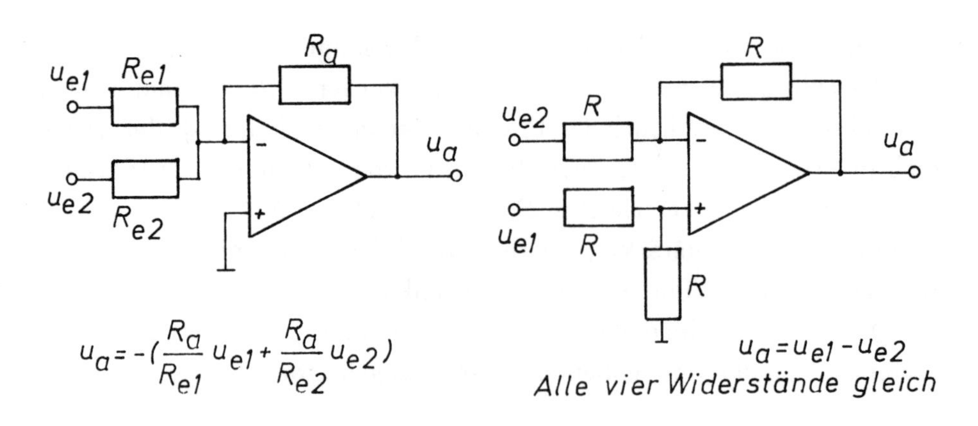

Bild 4.8 Summierverstärker- und Vergleicherschaltung

Bild 4.9 zeigt den Regelkreis für die Drehzahlregelung eines elektrischen Stellmotors mit elektronischem P-Regler aus Operationsverstärkern.
Die Drehzahl des Motors wird mit einem Tachogenerator gemessen. Das Ausgangssignal des Tachogenerators u_n muß durch den Anpassungsverstärker auf den für den Regler passenden Wert, in diesem Fall $0 < u_x < 10V$ umgeformt werden. Ebenfalls muß das Ausgangssignal des Reglers $0 < u_y < 10V$ durch den Leistungsverstärker auf die entsprechende Ankerspannung des Motors verstärkt werden.
Die Führungsgröße für die Drehzahlvorgabe wird durch das Potentiometer vorgegeben. Auch dieses Signal muß zwischen $0V$ und $10V$ liegen.

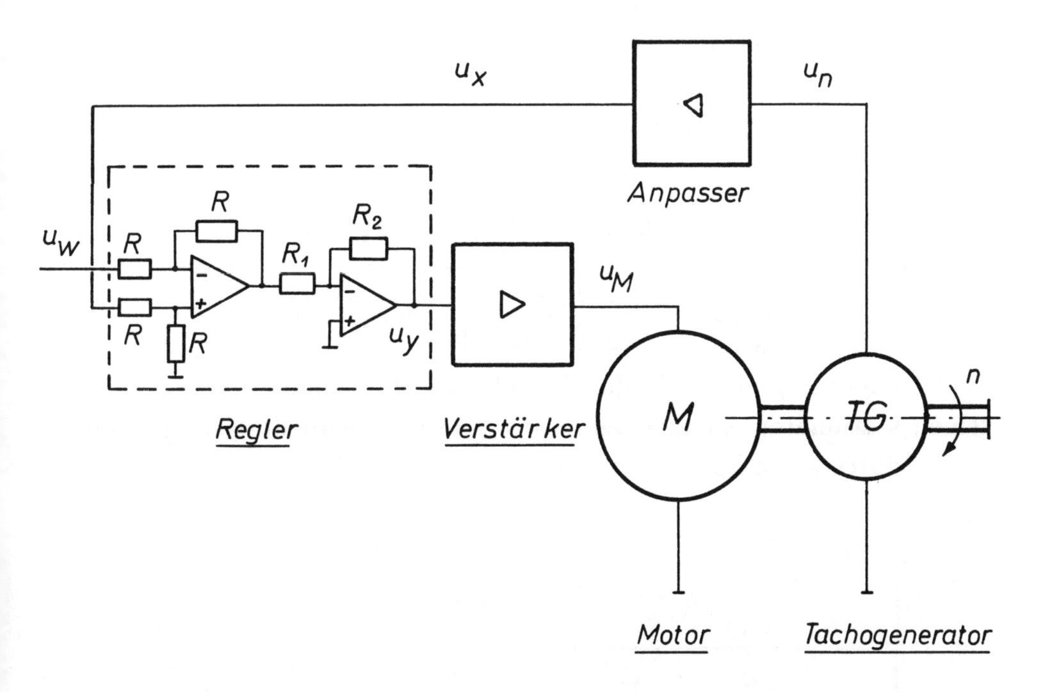

Bild 4.9 Regelkreis für die Drehzahlreglung eines elektrischen Stellmotors mit elektronischem P-Regler aus Operationsverstärkern

4.2.2 Integralregler (I-Regler)

Gegenüber dem Proportionalregler hat der Integralregler den Vorteil, daß er die Stellgröße solange verändert, bis die Regeldifferenz Null geworden ist. Es tritt in einem Regelkreis mit I-Regler also keine bleibende Regeldifferenz auf. Dagegen hat der I-Regler den Nachteil, daß er langsamer als der P-Regler ist.
Die Gleichung des I-Reglers lautet:

$$y(t) = K_{IR} \cdot \int \left(w(t) - x(t)\right)\, dt \quad (+y_0)$$

Der Frequenzgang des I-Reglers ergibt sich durch die Transformation der Zeitgleichung in den Frequenzbereich:

$y(t)$ wird ersetzt durch $y(j\omega)$,
$\int w(t)dt$ wird ersetzt durch $\frac{1}{j\omega} \cdot w(j\omega)$,
$\int x(t)dt$ wird ersetzt durch $\frac{1}{j\omega} \cdot x(j\omega)$.

$$y(j\omega) = K_{IR} \cdot \frac{1}{j\omega} \cdot \left(w(j\omega) - x(j\omega)\right)$$

$$G(j\omega) = \frac{y(j\omega)}{w(j\omega) - x(j\omega)} = K_{IR} \cdot \frac{1}{j\omega}$$

Eine Kennlinie gibt es für den I-Regler nicht, da die Ausgangsgröße keinen stationären Zustand annimmt. Deshalb wird der I-Regler am besten durch seine Sprungantwort dargestellt.

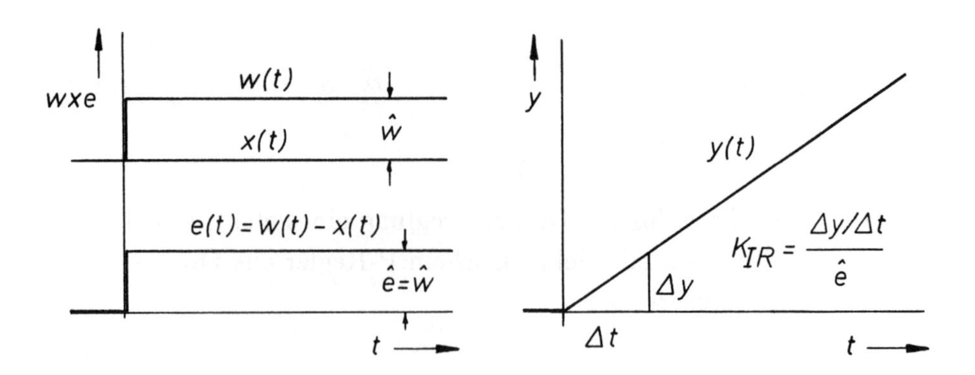

Bild 4.10 Sprungantwort des I-Reglers

4.2.2.1 Elektronischer I-Regler

Bild 4.11 zeigt die Schaltung des elektronischen I-Reglers. Er unterscheidet sich vom P-Regler dadurch, daß statt des Widerstandes R_2 ein Kondensator C in die Rückführung eingebaut ist.
Es gilt:

$$i_1 = \frac{u_1}{R_1}; \qquad i_2 = C \cdot \frac{du_2}{dt}; \qquad i_2 = -i_1; \qquad C \cdot \frac{du_2}{dt} = -\frac{1}{R_1} \cdot u_1;$$

$$u_2 = -\frac{1}{R_1 \cdot C} \cdot \int u_1 dt \tag{4.3}$$

Für den Integrierfaktor K_{IR} ergibt sich $\quad K_{IR} = \frac{1}{R_1 \cdot C}$

<u>Beispiel:</u> Es soll ein elektronischer I-Regler erstellt werden, der den Integrierfaktor $K_{IR} = 0,5 \ \frac{1}{s}$ besitzt.
Es wird $R_1 = 10k\Omega$ gewählt. Dann berechnet sich der Rückführkondensator C zu:

$$C = \frac{1}{R_1 \cdot K_{IR}} = \frac{1}{10 \cdot 10^3 \cdot 0,5} = 2 \cdot 10^{-4} F = 200 \mu F$$

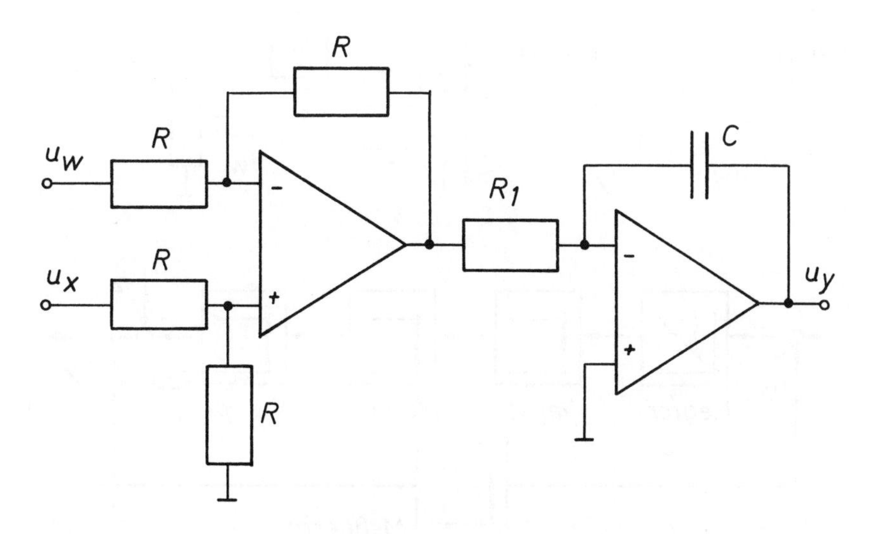

Bild 4.11 Elektronischer I-Regler

Beispiel einer Durchflußregelung mit elektronischem I-Regler

Das Geräteschaltbild zeigt *Bild 4.12* .

Nach einer Stromverzweigung soll der Durchfluß in dem einen Strang unabhängig von der Entnahme aus dem anderen Strang konstant gehalten werden. Dazu wird über eine drehzahlvariable Pumpe der zufließende Strom so gesteuert, daß das durch die Entnahme entstehende Defizit jederzeit ausgeglichen wird.

Die Drehzahlsteuerung der Pumpe erfolgt über einen Gleichstrom-Elektromotor, dessen Ankerspannung einem Leistungsverstärker entnommen wird.

Der Leistungsverstärker wird durch den elektronischen I-Regler beeinflußt. Den Eingang des I-Reglers bilden die Führungsspannung u_w und das Meßsignal für den Durchfluß u_x . Der Vergleich der beiden Eingangssignale wird hier nicht durch einen gesonderten Vergleicher vorgenommen sondern erfolgt dadurch, daß u_w negativ eingespeist wird.

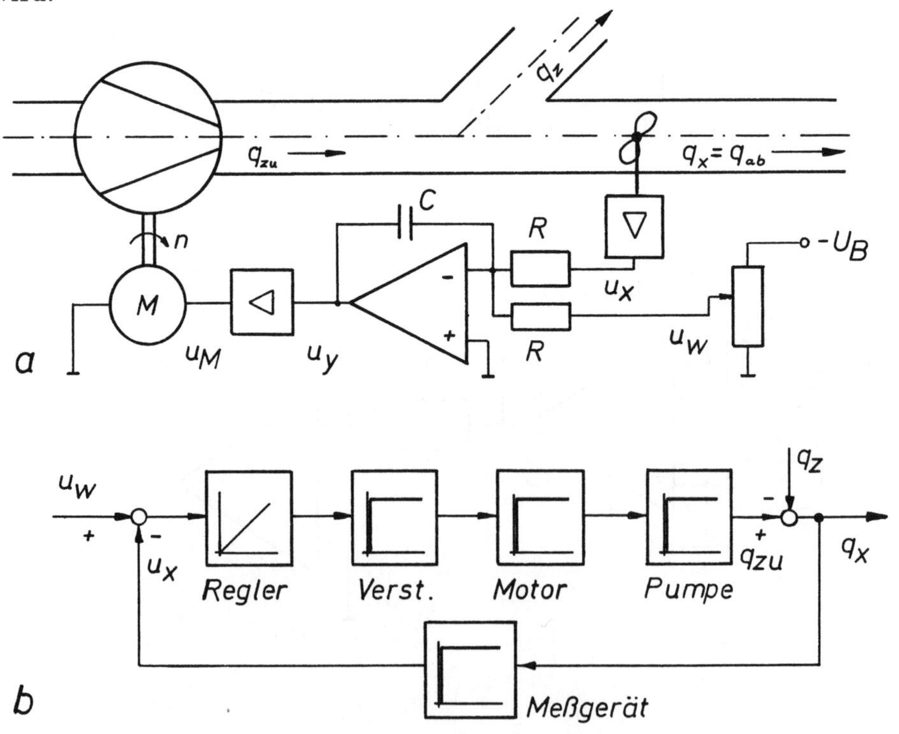

Bild 4.12 Durchflußregelung mit einem I-Regler
a) Schaltung der Geräte b) Wirkungsplan der Regelung

4.2.3 Proportional-Integral-Regler (PI-Regler)

Der PI-Regler ergibt sich aus der Parallelschaltung eines P-Anteils und eines I-Anteils. Er vereinigt in sich die Vorteile beider Reglerarten und vermeidet deren Nachteile. Da er sowohl schnell als auch genau arbeitet, wird er für viele Anwendungsfälle eingesetzt.
Die Gleichung des PI-Reglers lautet:

$$y = K_{PR} \cdot (w - x) + K_{IR} \cdot \int (w - x)dt + (y_0)$$

$$y = K_{PR} \cdot \left((w - x) + \frac{1}{T_n} \int (w - x)dt\right) + (y_0)$$

Es ist $T_n = \frac{K_{PR}}{K_{IR}}$ die Nachstellzeit des PI-Reglers.
Der Frequenzgang ergibt sich wieder aus der Transformation der Zeitgleichung in den Frequenzbereich:

$$G(j\omega) = K_{PR} + K_{IR} \cdot \frac{1}{j\omega}$$

$$G(j\omega) = K_{PR} \cdot \left(1 + \frac{1}{T_n} \cdot \frac{1}{j\omega}\right)$$

Bild 4.13 zeigt die Sprungantwort des PI-Reglers.

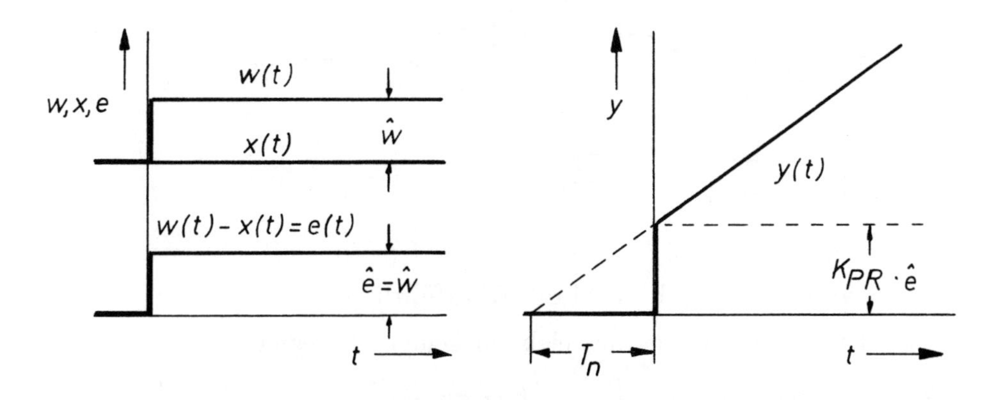

Bild 4.13 Sprungantwort des PI-Reglers

Die aus der Sprungantwort ersichtliche Nachstellzeit T_n kann gedeutet werden als diejenige Zeit, um die der PI-Regler bei einer Sprungantwort infolge des P-Anteils schneller reagiert als der reine I-Regler.

4.2.3.1 Elektronischer PI-Regler

Der elektronische PI-Regler kann durch zwei unterschiedliche Schaltungen verwirklicht werden:

a) es wird eine Parallelschaltung von P- und I-Anteil ausgeführt,

b) die PI-Eigenschaft wird durch eine spezielle Rückführung erreicht.

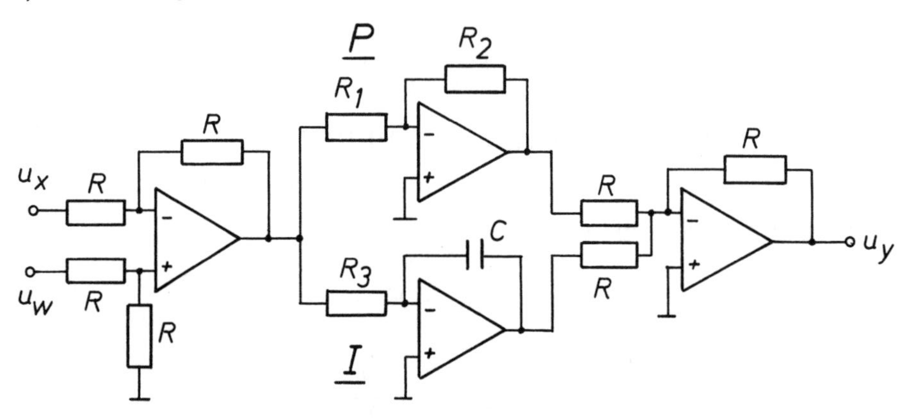

a) Parallelschaltung von P- und I-Anteil

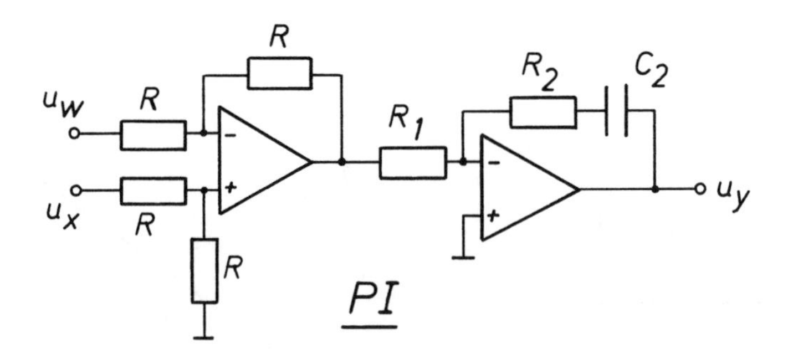

b) PI-Verhalten durch Wahl der Rückführung

Bild 4.14 Schaltungen des elektronischen PI-Reglers

Zu a) Es ist: $K_{PR} = \frac{R_2}{R_1}$ $K_{IR} = \frac{1}{R_3 \cdot C}$ $T_n = \frac{R_2 \cdot R_3 \cdot C}{R_1}$

Zu b) Es ist: $K_{PR} = \frac{R_2}{R_1}$ $K_{IR} = \frac{1}{R_1 \cdot C_2}$ $T_n = R_2 \cdot C_2$

Parallelschaltung:

Bei der Parallelschaltung wird das Ausgangssignal des Vergleichers sowohl einem P-Verstärker als auch einem I-Verstärker zugeführt. Die Ausgangssignale der beiden Verstärker werden in der Additionsschaltung zueinander addiert. An dieser Stelle kann auch der Korrekturanteil y_0 zuaddiert werden. Die Eingangsspannungen u_w und u_x müssen so aufgeschaltet werden, daß das richtige Vorzeichen für u_y erreicht wird.
Die Parallelschaltung von P- und I-Anteil ist relativ aufwendig, besitzt aber den Vorteil, daß die Parameter K_{PR} und K_{IR} unabhängig voneinander eingestellt werden können. Daher ist diese Schaltung für Universalregler, die den jeweiligen Regelstrecken angepaß werden müssen, besonders geeignet.

PI-Verhalten durch Schaltung von R_2 und C in der Rückführung:

Die PI-Schaltung, die durch die Reihenschaltung von R_2 und C im Rückführpfad gebildet wird, kann wie folgt abgeleitet werden:
Da wegen der hohen Verstärkung des unbeschalteten Verstärkers $u \cong 0$ und $i \cong 0$ ist, gilt wieder $i_2 = -i_1$. Im Eingangskreis ist $i_1 = \frac{u_1}{R_1}$.
Für den Ausgangskreis gilt:

$$u_2 = u_{R2} + u_C = R_2 \cdot (-i_1) + \frac{1}{C} \cdot \int (-i_1) \cdot dt$$

$$u_2 = -\left[\frac{R_2}{R_1} \cdot u_1 + \frac{1}{R1 \cdot C} \cdot \int u_1 \cdot dt\right] \tag{4.4}$$

Die PI-Schaltung erfordert weniger Bauteile. Von Nachteil ist, daß die beiden Reglerparameter nicht unabhängig voneinander eingestellt werden können. Sie eignet sich daher eher für Regelkreise, bei denen die Struktur und das Zeitverhalten der Regelstrecke festliegen.

4.2.3.2 Pneumatischer PI-Regler

Beim pneumatischen Regler müssen die Signalgrößen als Luftdrucksignale im Einheitsbereich $200\ hPa < p < 1000\ hPa$ Überdruck vorliegen.

Der Vergleich zwischen Führungsgröße p_w und Regelgröße p_x erfolgt in einer Druckwaage, *Bild 4.15*. Die Stellgröße p_y wird aus der Positionsänderung der Waage durch ein Düse-Prallplatte System erzeugt. Das PI-Verhalten entsteht infolge der speziellen Rückführung des Drucksignals p_y über Drosselventil und Volumen. Diese bilden eine Reihenschaltung von pneumatischem Widerstand und pneumatischer Kapazität, vgl. auch Kapitel 2.2.2.1 .

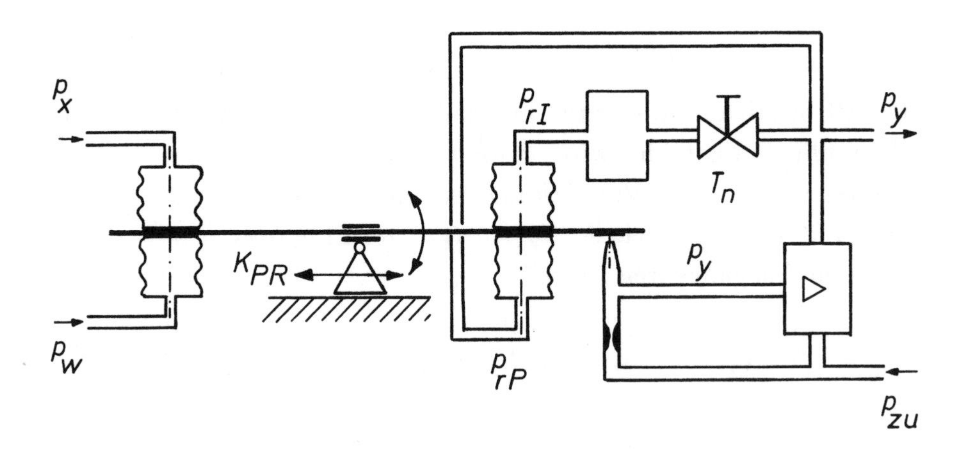

Bild 4.15 Pneumatischer PI-Regler

Der Verstärkungsfaktor K_{PR} bzw. der Proportionalbereich X_P wird durch die Verlagerung des Hebeldrehpunktes beeinflusst. Die Nachstellzeit T_n ist durch die Stellung des Drosselventils festgelegt.

Im Düse-Prallplatte System, *Bild 4.16*, wird der pneumatische Druck am Ausgang durch die Annäherung der Prallplatte an die Düse verändert. Je weiter die Prallplatte dabei die Düsenöffnung verschließt, desto höher steigt der Druck in der Kammer hinter der Düse an.

Die Kennlinie des Düse-Prallplatte Systems ist in hohem Maße nichtlinear.

Schon geringe Veränderungen der Prallplattenposition haben starke Druckschwankungen zur Folge. Linearität wird erst dadurch erreicht, daß der Ausgangsdruck gemessen und auf den Eingang zurückgeführt wird.

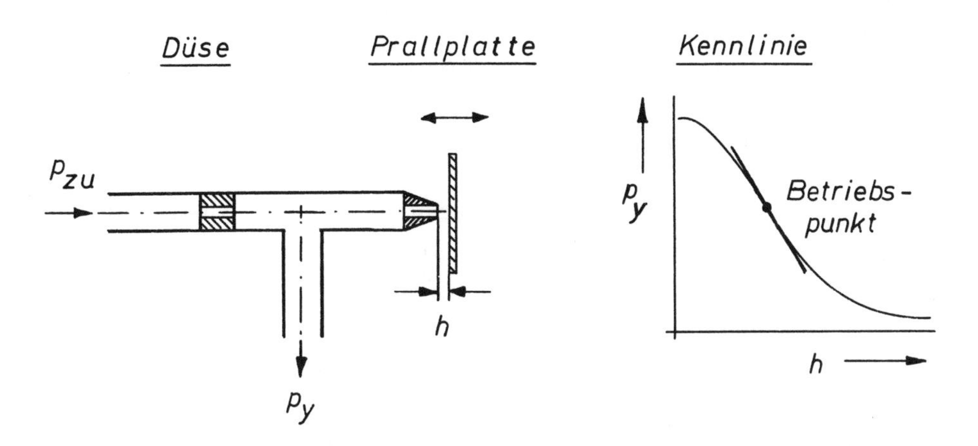

Bild 4.16 Düse-Prallplatte System

4.2.4 Proportional differential wirkender Regler (PD-Regler)

Durch Zuschalten eines differenzierenden Anteils zum P-Regler wirken sich Änderungen der Regeldifferenz in einer Überhöhung des Stellsignals aus, *Bild 4.17* .

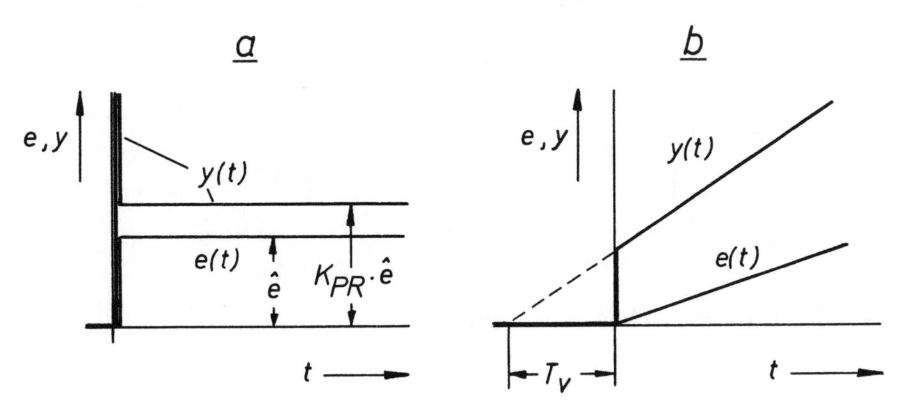

Bild 4.17 Verhalten des PD-Reglers
a) Sprungantwort b) Anstiegsantwort

Durch den D-Anteil wird die Dynamik des Regelkreises verbessert, weil die Reaktion des Reglers beschleunigt wird. Die Stabilität des Regelkreises mit einem P-Regler wird auf diese Weise durch den zusätzlichen D-Anteil erhöht.

Die Gleichung des PD-Reglers lautet:

$$y = K_{PR} \cdot (w - x) + K_{DR} \cdot \frac{d(w - x)}{dt} + y_0$$

$$y = K_{PR} \cdot \left[(w - x) + T_v \cdot \frac{d(w - x)}{dt}\right] + y_0$$

$T_v = \frac{K_{DR}}{K_{PR}}$ ist die Vorhaltzeit. Sie geht aus der Anstiegsantwort des PD-Reglers, *Bild 4.17 b*, hervor und ist diejenige Zeit, die bei gleichförmiger Änderung der Regeldifferenz gegenüber dem reinen P-Regler gewonnen wird.

Durch Transformation der Zeitgleichung in den Frequenzbereich ergibt sich der Frequenzgang:

$$G(j\omega) = K_{PR} + K_{DR} \cdot j\omega = K_{PR} \cdot \left[1 + T_v \cdot j\omega\right]$$

4.2.4.1 Elektronischer PD-Regler

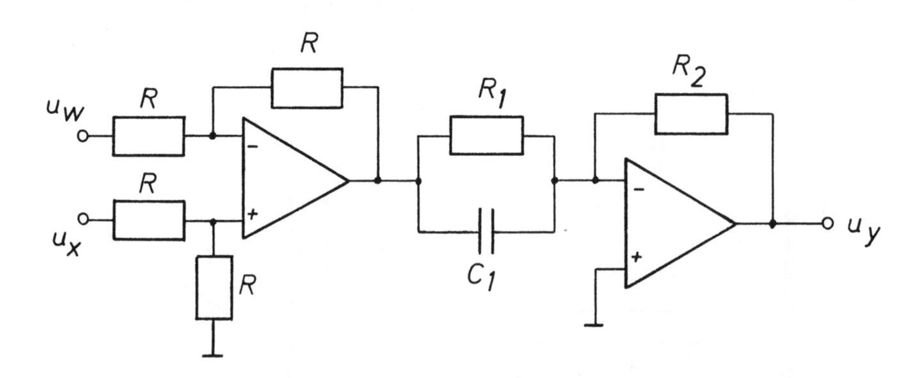

Bild 4.18 Elektronischer PD-Regler

$$u_y = K_{PR} \cdot (u_w - u_x) + K_{DR} \frac{d(u_w - u_x)}{dt}$$

$$K_{PR} = \frac{R_2}{R_1} \qquad K_{DR} = R_2 \cdot C_1 \qquad T_v = R_1 \cdot C_1$$

4.2.5 Der PID-Regler

Aus der Kombination von P-Anteil, I-Anteil und D-Anteil entsteht der PID-Regler, der für die meisten vorkommenden Anwendungsfälle optimal geeignet ist. Durch den P-Anteil ist er schnell, durch den I-Anteil ist er genau und durch den D-Anteil sorgt er für eine maximale Stabilität des Regelkreises.
Die Gleichung des PID-Reglers lautet:

$$y = K_{PR} \cdot (w - x) + K_{IR} \cdot \int (w - x)dt + K_{DR} \cdot \frac{d(w - x)}{dt} + y_0$$

bzw. in der Schreibweise mit T_n und T_v :

$$y = K_{PR} \cdot \left[(w - x) + \frac{1}{T_n} \cdot \int (w - x)dt + T_v \cdot \frac{d(w - x)}{dt} \right] + y_0$$

Bild 4.19 zeigt Wirkungsplan und Sprungantwort des PID-Reglers.

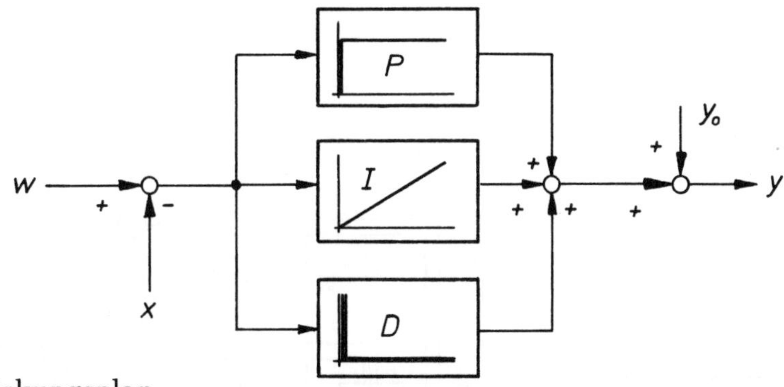

a) Wirkungsplan

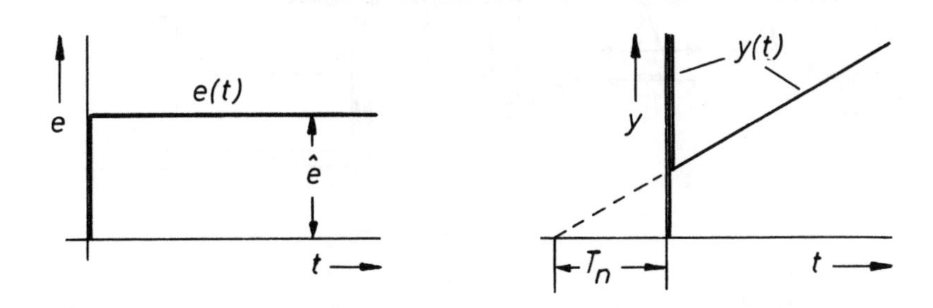

b) Sprungantwort

Bild 4.19 Wirkungsplan und Sprungantwort des PID-Reglers.

Der Frequenzgang des PID-Reglers lautet:

$$G(j\omega) = K_{PR} + K_{IR} \cdot \frac{1}{j\omega} + K_{DR} \cdot j\omega$$

oder in der alternativen Schreibweise:

$$G(j\omega) = K_{PR} \cdot \left(1 + \frac{1}{T_n} \cdot \frac{1}{j\omega} + T_v \cdot j\omega\right)$$

4.2.5.1 Pneumatischer PID-Regler

Der Regler enthält wie der pneumatische PI-Regler eine Druckwaage und ein Düse-Prallplatte-System. Das PID-Verhalten wird durch ein System von Drosseln und Volumen in der Rückführung des Stellsignals erzeugt.

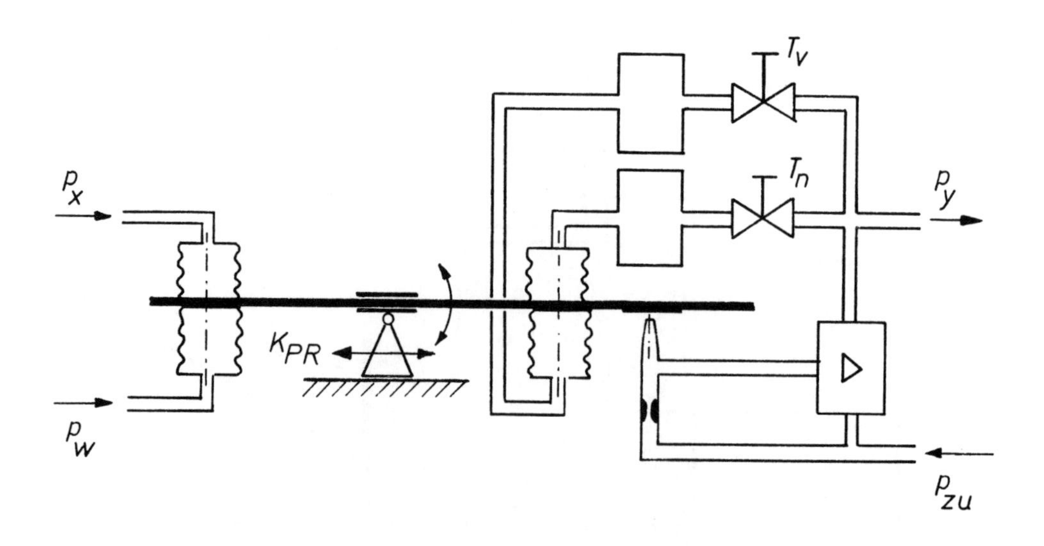

Bild 4.20 Pneumatischer PID-Regler

4.2.5.2 Elektronischer PID-Regler

Wird in die Rückführung eines PD-Reglers zusätzlich zum Widerstand ein Kondensator in Reihe geschaltet, so erhält man die Schaltung des PID-Reglers.
Es ist:

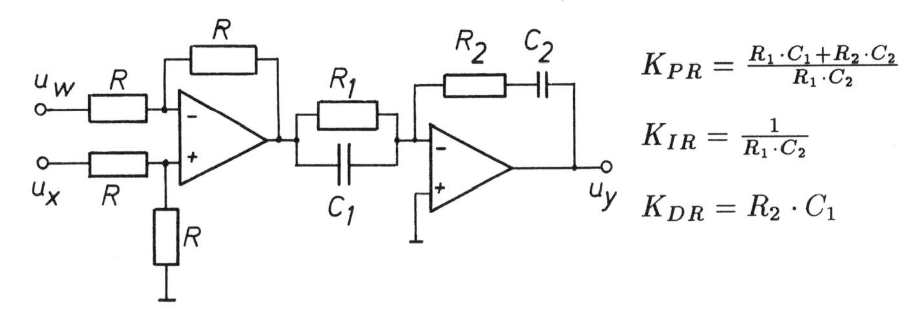

$$K_{PR} = \frac{R_1 \cdot C_1 + R_2 \cdot C_2}{R_1 \cdot C_2}$$

$$K_{IR} = \frac{1}{R_1 \cdot C_2}$$

$$K_{DR} = R_2 \cdot C_1$$

Bild 4.21 Elektronischer PID-Regler

Die gezeichnete Schaltung des PID-Reglers ist einfach. Die Reglerparameter lassen sich jedoch nicht unabhängig voneinander einstellen.
Die Parallelschaltung von P-, I-, und D-Anteil ermöglicht dagegen eine PID-Schaltung, die zwar mehrere Operationsverstärker erfordert, bei der jedoch die Parameter K_{PR}, K_{IR} und K_{DR} getrennt voneinander einstellbar sind.

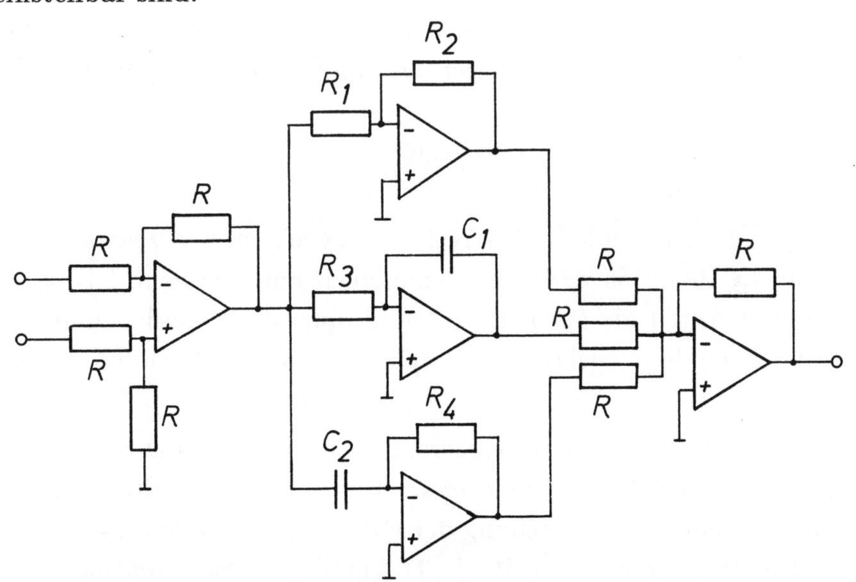

Bild 4.22 PID-Regler als Parallelschaltung von P-, I- und D-Anteil

4.3 Einsatz der unterschiedlichen Reglertypen

Unstetige Regler sind unkompliziert im Aufbau. Sie lassen sich vielfach bereits durch einfache Anordnungen von Schaltern verwirklichen.
Sie sind überall dort gut anzuwenden, wo nur geringer Regelaufwand getrieben werden soll und wo es auf hohe Genauigkeit und optimale Dynamik des Regelkreises nicht ankommt. Insbesondere darf die periodische Arbeitsbewegung des Zweipunktreglers das Regelergebnis nicht störend beeinträchtigen.
Einsatzbeispiele sind: Temperaturregelungen in Haushaltsgeräten und bei Heizungsanlagen, Wasserdruckregelungen in der Hauswasserversorgung, einfache Niveauregelungen.

Stetige Regler sind aufwendiger im Aufbau. Sie benötigen stetig arbeitende Bauelemente und unter Umständen besondere Vorkehrungen zur Erzeugung linearer Kennlinien.

P-Regler können vorteilhaft dann eingesetzt werden, wenn die bleibende Regeldifferenz keine Rolle spielt und der Vorteil der Schnelligkeit des Reglers zum Zuge kommen kann.
Beispiele sind: Regelung von Regelstrecken mit I- oder PT1-Verhalten, z.B. Niveauregelstrecken, Drehzahlregelstrecken.

I-Regler dürfen dann nicht eingesetzt werden, wenn die Regelstrecke I-Verhalten oder zusätzliche Totzeit besitzt. Für die Regelung von Regelstrecken mit Verhalten höherer Ordnung ist der I-Regler ebenfalls ungeeignet.
Beispiele für den Einsatz von I-Reglern sind Druckregelungen und Durchflußregelungen.

PI-Regler sind für fast alle Regelstrecken gut geeignet und zeichnen sich durch schnelle Reaktion und gute Genauigkeit aus. Da beim PI-Regler sowohl der P-Anteil als auch der I-Anteil eingestellt werden muß, ist die Optimierung des Regelkreises komplizierter als bei Verwendung des reinen P-Reglers. Außerdem ist ihr Aufbau aufwendiger.

PID-Regler sind wegen der stabilisierenden Wirkung des D-Anteils besonders gut zur Regelung von Regelstrecken mit Zeitverhalten höherer Ordnung geeignet. Die Einstellung der PID-Regler ist allerdings wegen der drei Einstellmöglichkeiten P-, I-, D-Anteil aufwendig und läßt sich nur anhand von Einstellvorschriften befriedigend bewerkstelligen.

4.4 Gestaltung des Zeitverhaltens durch Ausführung der Rückführung eines P-Verstärkers.

Durch bestimmte Gestaltung der Rückführung eines P-Verstärkers läßt sich ein Übertragungsglied mit beliebigem Zeitverhalten erzeugen. *Bild 4.23* zeigt den Wirkungsplan der Anordnung. Der Verstärker bildet mit der Rückführung zusammen eine Kreisschaltung mit folgendem Frequenzgang:

$$G_{ges}(j\omega) = \frac{G_v(j\omega)}{1 + G_v(j\omega) \cdot G_r(j\omega)} = \frac{1}{\frac{1}{G_v(j\omega)} + G_r(j\omega)} \qquad (4.5)$$

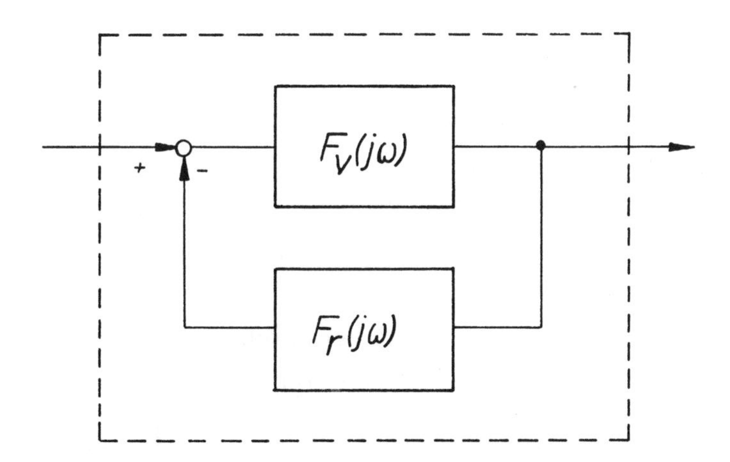

Bild 4.23 Die Gestaltung bestimmten Zeitverhaltens durch die Rückführung eines P-Verstärkers

Bei einem P-Verstärker ist $G_v(j\omega) = K$. Wird nun die Verstärkung K sehr groß gemacht, so ergibt sich $\frac{1}{G_v(j\omega)} \cong 0$.
Also wird der Frequenzgang der Kreisschaltung:

$$G_{ges}(j\omega) = \frac{1}{G_r(j\omega)} \qquad (4.6)$$

Das Zeitverhalten des Übertragungsgliedes wird allein durch das Verhalten der Rückführung betimmt. Der Vorteil einer derartigen Anordnung besteht darin, daß die Rückführung vollständig aus passiven störungsfreien Übertragungselementen aufgebaut sein kann, so daß der Verstärker das einzige aktive Glied in der Schaltung darstellt.

Irgendwelche Störungen im aktiven Glied, z.B. Schwankungen in der Versorgungsenergie, können sich dann auf das Gesamtzeitverhalten der Anordnung nicht auswirken.
Schaltungen dieser Art werden u.a. dazu benutzt, bestimmtes Reglerverhalten zu erzeugen.
Beim elektronischen Regler liefert der Operationsverstärker das aktive P-Glied mit der notwendigen hohen Verstärkung. Die äußere Beschaltung aus Widerständen und Kondensatoren stellt das passive Rückführglied dar.
Beim pneumatischen Regler wird der aktive P-Verstärker durch das Düse-Prallplatte System gebildet. Auch dieses zeichnet sich durch einen großen Verstärkungsfaktor aus. Die Rückführung des Signals erfolgt hier über eine Kombination von passiven Drosseln und Volumen.
Bild 4.24 zeigt in einer Gegenüberstellung, welches Zeitverhalten in der Rückführung erforderlich ist, um ein gewünschtes Verhalten des Übertragungsgliedes zu erzeugen.

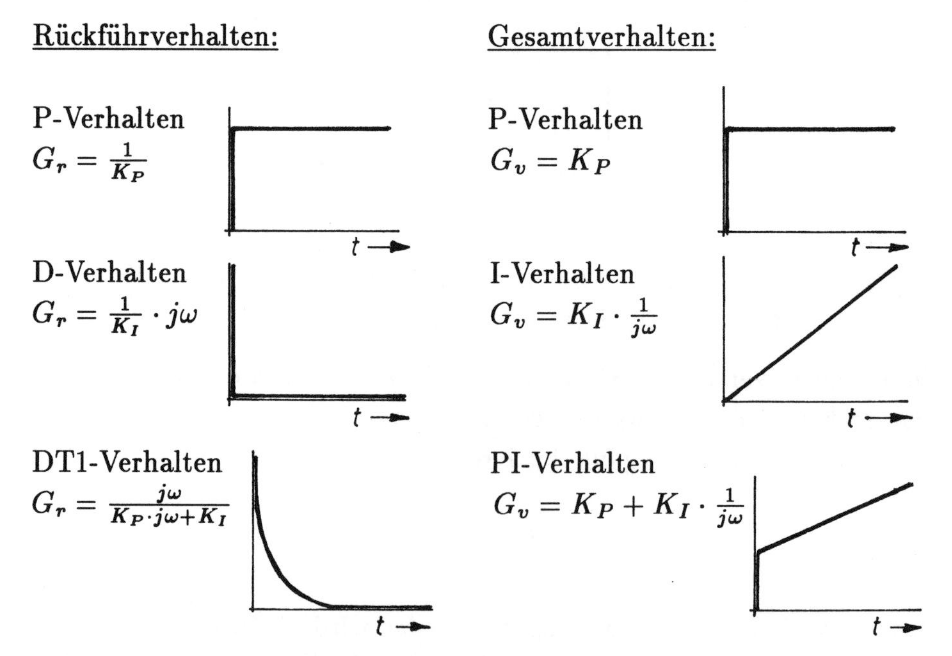

Bild 4.24 Beispiele für Erzeugen des Zeitverhaltens abhängig vom Verhalten der Rückführung

Beispiel: Elektronischer PI-Regler

Beim elektronischen PI-Regler, Kap. 4.2.3.1, Bild 4.14 b, besteht die Rückführung aus einer Reihenschaltung von Widerstand und Kondensator.

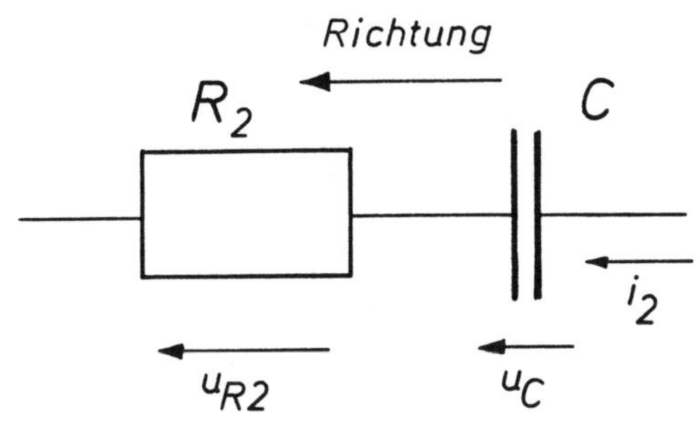

Bild 4.25 Rückführnetzwerk des elektronischen Reglers

Der auf den Eingang des Verstärkers zurückwirkende Strom i_2 entsteht aus der Ausgangsspannung u_2 nach folgender Beziehung:

$$u_2 = u_{R2} + u_C = R_2 \cdot i_2 + \frac{1}{C} \cdot \int i_2 dt$$

$$R_2 \cdot \frac{di_2}{dt} + \frac{1}{C} \cdot i_2 = \frac{du_2}{dt}$$

$$R_2 \cdot C \cdot \frac{di_2}{dt} + i_2 = C \cdot \frac{du_2}{dt} \tag{4.7}$$

Wie Gleichung 4.7 zeigt, stellt die Rückführung ein DT1-Verhalten dar.

Beispiel: Pneumatischer PI-Regler

Beim pneumatischen PI-Regler, Kap. 4.2.3.2, Bild 4.15, wirkt das Drucksignal am Ausgang des Reglers über eine Reihenschaltung von Drossel und Volumen auf die Druckwaage zurück.

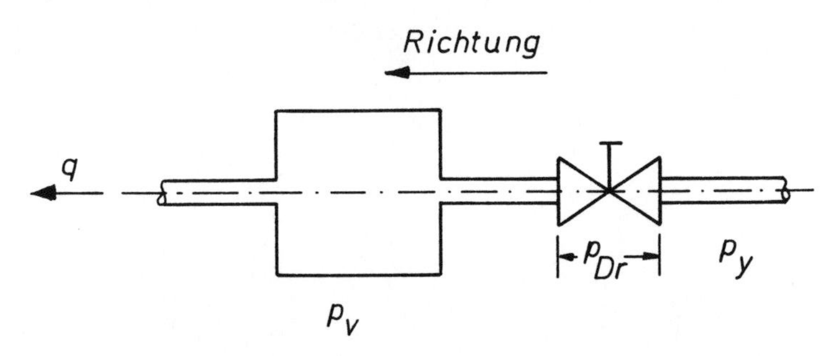

Bild 4.26 Rückführnetzwerk des pneumatischen Reglers

Es gilt die allgemeine Gasgleichung $p \cdot V = m \cdot R \cdot T$ mit dem Druck p , dem Volumen V , der Masse m , der Temperatur T und der allgemeinen Gaskonstante R . Für die Verhältnisse bei der Pneumatik kann man T als konstant annehmen. Dann erhält man ein für die vorliegenden Verhältnisse äquivalentes Volumen $V^* = \frac{V}{R \cdot T}$.

$$q = \frac{dm}{dt} = V^* \cdot \frac{dp}{dt}$$

$$p_y = p_v + p_{Dr} \qquad mit \qquad p_{Dr} = R_{Dr} \cdot q \qquad und \qquad p_v = \frac{1}{V^*} \cdot \int q dt$$

$$p_y = \frac{1}{V^*} \cdot \int q dt + R_{Dr} \cdot q$$

$$V^* \cdot R_{Dr} \cdot \frac{dq}{dt} + q = V^* \cdot \frac{dp_y}{dt} \tag{4.8}$$

Gleichung 4.8 zeigt, daß die pneumatische Rückführung wie die elektronische Rückführung in Gleichung 4.7 ein DT1-Verhalten besitzt.

4.5 Der Digitalrechner im Regelkreis

Bild 4.27 zeigt den Wirkungsplan für einen Regelkreis, in dem ein digitaler Rechner den Regler darstellt.

4.5.1 Umsetzung der Signale

Da die Regelstrecke in der Regel nur mit analogen Eingangsgrößen angesteuert werden kann und auch nur analoge Ausgangsgrößen liefert, der Rechner jedoch mit digitalen Signalen arbeitet, sind Umsetzer zur Wandlung der Signale erforderlich, vgl. Kapitel 6.3.3 und 6.3.4 .
Zum Umsetzen eines analogen Signals in ein digitales benötigt man den ADU (Analog-Digital-Umsetzer). Zum Wandeln des digitalen in das analoge Signal wird der DAU (Digital-Analog-Umsetzer) eingesetzt.

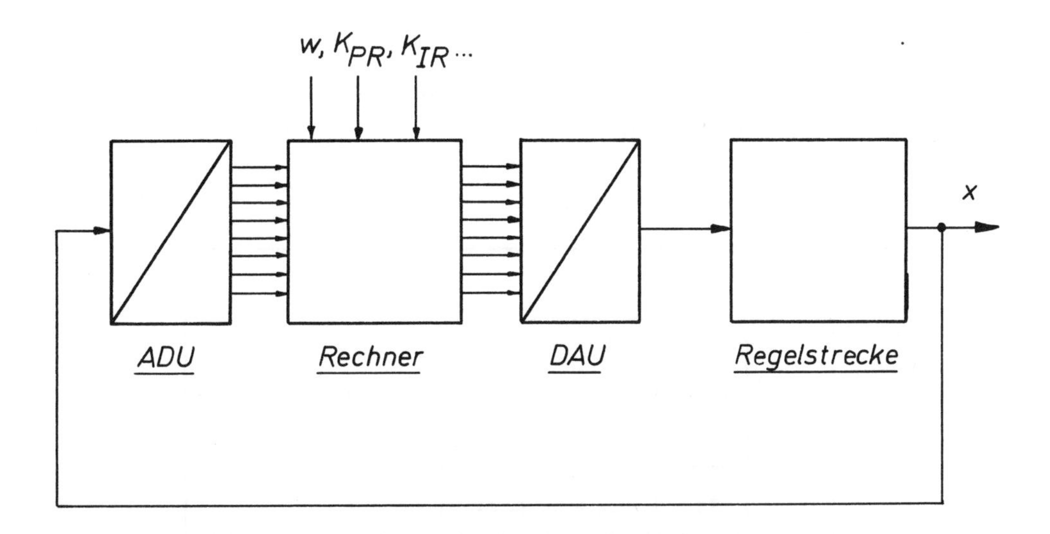

Bild 4.27 Wirkungsplan eines Regelkreises mit Rechner als Regler

Zum Empfang der im ADU digitalisierten Regelgröße x_R benötigt der Rechner ein Eingangsport, eine Eingangsschnittstelle. Zur Ausgabe der digitalen Stellgröße y_R ist ein Ausgangsport, eine Ausgangsschnittstelle erforderlich. Das Führungssignal w kann auf verschiedene Art und Weise berücksichtigt werden.

Die Führungsgröße kann wie die Regelgröße in analoger Form vorliegen. Sie wird dann in einem ADU in die digitale Form umgesetzt und dem Rechner bitparallel zugeleitet.
Eine andere Möglichkeit ist, das Führungssignal direkt als digitales Signal vorzugeben, z.B. über einen Kodierschalter. Dann muß ein zusätzliches digitales Eingangsport vorhanden sein.
Die dritte Methode ist die, den Führungswert von der Tastatur aus vorzugeben. In diesem Fall wird die Schnittstelle der Tastatur benutzt.
Viertens kann die Führungsgröße auch im Programm selbst berechnet werden. Dann ist kein weiteres Eingangsport im Rechner erforderlich. Die Änderung der Führungsgröße kann dann aber auch nur über die Software erfolgen.

4.5.2 Die Abfolge der Befehle im Reglerprogramm

Der Programmablauf im Rechner wird am besten in der Form eines Struktogramms dargestellt.

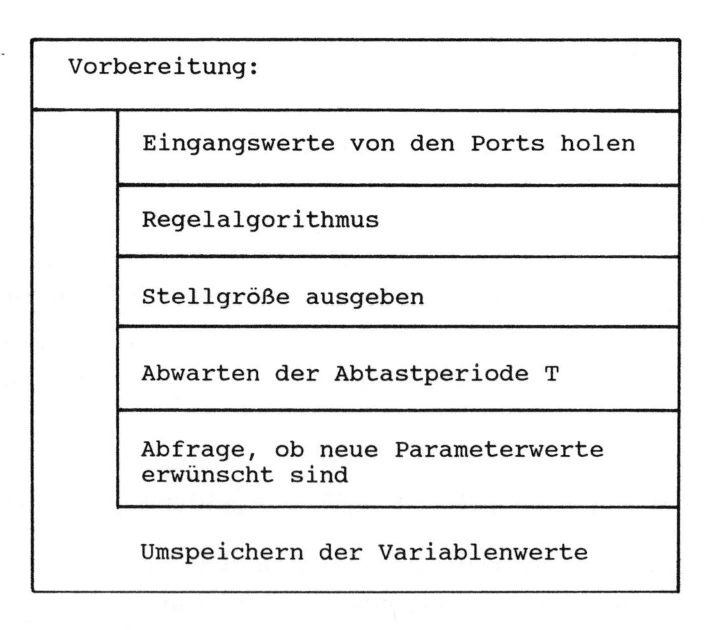

Bild 4.28 Struktogramm des Reglerprogramms

1. Vorbereitung:

In der Vorbereitungsphase muß der Rechner zunächst die Ein- und Ausgangsports setzen, die Interrupts vorbereiten, Anfangswerte für die Reglerparameter vorgeben, Zähler setzen u.a..
Die Vorbereitungsphase wird durchlaufen, bevor das Programm in die eigentliche Regelschleife eintritt.

Vorbereitung:
Eingangs- und Ausgangsports vorbereiten
Parameterwerte und Anfangswerte vorgeben
Zeitgeber setzen

Bild 4.29 Programmblock "Vorbereitung"

2. Eingangswerte von den Ports abholen:

An dieser Stelle beginnt die Regelschleife, denn nach jedem Programmdurchlauf müssen die neuen aktuellen Werte für x, w und weitere Eingangsgrößen in den Rechner hereingeholt werden.
Soll z.B. der x-Wert vom Eingangsport geholt werden, *Bild 4.30*, so muß der Rechner zunächst in einer Schleife solange abwarten, bis der Analog-Digital-Umsetzer mit der Signalumsetzung fertig ist. Danach wird der digitale Wert vom Port geholt und im Speicher für die x-Variable abgelegt. Je nach der Organisation der Schnittstelle ist hierbei eine Umrechnung des digitalen Bitmusters in die dezimale Zahl, die den Wert der Variablen angibt, erforderlich.
Auf die gleiche Weise werden der w-Wert und, wenn erforderlich, weitere Signale von den entsprechenden Ports in den Rechner geholt, umgerechnet und auf den Variablenspeichern abgelegt.
Der Programmblock, der das Holen der Eingangsgrößen bewerkstelligt, wird sich daher aus mehreren Unterprogrammen zusammensetzen.

In *Bild 4.30* ist als Beispiel das Struktogramm für die Prozedur x_HOLEN dargestellt.

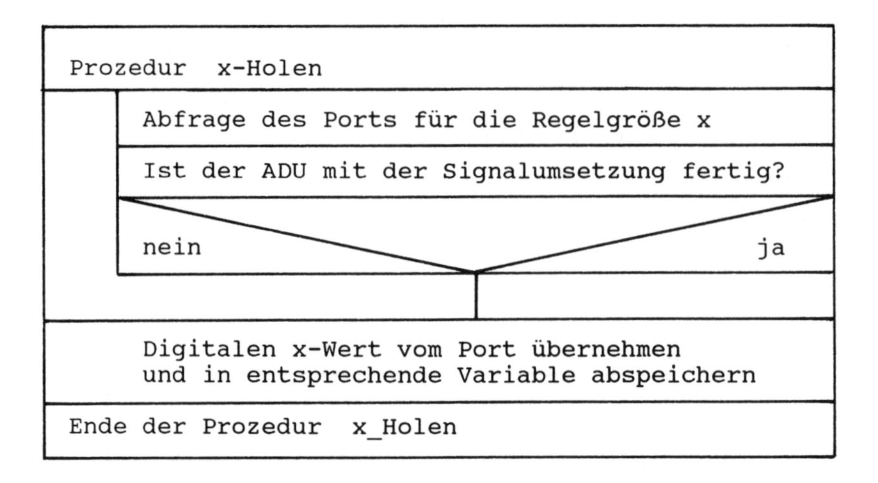

Bild 4.30 Struktogramm der Prozedur x_HOLEN

3. Regelalgorithmus:

Wenn alle Eingangsgrößen vorhanden sind und die Anfangswerte aller Parameter bekannt sind, kann der Rechner mit dem Regelalgorithmus die Stellgröße y berechnen. An dieser Stelle kann das Programm auch mehrere Algorithmen enthalten, die jeweils unterschiedliche Reglerverhalten darstellen und je nach Einsatzfall aufgerufen werden können. Die Umsetzung der PID-Reglergleichung in den PID-Regelalgorithmus wird weiter unten im Kapitel 4.5.3 gezeigt.
Bevor die berechnete Stellgröße y ausgegeben werden kann, muß sie derart begrenzt werden, daß das Unterschreiten eines Minimalwertes und das Überschreiten eines Maximalwertes verhindert wird. Minimal- und Maximalwert der Variable sind dabei von dem Zahlenbereich abhängig, in dem der Digital-Analog-Umsetzer arbeiten kann.

4. Stellgröße ausgeben:

Die im Algorithmus berechnete und auf den geeigneten Zahlenbereich begrenzte Stellgröße wird in diesem Programmteil so umgerechnet, daß sie dem vorgegebenen Format der Ausgabeschnittstelle genügt. Dann wird das entsprechende Bitmuster auf die Adresse des Ausgangsports gelegt.

5. Abwarten der Abtastperiode T:

Um einen I-Anteil im Regler zu realisieren, muß die Stellgröße im Takt der Abtastperiode einen entsprechenden Zuwachs oder eine Minderung erfahren. Hierzu ist es erforderlich, das Programm bis zum Ablauf der Taktzeit T anzuhalten. Die Taktzeit T kann durch das Vielfache eines interruptgesteuerten Timers, z.B. $T = FAKTOR * 0,01s$ gebildet werden.
Das Programm durchläuft eine Warteschleife, in der das Ereignis "Schlüssel vorhanden" abgefragt wird. Erst nach Ablauf der Zeit T wird der Schlüssel geliefert, der den Programmablauf freigibt. Gleich danach wird das Tor erneut gesperrt.

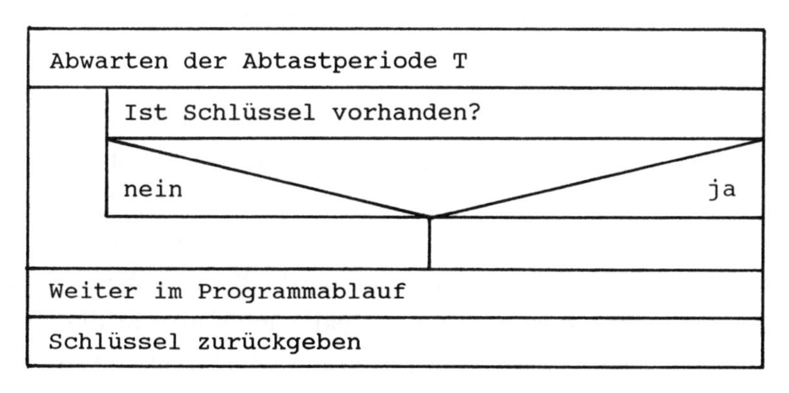

Bild 4.31 Warteschleife zur Erzeugung der Abtastperiode T

6. Abfrage, ob neue Parameterwerte gewünscht sind:

Zu Beginn des Programms werden vom Rechner Anfangswerte für alle Reglerparameter festgelegt. Es muß möglich sein, diese Werte während des Programmablaufs zu verändern. Dazu dient die Abfrageschleife "Neue Parameterwerte gewünscht".
Der Nachteil der in *Bild 4.31* gezeigten Prozedur ist der, daß das Programm solange angehalten wird, wie die Tastatur bedient wird. Dies kann verhindert werden, wenn die Interruptfähigkeit der Tastatur ausgenutzt werden kann. Jedes eingegebene Zeichen wird während eines internen Interrupts in einen Pufferspeicher gespeichert. Erst nachdem daraus der Variablenwert entstanden ist, wird der Wert als Ganzes in einer Interruptschleife in den Variablenspeicher übernommen.

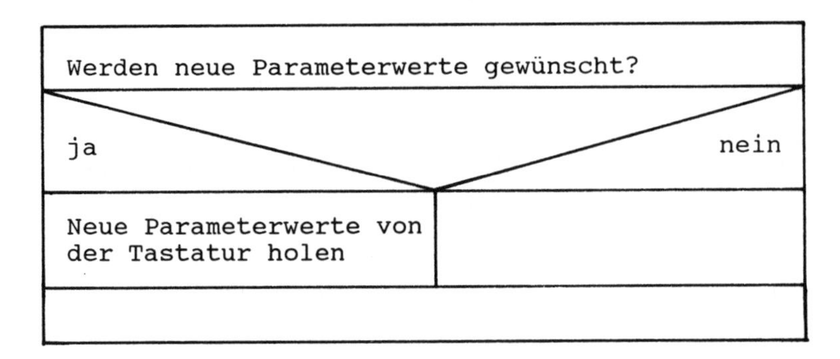

Bild 4.32 Abfrage nach neuen Parameterwerten

7. Umspeichern der Variablenwerte:

Wie im Kapitel 4.5.3 erläutert wird, werden für die Berechnung des Regelalgorithmus sowohl gegenwärtig gültige Werte benötigt als auch solche, deren Gültigkeit bereits um die Zeit T zurückliegt sowie solche, die in der Vorvergangenheit zur Zeit $(t - 2 \cdot T)$ gültig waren.
Dazu müssen, wie in *Bild 4.33* gezeigt wird, die vergangenen Werte in die Vorvergangenheit und die gegenwärtigen Werte in die Vergangenheit umgespeichert werden. Beim erneuten Durchlaufen der Programmschleife werden dann wieder neue gegenwärtige Werte vom Port geholt, so daß für die neuerliche Berechnung alle Werte zur Verfügung stehen.

Vergangenheitswerte x1 und w1 auf Vorvergangenheitsvariablen x2 und w2 umspeichern
Gegenwartswerte x, y und w auf Vergangenheitsvariablen x1, y1 und w1 umspeichern

Bild 4.33 Programmblock zum Umspeichern der Werte

4.5.3 Ableitung des Regelalgorithmus

Der digitale PID-Regelalgorithmus wird aus der Gleichung des analogen PID-Reglers entwickelt

$$y = K_{PR} \cdot e(t) + K_{IR} \cdot \int e(t)dt + K_{DR} \cdot \frac{de(t)}{dt}$$

Wie schon in Kapitel 1.3 erläutert, beherrscht der Digitalrechner keine Infinitesimalrechnung. Das Rechenproblem muß daher in finite Rechnung umgesetzt werden. Die *Bilder 4.34* und *4.35* zeigen, wie aus dem Differentialquotienten der Infinitesimalrechnung der Differenzenquotient der finiten Rechnung wird und wie das Integral in der finiten Rechnung durch die Aufsummierung ersetzt wird.

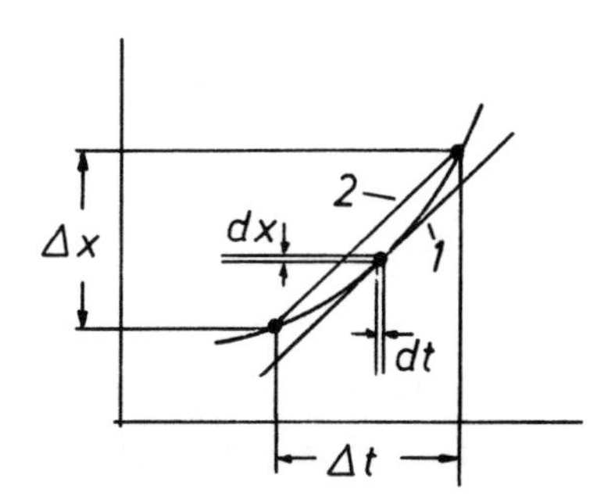

Steigung der Tangente 1
Differentialquotient
dx/dt

Steigung der Sekante 2
Differenzenquotient
Δx/Δt

Bild 4.34 Differentialquotient und Differenzenquotient

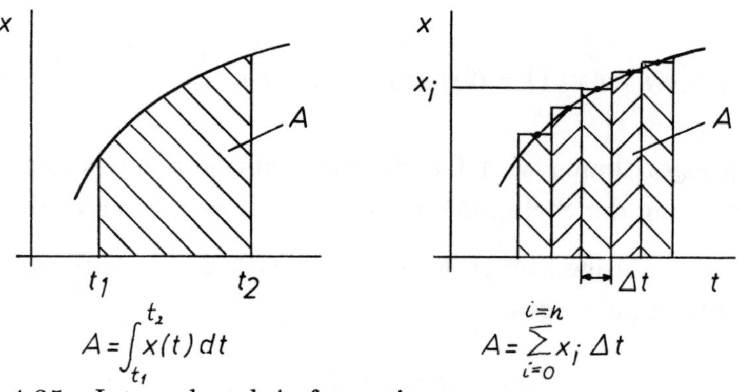

Bild 4.35 Integral und Aufsummierung

Der Rechner berechnet alle Größen in endlichen Zeitintervallschritten Δt. Die minimale Länge des Zeitintervalls ist durch die Rechenzeit gegeben. Meist ist das Zeitintervall durch die Abtastzeit T festgelegt. Hier sei $T = \Delta t$ angenommen.
Die drei jeweils letzten Abtastschritte sind:
die Gegenwart (Index N), die Vergangenheit (Index $N-1$), die Vorvergangenheit (Index $N-2$). Sie unterscheiden sich jeweils um das Zeitintervall $T = \Delta t$.

4.5.3.1 Geschwindigkeitsalgorithmus

Für den gegenwärtigen Zeitpunkt N berechnet sich die Stellgröße y_N zu:

$$y_N = K_{PR} \cdot e_N + K_{IR} \cdot \sum_{i=0}^{N} e_i \cdot T + K_{DR} \cdot \frac{e_N - e_{N-1}}{T} \tag{4.9}$$

Für den vergangenen Zeitpunkt läßt sich in gleicher Weise berechnen:

$$y_{N-1} = K_{PR} \cdot e_{N-1} + K_{IR} \cdot \sum_{i=0}^{N-1} e_i \cdot T + K_{DR} \cdot \frac{e_{N-1} - e_{N-2}}{T}$$

Wenn man die Differenz der beiden Stellgrößenwerte berechnet, bekommt man die gegenwärtige Änderung der Stellgröße y während der Abtastperiode T:

$$\Delta y_N = y_{N-1} - y_{N-2} \tag{4.10}$$

$$\Delta y_N = K_{PR} \cdot (e_N - e_{N-1}) + K_{IR} \cdot e_N \cdot T + K_{DR} \cdot \frac{e_N - 2e_{N-1} + e_{N-2}}{T}$$

Dieser Regelalgorithmus wird Geschwindigkeitsalgorithmus genannt, weil die Änderung der Stellgröße pro Zeiteinheit berechnet wird.

Die gegenwärtig gültige Stellgröße y_N ergibt sich durch Aufsummieren aller Stellgrößenänderungen:

$$y_N = y_{N-1} + \Delta y_N \tag{4.11}$$

4.5.3.2 Stellungsalgorithmus

Den Stellungsalgorithmus erhält man direkt aus dem Ansatz der Stellgrößenberechnung y_N :

$$y_N = K_{PR} \cdot e_N + K_{IR} \cdot \sum_{i=0}^{N} e_i \cdot T + K_{DR} \cdot \frac{e_N - e_{N-1}}{T} \qquad (4.12)$$

In diesem Fall muß die Aufsummierung bei der Berechnung des I-Anteils geschehen:

$$\Delta y_{I_N} = K_{IR} \cdot e_N \cdot T$$

$$y_{I_N} = y_{I_{N-1}} + \Delta y_{I_N}$$

$$y_N = y_P + y_{I_N} + y_D$$

Weiterführende Literatur zum Einsatz des Digitalrechners im Regelkreis und zur mathematischen Berechnung von Abtastregelungen: [7] [8].

5 Die Regelgüte

5.1 Kenngrößen zur Beurteilung der Regelgüte

Um die Güte eines Regelkreises beurteilen zu können, muß man Aussagen treffen können über die Genauigkeit, die Schnelligkeit und die Stabilität der Regelung.
Die Sprungantwort des geschlossenen Regelkreises, *Bild 5.1*, gibt über diese Eigenschaften Auskunft:

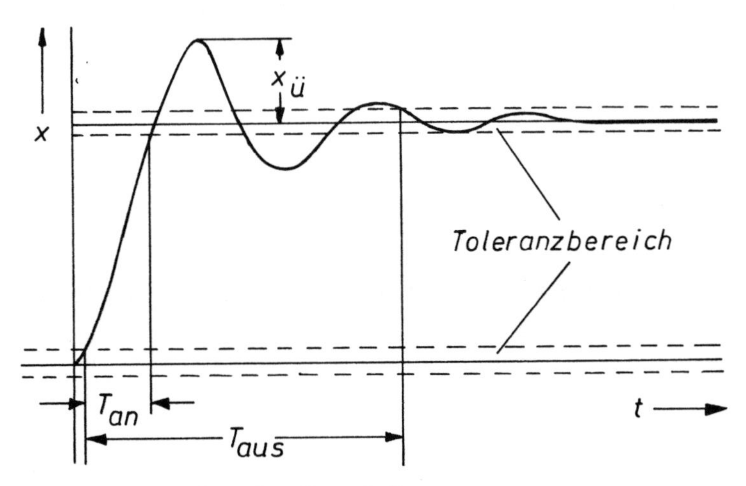

Bild 5.1 Kenngrößen der Regelgüte

Der Regelkreis ist genau, wenn die Regelgröße im Beharrungszustand innerhalb des zwischen Kunde und Lieferant vereinbarten Toleranzbereichs bleibt. Je enger die Toleranz ist, desto genauer und damit hochwertiger ist die Regelung.
Die Anregelzeit T_{an} und die Ausregelzeit T_{aus} sind Kenngrößen für die Schnelligkeit der Regelung. Die Anregelzeit ist die Zeitspanne, die bei der Sprungantwort verstreicht, bevor nach dem Verlassen des alten Toleranzbereichs zum ersten Mal wieder der neue Toleranzbereich erreicht wird. Eine kurze Anregelzeit bedeutet, daß der Regelkreis schnell reagiert. Dieses Maß ist allerdings alleine zur Beurteilung der Schnelligkeit nicht ausreichend. Ein Regelkreis, der zwar schnell reagiert, danach aber noch über längere Zeit Schwingungen vollführt, die die Regelgröße immer wieder aus dem Toleranzbereich herausbringen, ist sicherlich nicht brauchbar. Deshalb muß das Maß der Ausregelzeit mit hinzugenommen werden.

Erst eine kurze Anregelzeit zusammen mit einer entsprechend geringen Ausregelzeit kennzeichnet den guten Regelkreis.
Aus der Überschwingweite $x_{ü}$ kann man Schlüsse auf die Dämpfung des Regelkreises ziehen.
Es ist nicht möglich, Genauigkeit, Schnelligkeit und Stabilität gleichzeitig zu maximieren, weil diese Forderungen einander zum Teil widersprechen. Statt dessen versucht man den Regelkreis zu optimieren, indem man je nach den vorliegenden Anforderungen Kompromisse schließt.

5.2 Optimierungskriterien

Die im folgenden aufgeführten Kriterien für eine Optimierung der Reglereinstellung sind der DIN 19236 entnommen. Der Grundgedanke ist, daß die Abweichungen der vorübergehenden Regeldifferenz von dem Wert der bleibenden minimalen Regeldifferenz so gering wie möglich gehalten werden.
Diese Abweichungen können z.B. durch die in *Bild 5.2* gezeigte lineare Regelfläche beschrieben werden.

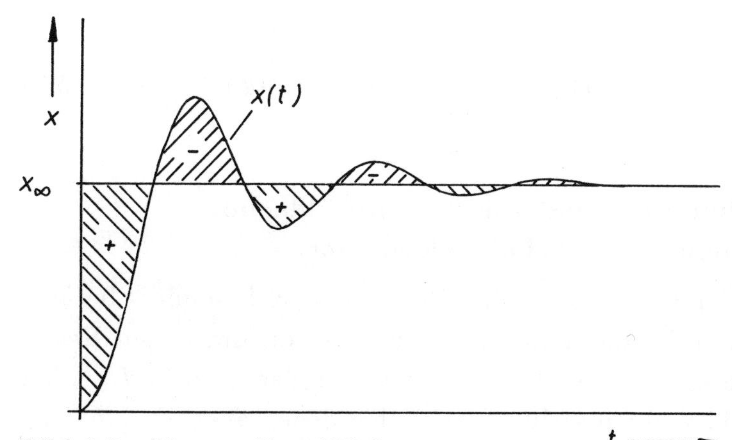

Bild 5.2 Lineare Regelfläche

Die lineare Regelfläche berechnet sich aus folgendem Integral:

$$I = \int_0^\infty \big(e(t) - e(\infty)\big)\,dt \tag{5.1}$$

5.2.1 Kriterium der linearen Regelfläche

Die Parameter des Reglers werden solange verändert, bis das Integral

$$I = \int_0^\infty \big(e(t) - e(\infty)\big)\,dt \tag{5.2}$$

Minimum geworden ist.

Wie aus *Bild 5.2* ersichtlich treten bei der Berechnung der linearen Regelfläche positive und negative Flächenanteile auf, die sich gegenseitig aufheben. Dies ist umsomehr der Fall, je weniger der Regelkreis gedämpft ist. Daher ist das Kriterium der linearen Regelfläche für schlecht gedämpfte Regelkreise nicht geeignet.

5.2.2 Kriterium der absoluten Regelfläche

Nach der englischen Bezeichnung "integral of absolute error" wird das Kriterium auch IAE-Kriterium genannt. Bei diesem Kriterium werden die Absolutwerte der Flächenanteile aufintegriert. Die Regelflächenanteile sind also in jedem Falle positiv. Eine nicht genügende Dämpfung kann das Ergebnis daher nicht verfälschen.
Die Optimierungsbedingung lautet:

$$I = \int_0^\infty \big|e(t) - e(\infty)\big|\,dt \quad \Rightarrow Minimum \tag{5.3}$$

5.2.3 Kriterium der quadratischen Regelfläche

ISE-Kriterium (integral of squared error)

Soll die Größe der vorübergehenden Regeldifferenz besonders berücksichtigt werden, so ist dafür das Kriterium der quadratischen Regelfläche besser geeignet. Die Flächenanteile werden quadriert. Man bekommt auch hier nur positive Anteile, bei denen aber die größeren Abweichungen durch die Quadrierung umso stärker eingehen. Die Bedingung lautet:

$$I = \int_0^\infty \big(e(t) - e(\infty)\big)^2\,dt \quad \Rightarrow Minimum \tag{5.4}$$

5.2.4 Kriterium der zeitgewichteten Betragsregelfläche

ITAE-Kriterium (integral of time-multiplied absolute error).

Bei diesem Kriterium wird durch die Multiplikation mit der Zeit t die Dauer einer Abweichung besonders berücksichtigt. Das Kriterium lautet:

$$I = \int_0^\infty \left| e(t) - e(\infty) \right| \cdot t \cdot dt \quad \Rightarrow Minimum \tag{5.5}$$

Mit Hilfe der mathematischen Formulierungen der Gütekriterien können analytische Verfahren für die Optimierung abgeleitet werden. Dies hat insbesondere in Hinblick auf den Einsatz von Rechnern Bedeutung. Mit einem Rechner kann "on-line" überprüft werden, ob der Regelvorgang optimal abläuft. Gegebenenfalls werden dann anhand des gewählten Optimierungskriteriums die Parameter des Reglers verändert. Auf die gleiche Weise kann vor Beginn einer Regelung der Regler mit Hilfe der Optimierungskriterien selbsttätig eingestellt werden.
Gebräuchlich sind weiterhin Einstellregeln für die Einstellung der Reglerparameter, die auf den Optimierungskriterien aufbauen und die die Reglereinstellung mit Hilfe von Tabellen ermöglichen.

5.3 Einstellregeln

5.3.1 Einstellregeln von Ziegler und Nichols

Für Regelkreise mit Regelstrecken, die PT1-Verhalten mit Totzeit besitzen und mit Reglern, die P-, PI, oder PID-Verhalten haben, sind von Ziegler und Nichols die folgenden Einstellregeln aufgestellt worden.
Es werden dabei zwei Fälle unterschieden:
1. die Daten der Strecke sind bekannt,
2. die Daten der Strecke sind nicht bekannt, mit dem Regelkreis darf aber in Grenzen experimentiert werden.

5.3.1.1 Die Daten der Regelstrecke sind bekannt

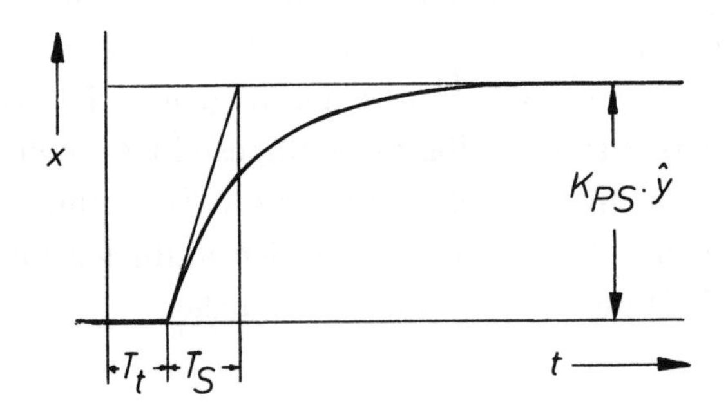

Bild 5.3 Parameter einer Regelstrecke mit PT1-Verhalten und Totzeit

Mit den Daten der Regelstrecke K_{PS}, T_S und T_t lassen sich die Werte für die Parameter des Reglers aus folgender Tabelle entnehmen:

Tabelle 5.1 Einstellung der Reglerparameter, wenn die Daten der Regelstrecke bekannt sind.

Reglertyp	K_{PR}	T_n	T_v
P	$\frac{T_S}{K_{PS} \cdot T_t}$	—	—
PI	$0,9 \cdot \frac{T_S}{K_{PS} \cdot T_t}$	$3,3 \cdot T_t$	—
PID	$1,2 \cdot \frac{T_S}{K_{PS} \cdot T_t}$	$2 \cdot T_t$	$0,5 \cdot T_t$

Aus den der Tafel entnommenen Werten für die Nachstellzeit T_n und die Vorhaltzeit T_v berechnen sich die Beiwerte für den Integralanteil K_{IR} und den Differentialanteil K_{DR} wie folgt (vgl. Kapitel 4.2.5):

$$K_{IR} = \frac{K_{PR}}{T_n} \qquad K_{DR} = K_{PR} \cdot T_v$$

5.3.1.2 Die Daten der Regelstrecke sind unbekannt

Wenn die Daten der Regelstrecke nicht bekannt sind, kann man wie folgt vorgehen:
Zunächst wird der Regler als reiner P-Regler betrieben, es müssen also der I-Anteil und der D-Anteil zu Null gemacht werden. Dies geschieht mit der Einstellung $K_{IR} = 0\ \frac{1}{s}$ bzw. $T_n \Rightarrow \infty\ s$ und $K_D = 0\ s$ bzw. $T_v = 0\ s$.
Der Regelkreis wird sodann durch vorsichtige Vergrößerung von K_{PR} bis an die Stabilitätsgrenze gefahren. Der dazu erforderliche Wert von K_{PR} wird K_{PRkrit} genannt. An der Stabilitätsgrenze schwingt der Kreis mit der Periodendauer T_{krit}.

Mit den auf diese Weise gefundenen Größen K_{PRkrit} und T_{krit} lassen sich die Werte für die Parameter des Reglers aus folgender Tabelle entnehmen:

Tabelle 5.2 Einstellung der Reglerparameter, wenn die Daten der Regelstrecke unbekannt sind.

Reglertyp	K_{PR}	T_n	T_v
P	$0,5 \cdot K_{PRkrit}$	—	—
PI	$0,45 \cdot K_{PRkrit}$	$0,83 \cdot T_{krit}$	—
PID	$0,6 \cdot K_{PRkrit}$	$0,5 \cdot T_{krit}$	$T_{krit}/8$

Zwischen den Tabellen 5.1 und 5.2 besteht der Zusammenhang:

$$K_{PRkrit} = 2 \cdot \frac{T_S}{K_{PS} \cdot T_t} \qquad \textit{und} \qquad T_{krit} \approx 4 \cdot T_t$$

5.3.2 Einstellregeln von Chien, Hrones und Reswick

Diese Einstellregeln gelten für Regelstrecken höherer Ordnung, die mit einem P-, PI- oder PID-Regler geregelt werden.

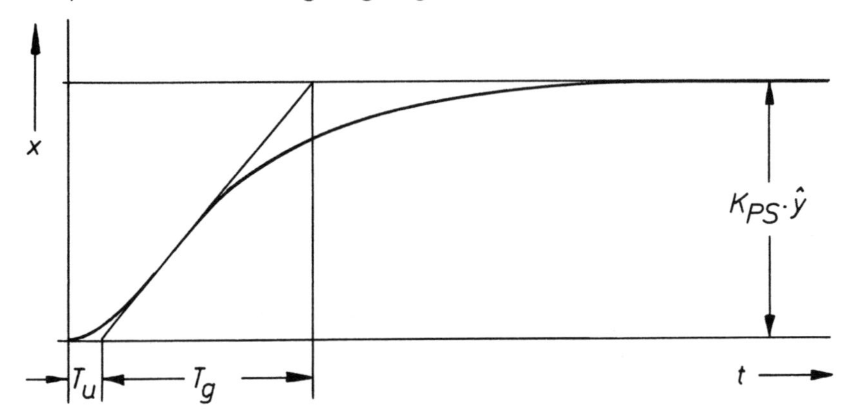

Bild 5.4 Parameter einer Regelstrecke höherer Ordnung

Wenn die Parameter der Regelstrecke höherer Ordnung bekannt sind (Übertragungsfaktor K_{PS}, Verzugszeit T_u und Ausgleichszeit T_g), können die optimalen Reglereinstellungen aus der Tabelle 5.3 entnommen werden.
Der Regelkreis wird getrennt optimiert, je nachdem ob Störverhalten oder Führungsverhalten vorliegt.

Beim Störverhalten bewegt sich der Kreis nur wenig vom jeweiligen Betriebspunkt fort. Es ist ja gerade der Sinn der Regelung, daß der Betriebspunkt trotz der auftretenden Störungen eingehalten wird. Deshalb kann man beim Störverhalten eine "schärfere" Reglereinstellung fahren als beim Führungsverhalten. Dies zeigt sich deutlich an den in der Tabelle aufgeführten Werten.

Beim Führungsverhalten bewegt man sich dagegen von einem Arbeitspunkt des Kreises zum nächsten, der unter Umständen weit entfernt vom ersten ist. Dabei wird ein größerer Bereich der Kennlinien der einzelnen Regelkreiselemente durchfahren. Bei nichtlinearen Kennlinien können sich dadurch die Übertragungsfaktoren stark verändern. Bei der Optimierung muß man deshalb im Falle des Führungsverhaltens vorsichtiger vorgehen.

Tabelle 5.3 Einstellung der Reglerparameter nach Chien, Hrones und Reswick.

		Aperiod. Verlauf kürzester Dauer bei		Min. Schwingungsdauer mit 20 % Überschw. bei	
Regler		Störung	Führung	Störung	Führung
P	V_0	$0,3 \cdot \frac{T_g}{T_u}$	$0,3 \cdot \frac{T_g}{T_u}$	$0,7 \cdot \frac{T_g}{T_u}$	$0,7 \cdot \frac{T_g}{T_u}$
PI	V_0	$0,6 \cdot \frac{T_g}{T_u}$	$0,35 \cdot \frac{T_g}{T_u}$	$0,7 \cdot \frac{T_g}{T_u}$	$0,6 \cdot \frac{T_g}{T_u}$
	T_n	$4 \cdot T_u$	$1,2 \cdot T_g$	$2,3 \cdot T_u$	$1 \cdot T_g$
PID	V_0	$0,95 \cdot \frac{T_g}{T_u}$	$0,6 \cdot \frac{T_g}{T_u}$	$1,2 \cdot \frac{T_g}{T_u}$	$0,95 \cdot \frac{T_g}{T_u}$
	T_n	$2,4 \cdot T_u$	$1 \cdot T_g$	$2 \cdot T_u$	$1,35 \cdot T_g$
	T_v	$0,42 \cdot T_u$	$0,5 \cdot T_u$	$0,42 \cdot T_u$	$0,47 \cdot T_u$

Bei der Einstellung der Reglerparameter wird weiterhin unterschieden zwischen der Optimierung auf aperiodischen Verlauf kürzester Dauer und der Optimierung auf minimale Schwingungsdauer mit 20 % zugelassener Überschwingung.

Welche Art der Optimierung gewählt wird, hängt vom Zweck der Regelung ab. Bei Temperaturregelungen kann ein kurzzeitiges Überschwingen eher inkauf genommen werden als bei Druckregelungen oder als bei Regelungen von Positionen oder Drehzahlen.

Aus der Tabelle 5.3 wird der Wert für die Kreisverstärkung V_0 entnommen. Daraus berechnet sich der Wert für die Reglerverstärkung zu $K_{PR} = V_0 / K_{PS}$.

Die Berechnung von K_{IR} und K_{DR} erfolgt in gleicher Weise wie im Abschnitt 5.3.1 .

Übungsaufgabe 5.1:

An einem Regelkreises mit Regelstrecke höherer Ordnung soll eine Stablitätsüberprüfung vorgenommen werden. Der Regelkreis soll simuliert werden und der Regler optimal eingestellt werden.
Der skizzierte Regelkreis besteht aus einem Wärmeaustauscher, dessen Wärmestrom durch ein elektrisch gesteuertes Ventil beeinflußt wird. Die Temperatur am Ausgang des Wärmetauschers wird mit einem elektrischen Widerstandsthermometer gemessen.

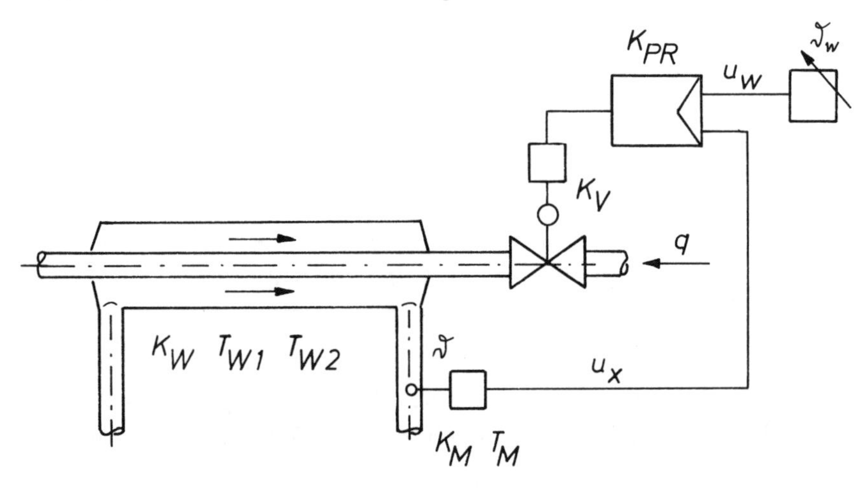

Das Verhalten des Wärmetauschers ist durch seinen Frequenzgang gegeben:

$$G_W(j\omega) = \frac{\vartheta(j\omega)}{q(j\omega)} = \frac{K_W}{(T_{W1} \cdot j\omega + 1) \cdot (T_{W2} \cdot j\omega + 1)}$$

ϑ Temperatur am Ausgang des Wärmetauschers,
q Wärmestrom durch den Wärmetauscher,
K_W Übertragungsfaktor, T_{W1} T_{W2} Zeitkonstanten.
Für Aufheizen und Abkühlen wird die gleiche Dynamik angenommen.
Das Thermometer besitzt PT1-Verhalten: K_M, T_M .
Das Ventil hat P-Verhalten: K_V .
Die Regelung erfolgt zunächst mit einem P-Regler.
Folgende Zahlenwerte sind bekant:
$K_V * K_W = 2\ \frac{K}{V}$, $K_M = 0{,}5\ \frac{V}{K}$, $T_{W1} = 40\ s$, $T_{W2} = 60\ s$,
$T_M = 5\ s$, $K_{PR} = 6$.

Lösung der Übungsaufgabe 5.1:

1) Wirkungsplan:

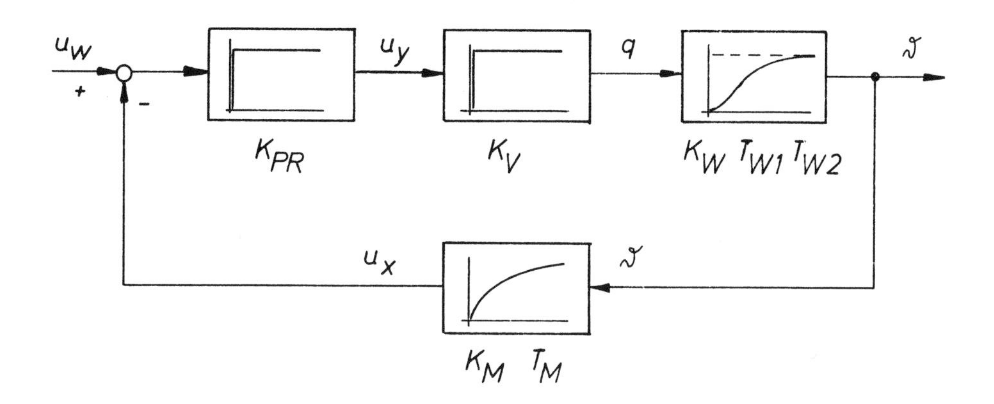

2) Stabilitätsüberprüfung mit dem Nyquist-Kriterium:

Es wird der Frequenzgang des aufgeschnittenen Regelkreises benötigt:

$$G_R \cdot G_V \cdot G_W \cdot G_M = \frac{K_{PR} \cdot K_V \cdot K_W \cdot K_M}{(T_{W1} \cdot j\omega + 1) \cdot (T_{W2} \cdot j\omega + 1) \cdot (T_M \cdot j\omega + 1)} =$$

$$\frac{6 \cdot 2 \cdot 0,5}{(40j\omega + 1)(60j\omega + 1)(5j\omega + 1)} = \frac{6}{(1 - 2900\omega^2) + j(105\omega - 12000\omega^3)}$$

$$= \frac{6 \cdot (1 - 2900\omega^2) + j \cdot (-6 \cdot (105\omega - 12000\omega^3))}{(1 - 2900\omega^2)^2 + (105\omega - 12000\omega^3)^2}$$

$$= Re(\omega) + j \cdot Im(\omega)$$

Durch Nullsetzen des Imaginärteils wird der Zeiger berechnet, der auf der negativ reellen Achse liegt. Seine Länge ist für die Stabilität maßgebend. Die Zeigerlänge muß < 1 bleiben, wenn der Kreis stabil arbeiten soll.

$$Im = 0: \quad 105\,\omega - 12000\,\omega^3 = 0$$

$$\omega = 0,094\ s^{-1}$$

Damit berechnet sich der Realteil zu: $Re = -0,244$.

Die Zeigerlänge beträgt: $|G_0| = 0,244$. Der Regelkreis ist stabil !

3) Stabilitätsüberprüfung mit dem Hurwitz-Kriterium:

Es wird die Differentialgleichung des geschlossenen Kreises benötigt, die sich z.B. aus dem Führungsfrequenzgang berechnen läßt.

$$G_w = \frac{G_R \cdot G_V \cdot G_W}{1 + G_R \cdot G_V \cdot G_W \cdot G_M}$$

$$= \frac{\frac{6 \cdot 2}{(40j\omega+1)(60j\omega+1)}}{1 + \frac{6 \cdot 2 \cdot 0{,}5}{(40j\omega+1)(60j\omega+1)(5j\omega+1)}}$$

$$= \frac{12 \cdot (5j\omega + 1)}{(40j\omega + 1)(60j\omega + 1)(5j\omega + 1) + 6}$$

$$= \frac{60j\omega + 12}{12000(j\omega)^3 + 2900(j\omega)^2 + 105j\omega + 1 + 6} = \frac{\vartheta(j\omega)}{w(j\omega}$$

Die Differentialgleichung folgt aus der Rücktransformation der Frequenzgleichung in den Zeitbereich:

$$12000 \cdot \vartheta^{(3)} + 2900 \cdot \ddot{\vartheta} + 105 \cdot \dot{\vartheta} + 7 = 60 \cdot \dot{w} + 12 \cdot w$$

Die gesuchte homogene Dgl. ergibt sich durch Nullsetzen der rechten Seite.

$$12000 \cdot \vartheta^{(3)} + 2900 \cdot \ddot{\vartheta} + 105 \cdot \dot{\vartheta} + 7 = 0$$

Die Koeffizienten der charakteristischen Gleichung sind:

$$a_0 = 7 \qquad a_1 = 105 \qquad a_2 = 2900 \qquad a_3 = 12000$$

Die Koeffizientenbedingung lautet:

$$a_1 \cdot a_2 - a_0 \cdot a_3 = 105 \cdot 2900 - 7 \cdot 12000 = 220500 > 0$$

Der Regelkreis ist stabil.

Die kritische Kreisfrequenz ist: $\omega_{krit} = \sqrt{\frac{105}{12000}} = 0{,}094 \, \frac{rad}{s}$.

4) Simulation des Regelkreises:

Der Simulation liegt der folgende Wirkungsplan zugrunde:

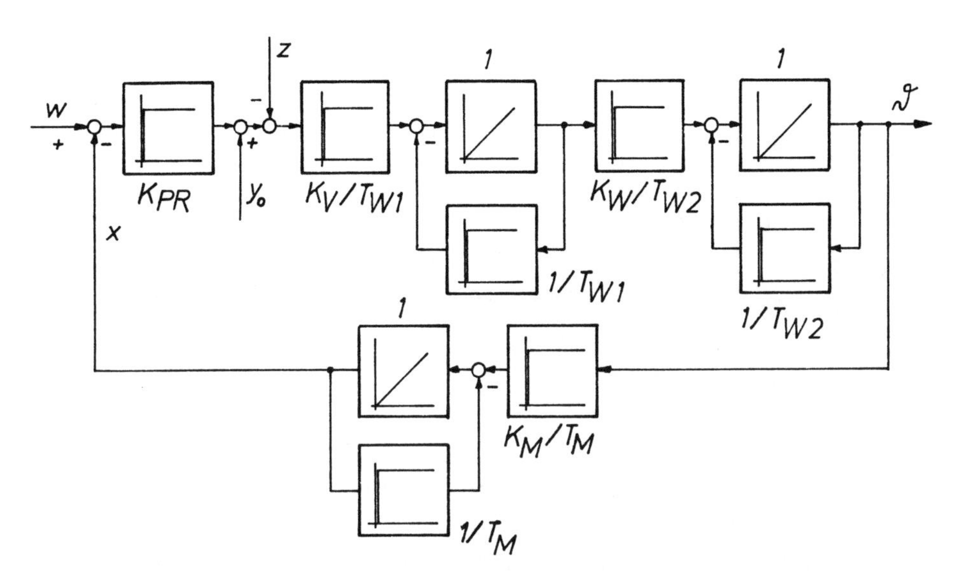

Die wichtigsten Pascal-Befehle lauten:

```
procedure integration ;
begin
  v := v + u * delta_t ;
end ;
while t < tmax do
begin
  x1 := x ;
  x  := v3 ;
  y := KPR * (w - x) + y0 ;
  w1 := w ;
  u := (KV / TW1) * (y - z) - (1 / TW1) * v1 ;
  v := v1 ;
  integration ;
  v1 := v ;
  u := (KW / TW2) * v1 - (1 / TW2) * v2 ;
  v := v2 ;
  integration ;
  v2 := v ;
  u := (KM / TM) * v2 - (1 / TM) * v3 ;
  v := v3 ;
  integration ;
  v3 := v ;
  theta := v2 ;  t = t + delta_t ;
end;
```

Die Simulation der Regelung mit dem P-Regler bei $K_{PR} = 6$ zeigt, daß eine bleibende Regeldifferenz auftritt und der Verlauf der Stellgröße keineswegs ideal ist.

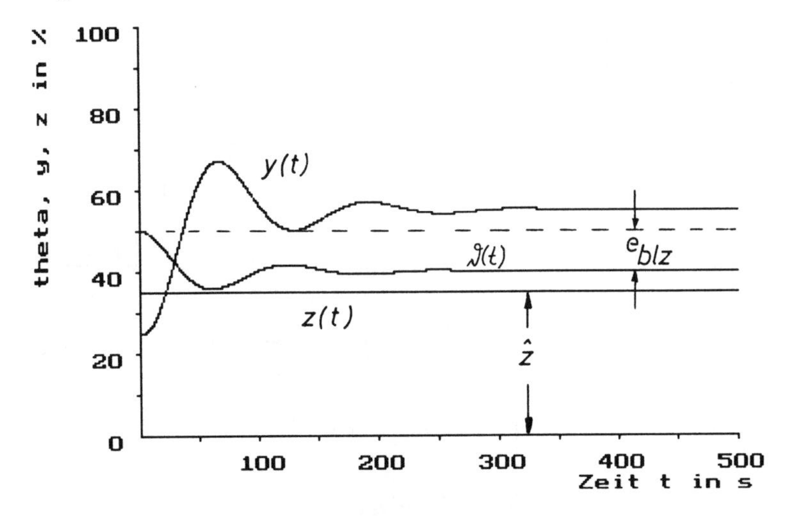

Es wird daher ein PID-Regler vorgesehen und die Einstellung der Reglerparameter nach den Regeln von Chien, Hrones und Reswick vorgenommen.

5) Optimale Reglereinstellung nach Chien, Hrones und Reswick:

Zur Bestimmung der Verzugszeit T_u und der Ausgleichszeit T_g wird die Regelstrecke ohne Eingriff des Reglers simuliert:

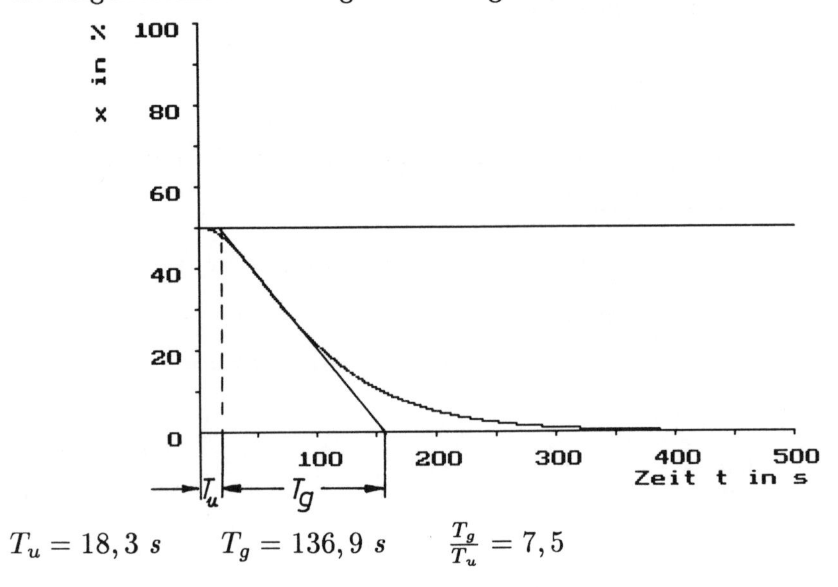

$T_u = 18,3\ s \qquad T_g = 136,9\ s \qquad \frac{T_g}{T_u} = 7,5$

Die Optimierung wird nach Tabelle 5.3, Seite 129, für den Fall "Aperiodischer Verlauf kürzester Dauer bei Störung" vorgenommen:

$K_{PR} = 0,95 \cdot 7,5 = 7,1$

$T_n = 2,4 \cdot 18,3 = 43,9\ s \qquad K_{IR} = \frac{7,1}{43,9} = 0,16\ \frac{1}{s}$

$T_v = 0,42 \cdot 18,3 = 7,7\ s \qquad K_{DR} = 7,1 \cdot 7,7 = 54,7\ s$

Programm zur Simulation des PID-Reglers:

```
procedure PID ;
  y_P := KPR * (w - x) + y_0 ;
  y_I := y_I + KIR * (w - x) * delta_t ;
  y_D := KDR * ((w - x) - (w1 - x1)) / delta_t ;
  y := y_P + y_I + y_D ;
  if y > 100 then y := 100 ;
  if y < -100 then y := -100 ;
  w1 := w ;  x1 := x ;
end {procedure PID} ;
```

Sprungantwort des Regelkreises mit optimiertem PID-Regler:

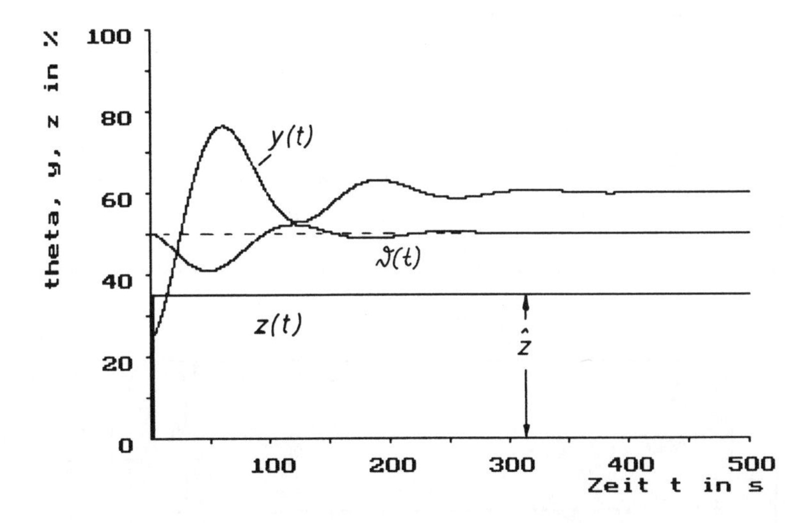

Durch den I-Anteil des PID-Reglers ist die bleibende Regeldifferenz beseitigt worden. Der D-Anteil sorgt dafür, daß der Regelvorgang trotz des I-Anteils und obwohl die Verstärkung K_{PR} größer geworden ist, mit genügend großer Dämpfung abläuft.

6 Prozeßregelung

Technische Prozesse wie die Fertigung komplizierter Massenartikel, die Zuckergewinnung in der Zuckerfabrik oder die Stahlerzeugung im Stahlwerk erfordern eine Vielzahl von Einrichtungen zur Steuerung, Regelung und Überwachung der unterschiedlichen Prozeßgrößen.

Voraussetzung dafür, daß der Prozeß optimal ablaufen kann, ist es, daß alle Einzelmaßnahmen miteinander in Beziehung stehen und auf das Produktionsziel hin koordiniert werden.

Die Steuerung und Regelung der Einzelaufgaben soll dabei möglichst ohne Eingriff des Menschen erfolgen. Eine übersichtliche Kontrolle und die Dokumentation des Ablaufs sollen dafür sorgen, daß der Prozeß überwacht werden kann und daß besondere Vorkommnisse gemeldet werden und ihre Entstehung später nachvollzogen werden kann.

Derart umfangreiche Aufgaben können nur dadurch befriedigend gelöst werden, daß anstelle der Einzelregelung der Arbeitsabläufe eine umfassende Prozeßregelung tritt und daß die Prozeßführung weitestgehend durch den Computer erfolgt [9, 10].

6.1 Zentrale Prozeßführung

Zu Beginn der Entwicklung wurde die digitale Prozeßführung durch einen einzigen zentralen Prozeßrechner bewerkstelligt.

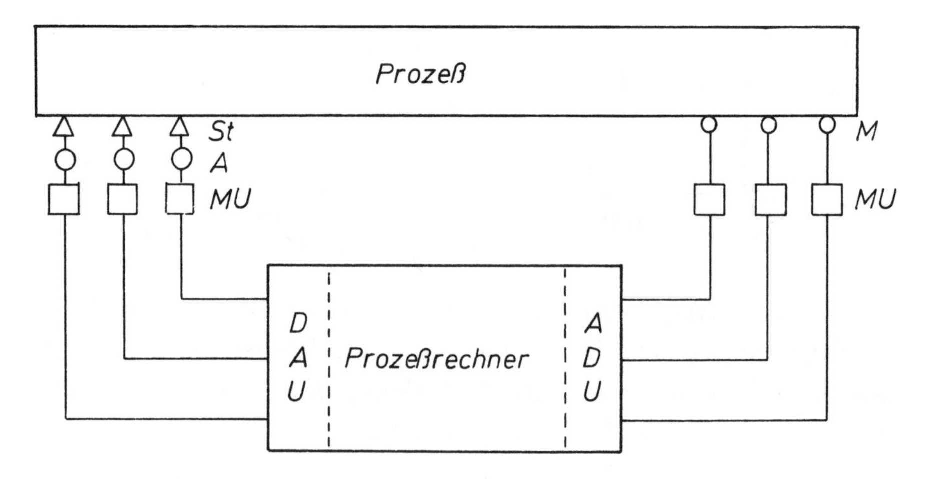

Bild 6.1 Struktur der zentralen Führung des technischen Prozesses
St Stellglied, A Stellantrieb, M Meßaufnehmer, MU Meßumformer

Bei der zentralen Prozeßführung fragt ein Rechner die unterschiedlichen Meßstellen im Prozeß nacheinander ab und verarbeitet die einzelnen Regelgrößen mittels entsprechender Algorithmen. Die Stellgrößen werden anschließend nacheinander an die Stelleinheiten des Prozesses ausgegeben.
Im allgemeinen sind nur wenige Analog-Digital-Umsetzer vorhanden, die die Vielzahl der anfallenden Regelgrößen erfassen müssen. Der jeweilige Umsetzer wird daher nacheinander auf die entsprechenden analogen Eingangskanäle umgeschaltet (Multiplexschaltung).
Die Abfrage des Prozesses durch einen einzigen Rechner erfordert eine entsprechend lange Taktzeit, in der die einzelnen Meßstellen nacheinander abgefragt werden. Es besteht ferner die Gefahr, daß eine einzige Störung im Rechner den gesamten Prozeß lahmlegt. Soll der gleiche Rechner außerdem zur Berechnung und Dokumentation der Prozeßparameter dienen, so läßt sich die zentrale Führung nur auf Prozesse mit entsprechend langen Zeitkonstanten der einzelnen Regelstrecken z.B. bei Temperaturprozessen oder chemischen Prozessen anwenden. Bei Prozessen mit kurzen Zeitkonstanten sind die Zeitspannen zwischen den einzelnen Abfragen zu kurz, so daß der Rechner keine weiteren Aufgaben zwischenschieben kann.
Mit der Weiterentwicklung der Rechnertechnik, insbesondere mit dem Aufkommen kleiner Rechnereinheiten auf der Basis der Mikroprozessoren, hat sich die Philosophie der Prozeßführung dahingehend gewandelt, daß dezentral an den einzelnen Regelstrecken vor Ort mit kleinen digitalen Reglern gearbeitet wird. Die dezentralen Einzelrechner sind miteinander vernetzt und werden durch einen übergeordneten Hostrechner gesteuert.
Die Struktur der dezentralen Prozeßführung ist in *Bild 6.2* dargestellt.

6.2 Dezentrale Prozeßführung

Die Vernetzung der einzelnen digitalen Regel- und Steuereinrichtungen erfolgt über ein sogenanntes Bussystem.
Bei der Vernetzung kann zwischen einer sternförmigen und einer ringförmigen Busstruktur unterschieden werden.

Bei der Sternstruktur steht der übergeordnete Hostrechner im Mittelpunkt. Alle Informationen zwischen den Einzelgeräten müssen über den Host laufen. Die Stationen können nicht unmittelbar miteinander in Verbindung treten.
Bei der Ringstruktur sind alle am Prozeß beteiligten Rechner ringförmig miteinander verkettet. Die vom jeweilig sendenden Rechner abgeschickte Information läuft von einem Gerät zum nächsten und wird erst dann vom Bus genommen, wenn der jeweilige Empfänger an der mitgelieferten Adresse des Nachrichtenpakets erkennt, daß er gemeint ist.

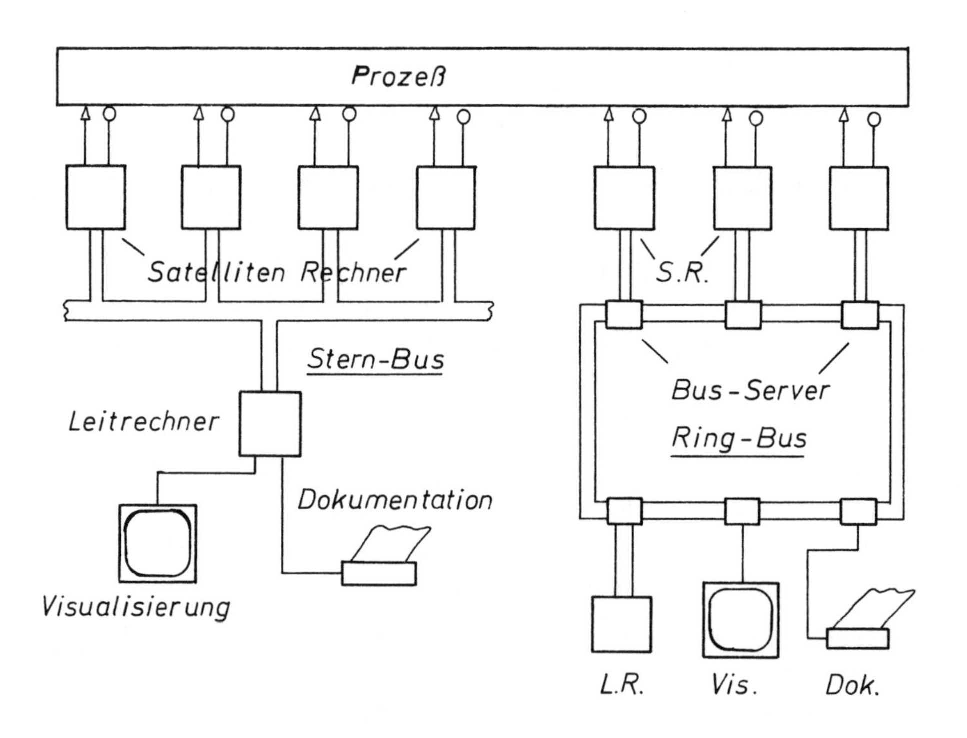

Bild 6.2 Dezentrale Prozeßführung

Es werden je nach Anwendungsfall unterschiedliche Bussysteme eingesetzt, die sich nach Art der Übertragungswege (Koaxialkabel, verdrillte Leitungen, Lichtwellenleiter), nach der Übertragungsgeschwindigkeit (Bits pro Sekunde) und nach der Zahl der zugelassenen Teilnehmer unterscheiden.

6.2.1 Dezentrale Prozeßführung mittels Feldbus

Für die Steuerungs- und Regelungstechnik sind Bussysteme entwickelt worden, die insbesondere in der Feldebene eines technischen Prozesses eingesetzt werden und dort dazu dienen, intelligente Geräte vor Ort, Steuer- und Regeleinrichtungen aber auch Aktoren und Sensoren direkt miteinander und mit dem Leitrechner zu vernetzen [11 , 12].
Hier sind insbesondere Bussysteme wie Profibus, CAN, Interbus, SERCOS-Interface, LON, Actuator-Sensor-Interface (ASI) zu nennen.
Allen Feldbussen gemeinsam ist die digitale serielle Übertragung der Information in Form von Datenpaketen, die neben der Nutzinformation auch die Adresse des Empfängers, Zeichen für die Prioritäts behandlung und den Buszugriff sowie Bits und Bytes für die Sicherung der Daten etc. enthalten.
Der Vorteil der Feldbustechnik besteht ganz wesentlich darin, daß statt der aufwendigen parallelen Verkabelung der einzelnen am Steuerprozeß beteiligten Geräte und Einheiten nur noch ein einziges Kabel mit wenigen Leitern erforderlich ist, *Bild 6.3.*
Für geringe Anforderungen reichen zwei Kupferleitungen mit oder ohne Abschirmung aus. Über diese kann im Einzelfall sogar die Betriebsspannung der angeschlossenen Sensoren und Aktoren geleitet werden.

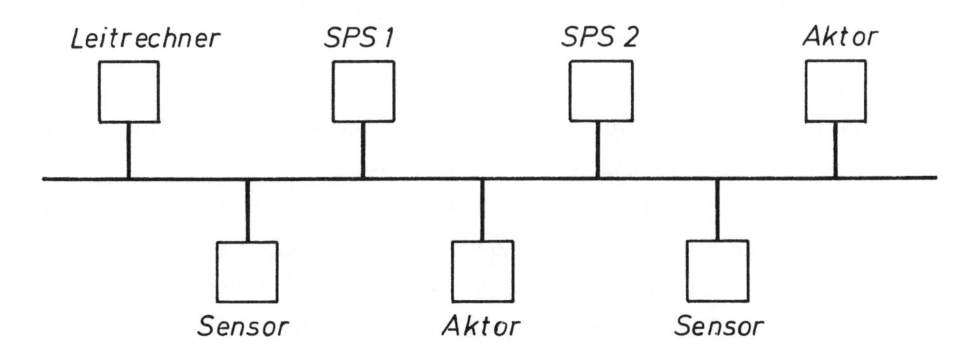

Bild 6.3 Datenübertragung mittels Feldbus

Neben der Übertragung von Steuerinformationen können Feldbussysteme auch dazu eingesetzt werden, Daten für die Regelung des Prozesses zu übermitteln.

Beispiele hierfür sind:
Übertragung von Sollwerten und Istwerten zur Führung von Regelkreisen, zur Dokumentation und Überwachung sowie für die ereignisabhängige Steuerung.
Kommunikation zwischen dezentralen Prozeßreglern, z.B. zur Regelung von Luftdurchsatz, Lackmenge und Hochspannungswert in einer Lakkieranlage.
Kommunikationsfunktionen in der Antriebstechnik:
Übertragung von Soll- und Istwerten technologisch gekoppelter Antriebe, z.B. aufeinanderfolgende Walzenantriebe (Profibus, Interbus).
Datentransport zur Steuerung und Regelung von Motor-, Antriebs- und Bremsfunktionen im Kraftfahrzeug (CAN).
Datenaustausch zur Steuerung und Regelung innerhalb numerischer Steuerungssysteme von Werkzeugmaschinen über Lichtwellenleiter, (SERCOS-Interface).
Bei technischen Prozessen mit längeren Zeitkonstanten z.B. in der Versorgungstechnik, Abwasserreinigung, Umwelttechnik und Gebäudetechnik können Feldbusse unter Umständen auch innerhalb von Regelkreisen eingesetzt werden.
Hier kommen insbesondere diejenigen Systeme zum Tragen, die über Kommunikationsknoten mit leistungsfähigen Recheneinheiten verfügen. Diese können z.B. mit PID-Funktionen programmiert werden und auch die Analog/Digital- bzw.Digital/Analog-Umsetzung der Daten bewerkstelligen, (Neuron-Einheiten des LON-Feldbussystems).
Vorteilhaft ist es, wenn der Feldbus eine zyklische Übertragung ermöglicht, bei der feste Zykluszeiten garantiert werden können.
Sogenannte Prozeßdaten, bei denen es sich meistens nur um wenige Bytes handelt, die aber in festen Zeitabständen abgefragt werden werden müssen, werden dann in zeitlich festgelegten Zyklen übertragen.
Dagegen können Parameterdaten, z.B. die Einstellwerte für einen PID-Regler, die sich aus mehreren Zeichen zusammensetzen, azyklisch immer dann zwischengeschoben werden, wenn die zyklische Abfrage dafür Raum läßt.

6.3 Computerschnittstellen

Für die Verbindung des Rechners mit der Außenwelt sowie für die Kommunikation mehrerer Rechner untereinander müssen die beteiligten Geräte über entsprechende Schnittstellen verfügen.
Da der Rechner nur die Informationen "1" oder "0" versteht, die sich in der Hardware als "Spannung" oder "keine Spannung" auf einer elektrischen Leitung darstellen, müssen im Rechner mehrere Leitungen vorhanden sein, damit mehr als nur die kleinste Informationseinheit "1 Bit", das heißt mehr als nur die zwei Möglichkeiten "Sein" oder "Nichtsein" verarbeitet werden können.

So lassen sich z.B. ganze Zahlen von 0 bis 15 dadurch darstellen, daß 4 Leitungen nebeneinander angeordnet werden und jeder Leitung eine duale Wertigkeit zuordnet wird. Die niedrigste Leitung bekommt die Wertigkeit 2^0, die nächsthöhere die Wertigkeit 2^1, die nächste die Wertigkeit 2^2, schließlich die höchste die Wertigkeit 2^3.
Auf dieses Weise kann dem Bitmuster 1110 der Wert

$$1 \cdot 2^3 + 1 \cdot 2^2 + 1 \cdot 2^1 + 0 \cdot 2^0 = 8 + 4 + 2 + 0 = 14$$

zugeordnet werden.

Größere Zahlen werden dadurch dargestellt, daß entsprechend mehr als nur 4 Leitungen, mehr als 4 Bit, verwendet werden:

Bei 8 Bit können Zahlen von 0 bis 255,
bei 16 Bit können Zahlen von 0 bis 65.565,
bei 32 Bit können Zahlen von 0 bis 4.294.967.303 dargestellt werden.
Größter Zahlenwert: $z = 2^n - 1 \quad n \equiv$ Anzahl der Bits

Wenn man positive und negative Zahlen abbilden will, wird das Bitmuster so organisiert, daß das oberste Bit mit einer "1" anzeigt, daß die Zahl negativ interpretiert werden soll, und mit einer "0" signalisiert, daß es sich bei dem Bitmuster um eine positive Zahl handelt.

Ebenso können durch entsprechende Bitmuster Dezimalzahlen mit Fest- oder mit Fließkomma wiedergegeben werden.

Für die Wiedergabe der Zeichen der Schreibmaschinentastatur wird ein bestimmter Kode, der sogenannte ASCII-Code (American Standard Code of Information Interchange) verwendet, *Tabelle 6.1.*

Tabelle 6.1 ASCII-Code

	000	001	010	011	100	101	110	111
0000	NUL	DLE	SP	0	@	P	`	p
0001	SOM	DC1	!	1	A	Q	a	q
0010	STX	DC2	"	2	B	R	b	r
0011	ETX	DC3	#	3	C	S	c	s
0100	EOT	DC4	$	4	D	T	d	t
0101	ENQ	NAK	%	5	E	U	e	u
0110	ACK	SYN	&	6	F	V	f	v
0111	BEL	ETB	'	7	G	W	g	w
1000	BS	CAN	(	8	H	X	h	x
1001	HT	EM	)	9	I	Y	i	y
1010	LF	SS	*	:	J	Z	j	z
1011	VT	ESC	+	;	K	[	k	{
1100	FF	FS	,	<	L	\	l	|
1101	CR	GS	-	=	M	]	m	}
1110	SO	RS	.	>	N	^	n	~
1111	SI	US	/	?	O	_	o	DEL

NUL	null	DC1	device control 1
SOM	start of message	DC2	device control 2
STX	start of text	DC3	device control 3
ETX	end of text	DC4	device control 4
EOT	end of transmission	NAK	negative acknowledge
ENQ	enquiry	SYN	synchronous idle
ACK	acknowledge	ETB	end of transm. block
BEL	bell	CAN	cancel
BS	backspace	EM	end of medium
HT	horizontal tab.	SS	start of special sequ.
LF	line feed	ESC	escape
VT	vertical tabulation	FS	file separator
FF	form feed	GS	group separator
CR	carriage return	RS	record separator
SO	shift out	US	unit separator
SI	shift in	SP	space
DLE	data link escape	DEL	delete

Beim ASCII-Code kommt man mit 7 Bit für die Darstellung der Zeichen aus. Da die Speicherplätze des Rechners je 8 Bit umfassen, wird das oberste Bit als sogenanntes Paritybit zur Datensicherung genutzt oder konstant "0" gesetzt.

Der Buchstabe A steht in der ASCII-Tabelle in der Spalte 0100 und in der Reihe 0001 . "A" wird daher durch das Bitmuster 0100 0001 dargestellt. Dieses entspricht der Hexadezimalzahl $41 bzw. der Dezimalzahl $4 \cdot 16^1 + 1 \cdot 16^0 = 65$.

Dem Steuerzeichen "Wagenrücklauf" ("CR" Carriage Return) entspricht: Bitmuster 0000 1101 $\equiv$ hexadezimal $0D $\equiv$ dezimal 13 .

6.3.1 Parallele Schnittstelle

Bei der parallelen Schnittstelle werden die einzelnen Bits eines Bitmusters, meistens handelt es sich hierbei um Einheiten von je 8 Bit, gleichzeitig auf entsprechend vielen Leitungen übergeben. Die Richtung der Übergabe kann sowohl aus dem Rechner heraus als auch von außen in den Rechner hinein erfolgen. Die Schnittstelle kann durch die entsprechenden Software-Befehle entweder zu einem Eingangs- oder zu einem Ausgangsport programmiert werden. Bei bitweiser Festlegung der Richtung sind auch Kombinationen von Eingangs- und Ausgangsleitungen am gleichen Port möglich.
Bild 6.4 zeigt das Prinzip der parallelen 8-Bit Schnittstelle
a) als Eingangsport, b) als Ausgangsport, c) als kombiniertes Port.

Über eine parallele Schnittstelle können nicht nur ASCII-Zeichen übertragen werden sondern es ist auch auf einfache Art möglich, Schalterzustände oder Zählimpulse abzufragen und Steuersignale an Aktuatoren oder an optische oder akustische Signalmelder abzugeben.

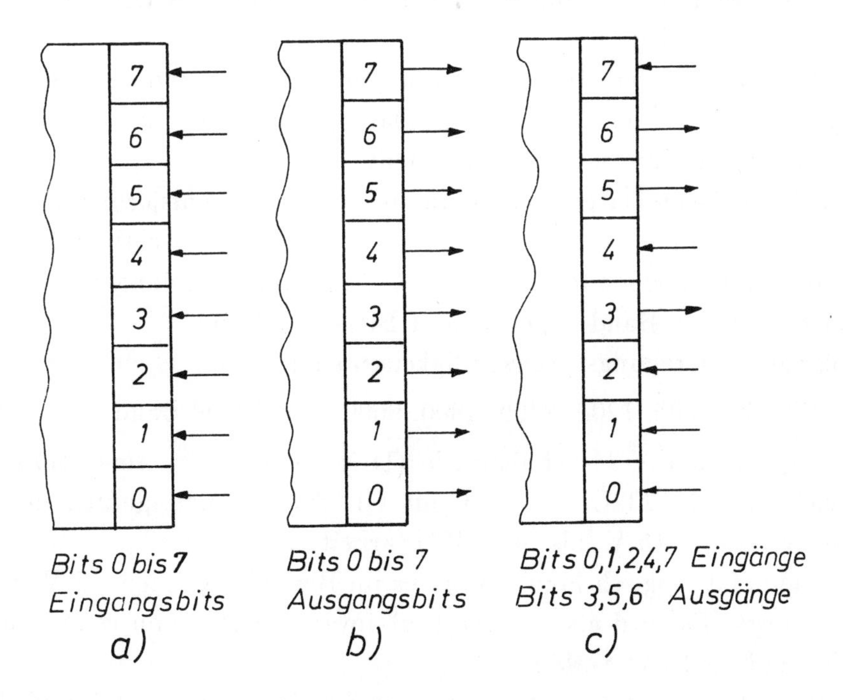

Bild 6.4 Prinzip der parallelen 8-Bit Schnittstelle

Die Signale der parallelen Schnittstelle besitzen TTL-Pegel. TTL bedeutet Transistor-Transistor-Logik. Diese Bezeichnung ist in der elektronischen Steuerungstechnik üblich für Schaltungen, die mit Gleichspannungssignalen zwischen 0 V und 5 V arbeiten und dabei Ströme ziehen, die im Milliampèrebereich liegen. Die Leistung dieser Signale liegt im Bereich weniger Milliwatt.
TTL-Signale mit Spannungen über 2 V gelten als "logisch high", solche mit Spannungen unter 0,8 V sind "logisch low". Der Zwischenbereich ist nicht definiert und trennt die Signalzustände voneinander.
Analog-Digital und Digital-Analog-Umsetzer werden in Zusammenhang mit parallelen Schnittstellen betrieben, vgl. Kapitel 6.3.3 und 6.3.4 .

6.3.2 Serielle Schnittstellen

Bei der seriellen Schnittstelle wird das Bitmuster über eine einzige Signalleitung Bit für Bit nacheinander übertragen. Das 8-Bit Bitmuster $D_7\ D_6\ D_5\ D_4\ D_3\ D_2\ D_1\ D_0$ wird so über die Leitung übertragen, daß erst das Datenbit D_0 dann das Bit D_1 danach das Bit D_2 usw. übertagen wird, *Bild 6.5* .
Die Datenbits werden eingerahmt von einem Startbit und ein oder zwei Stoppbits. Außerdem enthält das Datenpaket noch ein sogenanntes Paritätsbit, das zur Datenprüfung dient.
Zur einwandfreien Datenübertragung ist eine Synchronisierung des Bitstroms erforderlich, so daß die Bits nacheinander zur richtigen Zeit in den Rechner hinein oder aus dem Rechner heraus gelangen. Dieser Bitstrom wird in Baud angegeben: 1 Bit/s = 1 Baud .
Typische Übertragungsgeschwindigkeiten sind:

110, 150, 300, 600, 1200, 2400, 4800, 9600, und 19200 Baud.

Bei der seriellen V.24-Schnittstelle (DIN 66 020) - amerikanische Bezeichnung RS 232C - wird mit Gleichspannungssignalen in der Gößenordnung -15 V bis +15 V gearbeitet.
Das Signal ist "logisch high", wenn es im Bereich zwischen -3 V und -15 V liegt. Es wird als "logisch low" interpretiert, wenn es zwischen +3 V und + 15 V verläuft.
Der Bereich -3 V bis + 3 V ist nicht definiert. Das Signal darf also keinen Spannungswert aus diesem Bereich annehmen.

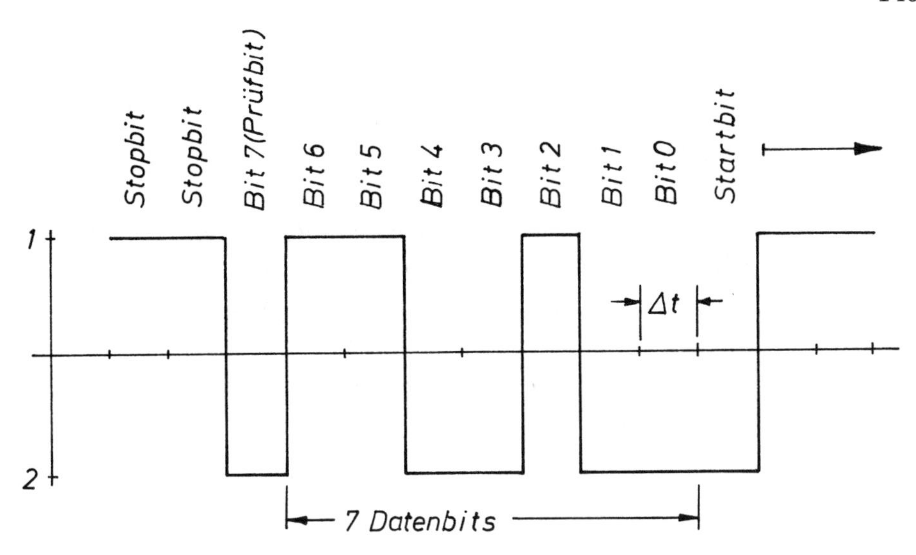

Bild 6.5 Serielle Datenübertragung des Zeichens "d".

Da die serielle Schnittstelle wegen der begrenzten Übertragungsrate eine relativ langsame Schnittstelle darstellt, ist sie zur Datenübertragung innerhalb schneller Regelkreise weniger gut geeignet. Sie stellt aber ein hervorragenes Mittel dar, um Daten aus dem Regelkreis heraus oder in den Kreis hinein auch über größere Entfernungen hinweg zu transportieren und eignet sich deshalb gut zur Übermittlung von Führungsgrößen oder Zustandsdaten des Kreises.

Die serielle Datenübertragung bildet die Grundlage für die Vernetzung mehrerer Rechner. Es haben sich spezielle Standardsysteme herausgeschält, z.B. Ethernet, PDV-Bus (DIN 19 241), Profibus, Sercos-Schnittstelle, DIN Meßbus (DIN 66 348) und andere. Sie unterscheiden sich in der Art der sogenannten Übertragungsprotokolle, das sind Vorschriften, wie die zu übertragenen Datenpakete aussehen sollen, außerdem durch die Art der Übertragungsleiter: Koaxialkabel, verdrillte Leitung, Lichtwellenleiter usw..
Die Hauptanwendungsgebiete derartiger Vernetzungen sind:
Datenübertragung im CIM-Verbund, zwischen CAD-Arbeitsplatz, Arbeitsvorbereitung, Werkzeugmaschinen und Handhabungsautomaten, Rechnernetze in der Prozeßdatenverarbeitung, vernetzte Steuerungen mit SPS-Geräten, Bürokommunikation usw..

6.3.3 Digital-Analog-Umsetzer, DAU

Die digitalen Ausgangssignale des Rechners können nur in wenigen Fällen zu Beeinflussung der Regelstrecke unmittelbar genutzt werden. Mit ihnen lassen sich Funktionen ein- und ausschalten und mehrstufige Stelleinheiten steuern. Die digitalen Signale können jedoch keine analogen Funktionen unmittelbar ausführen. Hierzu bedarf es der Umsetzung in analoge Signale mittels Digital-Analog-Umsetzer.

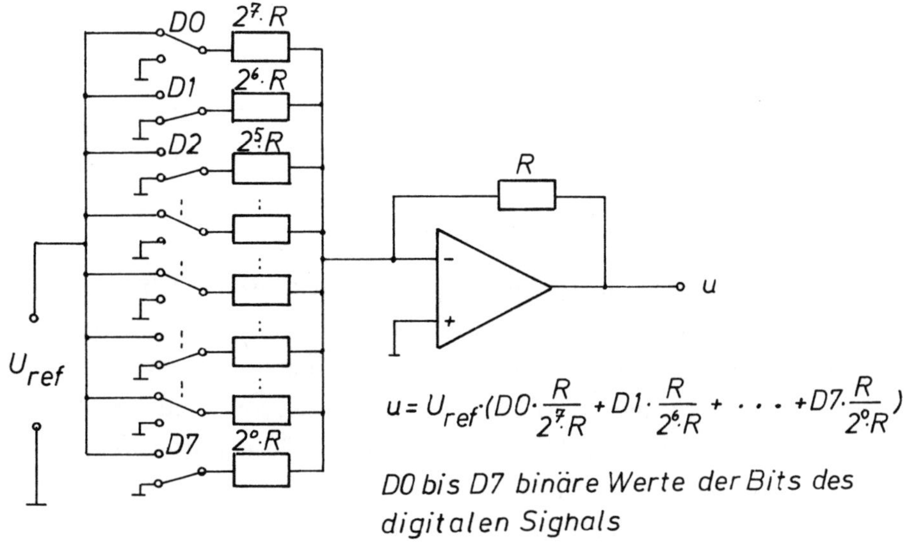

Bild 6.6 Digital-Analog-Umsetzung

Bild 6.6 zeigt ein einfaches Prinzip der Umsetzung digitaler Signale in analoge Signale. Die Bits des digitalen Signals schalten entsprechende Eingänge eines summierenden Rechenverstärkers mit dem "1"-Signal ein und mit dem "0"-Signals aus. Auf diese Weise entsteht am Ausgang des Verstärkers ein analoges Spannungssignal, das sich mit jedem Bit um je ein Spannungsinkrement ändert. Das Ausgangssignal ist daher quantisiert, d.h. es läßt sich nur in Stufen auflösen.

Je mehr Bits der DAU besitzt, desto feiner wird die Auflösung des Signals.

Ein DAU mit 8 Bit Wortbreite und 10 V Spannungshub besitzt eine Auflösung von $A = \frac{10}{255} = 39,2 \cdot 10^{-3} V \equiv 40\ mV$.

Bei einer Wortbreite von 12 Bit beträgt die Signalauflösung bereits $A = \frac{10}{4095} = 2,44 \cdot 10^{-3} V \equiv 2,5\ mV$.

6.3.4 Analog-Digital-Umsetzer, ADU

Die meisten Meßeinrichtungen geben ein analoges Signal ab, das für den Rechner in ein digitales Signal umgesetzt werden muß.
Die Analog-Digital-Umsetzung läßt sich mit Hilfe einer Rechenschaltung, eines DAU und eines Vergleichers bewerkstelligen.

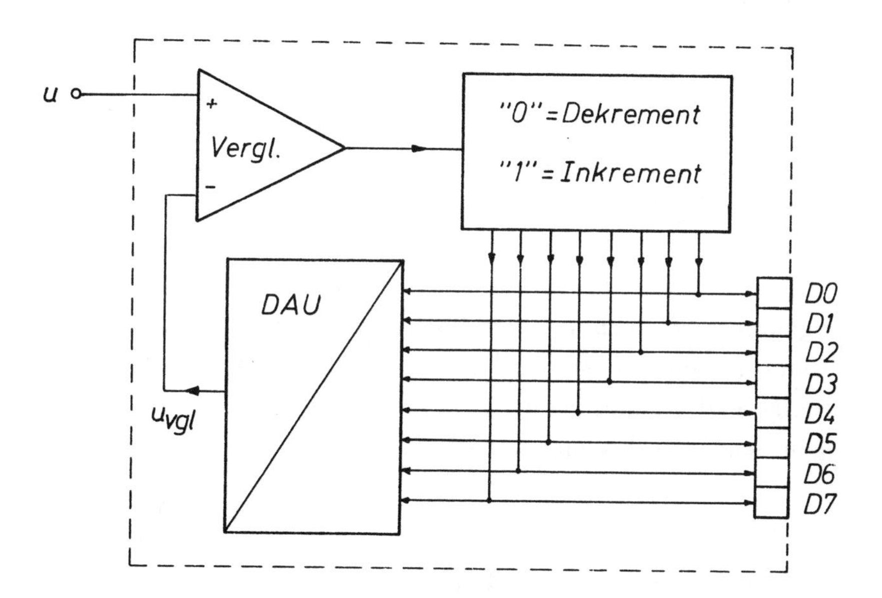

Bild 6.7 Prinzip des Analog-Digital-Umsetzers

Der Vergleicher gibt immer dann an seinem Ausgang das Signal "1" ab, wenn die Differenz aus dem analogen Eingangssignal und dem analogen Vergleichssignal positiv oder Null ist. Ist die Diffenrenz negativ, so gibt der Vergleicher "0" ab.
Die dem Vergleicher nachgeschaltete Rechenschaltung inkrementiert einen Speicher mit z.B. 8 BIT Wortbreite, solange das "1"-Signal anliegt, und dekrementiert diesen, sobald das "0"-Signal anliegt.
Der Speicher bildet einerseits das Ausgangsport und stellt das digitale Ausgangssignal bereit, andererseits ist er mit einem Digital-Analog-Umsetzer verbunden und erzeugt auf diese Weise das analoge Vergleichssignal.

Wird an den Eingang der ADU-Schaltung ein analoges Signal angelegt, das größer ist als das Vergleichssignal, so wird der Ausgangswert solange inkrementiert, bis der er den Eingangswert erreicht hat.
Wird dagegen ein analoges Signal angelegt, das kleiner als der Vergleichswert ist, so wird solange dekrementiert, bis wiederum der Ausgangswert dem Eingangswert entspricht.
Besitzt der Vergleicher keine Umschaltschwelle, so wird der Umsetzer im untersten Bit immer zwischen "0" und "1" hin und her schalten. Der dadurch entstehende Fehler ist aber gering.

Ein Nachteil der beschriebenen Schaltung liegt darin, daß das Auf- und Abzählen in der Recheneinheit entsprechend lange dauert und es daher zu relativ großen Wandlungszeiten kommt.
Man kann diesen Nachteil durch das Prinzip der Stufenverschlüsselung umgehen. Hierbei wird beim Auf- und Abzählen nicht mit dem niedrigsten Bit angefangen sondern mit dem höchsten Bit. Wird dadurch über das Ziel hinausgeschossen, so wird dieses Bit zurückgesetzt und das nächst niedrigere Bit genommen. Auf diese Weise wird meist schon nach wenigen Schritten das Ziel erreicht.

6.3.5 Impulserkennung

In vielen Anwendungen wird vom Rechner nicht die Erkennung eines vollständigen Bitmusters gefordert sondern es kommt darauf an, daß der Signalübergang von "high" auf "low" oder umgekehrt von "low" auf "high" erkannt wird. Soll zum Beispiel ein Encoder angeschlossen werden, der je Umdrehung einer Welle eine bestimmte Anzahl von Spannungsimpulsen aussendet und dadurch den Drehwinkel der Welle mißt, so muß der Rechner die einkommenden Spannungsimpulse zählen.
Die Impulse werden dazu auf ein Bit eines parallelen Eingangsports geschaltet. Der Rechner fragt dieses Bit mit einer bestimmten Befehlsfolge ab, aus der er erkennen kann, ob das Signal von "low" auf "high" und anschließend wieder von "high" auf "low" gesprungen ist.
Bild 6.8 zeigt das Struktogramm und die Pascal-Befehle für eine derartige Erkennungsroutine.
Encoder senden im allgemeinen nicht nur eine Impulsfolge aus sondern z.B. zwei Folgen die um eine Viertelteilung zueinander versetzt sind.

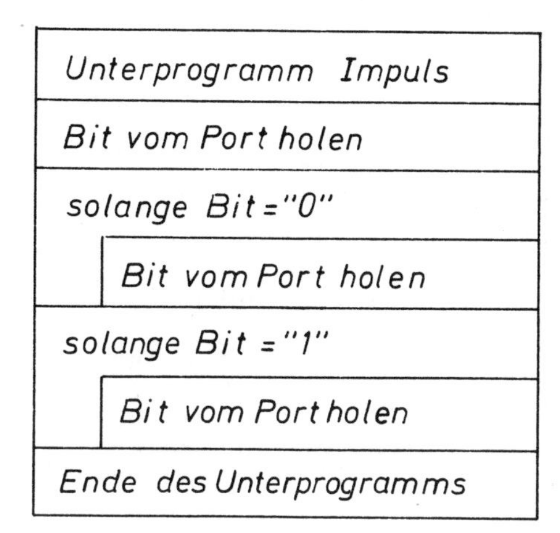


```
procedure impuls ;
begin
  Bit_vom_Port_holen ;
  while Bit = false do
     Bit_vom_Port_holen ;
  while Bit = true do
     Bit_vom_Port_holen ;
end ;
```

Bild 6.8 Struktogramm und Befehle zur Erkennung einer Impulsfolge

Durch die Auswertung beider Impulse wird es möglich, neben der Erkennung der Position bzw. der Bewegung des bewegten Objekts auch die Richtung dieser Bewegung zu erfassen.
Wird der Rechner so programmiert, daß er die Flanken der Impulsfolge 1 und die Pegel der Impulsfolge 2 mißt, so wird eine Bewegung nach links daran erkannt, daß während der ansteigenden Flanke des Impulses der Folge 1 der Impuls der Folge 2 High-Pegel besitzt. Bei der Bewegung nach rechts ist es umgekehrt, hier zeigt sich bei einer ansteigenden Flanke auf 1 ein Low-Pegel auf 2.

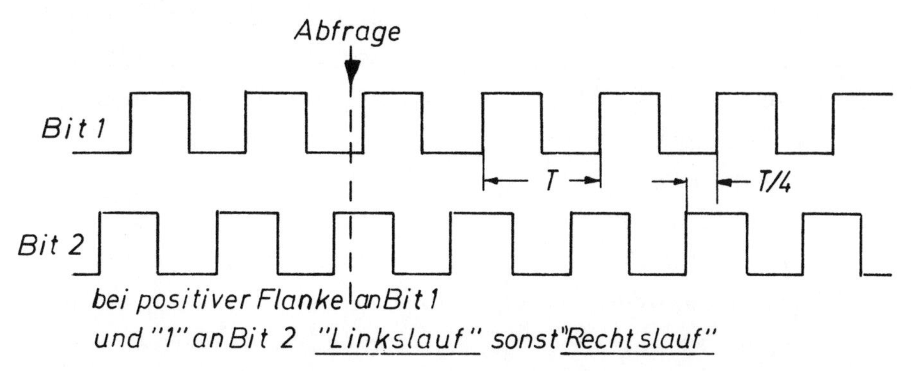

Bild 6.9 Richtungserkennung mittels zweier versetzter Impulsfolgen

Bild 6.10 zeigt das Struktogramm und die Befehlsfolge der Routine für die Erkennung der Bewegungsrichtung.

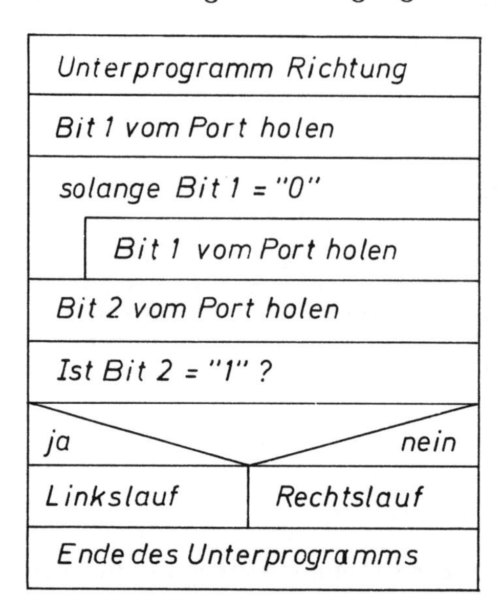


```
procedure richtung ;
begin
  Bit1_vom_Port_holen ;
  while  Bit1 = false  do
     Bit1_vom_Port_holen ;
  Bit2_vom_Port_holen ;
  if  Bit2 = true  then
  Linkslauf else Rechtslauf ;
end ;
```

Bild 6.10 Struktogramm und Befehle zur Erkennung der Bewegungsrichtung

7 Fuzzy-Regelung

Seit einigen Jahren führt sich ein ursprünglich in den USA an der Universität von Berkeley entwickeltes und später durch die kommerzielle Anwendung in Japan bedeutend gewordenes Verfahren in Europa ein: die Regelung durch Fuzzy Logik.

Das englische Wort "fuzzy" bedeutet soviel wie "fusselig, ungeordnet, unscharf" und deutet damit auf Eigenschaften hin, die man bei einem Regelkreis am wenigsten erwartet. Tatsächlich basiert die Fuzzy-Logik nicht auf den "scharfen" Entscheidungszuständen "0" oder "1" der Steuerungslogik. Sie arbeitet auch nicht mit den stetigen und linearen Differentialgleichungen der Analogtechnik. Bei der Fuzzy-Logik kommen vielmehr unscharfe sprachliche Klassifizierungen ins Spiel. Zustände werden mit Angaben wie "sehr groß" "lauwarm" "normal" oder ähnlich beschrieben. Für diese unscharf formulierten Größen werden dann die entsprechenden Regelgesetze aufgestellt.

Die Bedeutung der Fuzzy-Logik liegt darin, daß mit ihr einfache und robuste Regelkreise auch für schwierigere Regelaufgaben erstellt werden können und daß man dabei gleichzeitig menschliche Erfahrungen in das Regelverfahren einbeziehen kann. Allerdings ist die Methode der Fuzzy-Regelung nicht ohne digitale Datenverarbeitung zu realisieren [13, 14].

7.1 Unscharfe Logik

Eine durch Messung erfaßte Regelgröße wird in unscharfe Bereiche eingeteilt. So kann man für die Lage eines Objekts z.B. die Zustände "weit links", "links", "mittig", "rechts", "weit rechts" definieren. Wie *Bild 7.1* zeigt wird dann die augenblickliche Position des Objekts durch den Zugehörigkeitsgrad zu den einzelnen unscharfen Bereichen ausgedrückt. In Bild 7.1 beträgt der Grad der Zugehörigkeit zu den Bereichen "weit links", "links" und "mittig" 0, während die Zugehörigkeit zum Bereich "rechts" $0,6$ und zum Bereich "weit rechts" $0,3$ beträgt.

Die Umsetzung der Meßwerte in derartige durch Zugehörigkeitsfunktionen festgelegte Zugehörigkeitsgrade nennt man Fuzzifizierung.

In der Booleschen Algebra der Steuerungslogik werden die Variablen, die durch die "scharfen" Zustände "0" und "1" gekennzeichnet sind, durch die bekannten logischen Verknüpfungen UND , ODER und NICHT miteinander kombiniert.

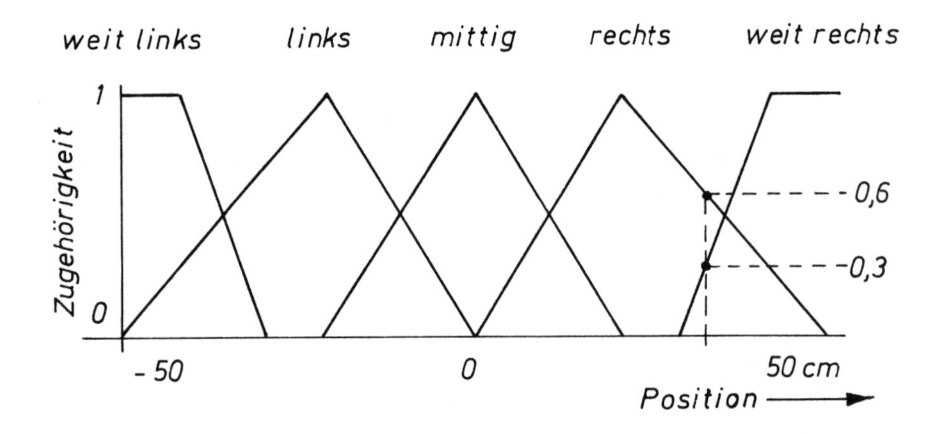

Bild 7.1 Zugehörigkeitsfunktionen für die Position eines Objekts

In der Fuzzy-Logik wird mit entsprechenden Fuzzy-Verknüpfungen gearbeitet, die die Zugehörigkeitsgrade der unscharfen Variablen miteinander kombinieren [11].
Die gängigsten Fuzzy-Verknüpfungen sind:

<u>Operatoren für das Fuzzy-UND</u>

Minimum Operator: $\mu_{A \wedge B}(x) = min\{\mu_A(x); \mu_B(x)\}$

Beispiel: $\mu_A = 0,3 \; ; \; \mu_B = 0,6 \; \Rightarrow \; \mu_{A \wedge B} = 0,3$

Produktoperator: $\mu_{A \wedge B}(x) = \mu_A(x) \cdot \mu_B(x)$

Beispiel: $\mu_A := 0,3 \; ; \; \mu_B = 0,6 \; \Rightarrow \; \mu_{A \wedge B} = 0,18$

<u>Operatoren für das Fuzzy-ODER</u>

Maximum Operator: $\mu_{A \vee B}(x) = max\{\mu_A(x); \mu_B(x)\}$

Beispiel: $\mu_A = 0,3 \; ; \; \mu_B = 0,6 \; \Rightarrow \; \mu_{A \vee B} = 0,6$

Algebraische Summe: $\mu_{A \vee B}(x) = \mu_A(x) + \mu_B(x) - \mu_A(x) \cdot \mu_B(x)$

Beispiel: $\mu_A = 0,3 \; ; \; \mu_B = 0,6$

$\Rightarrow \; \mu_{A \vee B} = 0,9 - 0,18 = 0,72$

<u>Fuzzy-NICHT</u>

$\mu_{\overline{A}}(x) = 1 - \mu_A(x)$

Beispiel: $\mu_A = 0,3 \; \Rightarrow \; \mu_{\overline{A}} = (1 - 0,3) = 0,7$

7.2 Fuzzy-Regler

Die analogen Eingangsgrößen eines Fuzzy-Reglers werden durch die Fuzzifizierung zu linguistischen Variablen. Diese sind durch ihre Zugehörigkeiten zu unscharfen linguistischen Termen gekennzeichnet.

Beispiele:

Linguistische Variable "Temperatur" mit den linguistischen Termen "heiß", "warm", "lauwarm", "kühl", "kalt", "sehr kalt".

Linguistische Variable "Geschwindigkeit" mit den linguistischen Termen "null", "langsam", mäßig schnell", "schnell", "sehr schnell".

Diese Daten werden einem Satz von Fuzzy-Regeln unterworfen, die aus einfachen "Wenn...Dann" Beziehungen bestehen, z.B. in der Form "Wenn Prämisse 1 erfüllt ist UND Prämisse 2 gilt ODER Prämisse 3 erfüllt ist DANN gilt die Konklusion A".

Beispiel:

"WENN die Position des Objekts "rechts" ist UND die Geschwindigkeit ist "positiv klein" DANN soll der Antrieb "schwach gebremst" werden."

"WENN die Position "weit rechts" ist UND die Geschwindigkeit ist "null" DANN soll der Antrieb "stark beschleunigt" werden.

... usw. ...

Das gesamte System wird durch eine entsprechende Menge derartiger unscharfer Regeln beschrieben, in die auch die Erfahrung von Experten mit einbezogen werden kann.
Die Abarbeitung dieser Regeln wird Fuzzy-Inferenz genannt.
Durch die Fuzzifizierung der Eingangsgrößen liegt in einem bestimmten Zeitpunkt für jede Prämisse ein Wert des Zugehörigkeitsgrades μ vor. Diese Zugehörigkeitsgrade der einzelnen Prämissen einer Regel müssen miteinander zu einem resultierenden Zugehörigkeitsgrad verknüpft werden. Das Ergebnis ist eine Aussage darüber, in welchem Maße die Prämissen einer Regel zutreffen, es gibt den Erfüllungsgrad der Prämissen an.
Die augenblicklichen Zugehörigkeitsgrade der Prämissen werden, wenn eine UND-Verknüpfung vorliegt, mittels Minimum-Operator und, wenn eine ODER-Verknüpfung vorliegt, mittels Maximum-Operator miteinander kombiniert.

Ist der resultierende Erfüllungsgrad gleich Null, so sagt man: "die Regel feuert nicht", d.h. sie trägt nichts zur Gewichtung der zugehörigen Handlungsanweisung bei. Die resultierenden Gewichtungen müssen nun auf die Zugehörigkeitsfunktionen der Handlungsanweisung übertragen werden. Dies geschieht mittels der Max/Min-Methode bzw. mittels der Max/Prod-Methode.
Bei der Min-Methode wird die Zugehörigkeitsfunktion einer Regel auf den resultierenden Wert des Erfüllungsgrades der Prämissen begrenzt (Clipping).

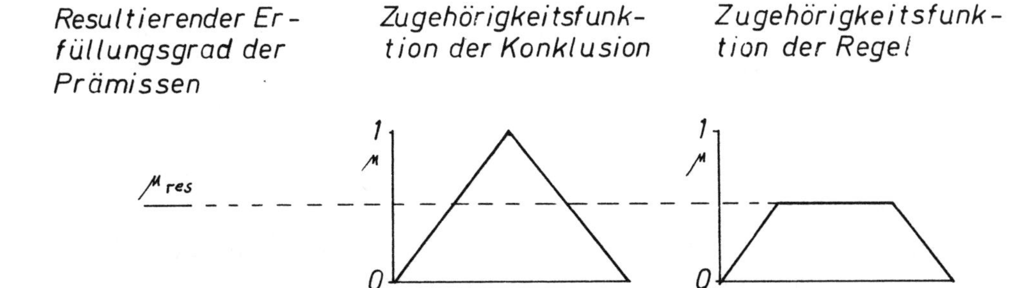

Bild 7.2 Bearbeitung einer Regelbasis durch Inferenz nach der Minimum-Methode

Bei der Produkt-Methode wird die Zugehörigkeitsfunktion einer Regel durch Multiplikation mit dem Erfüllungsgrad der Prämissen gebildet.

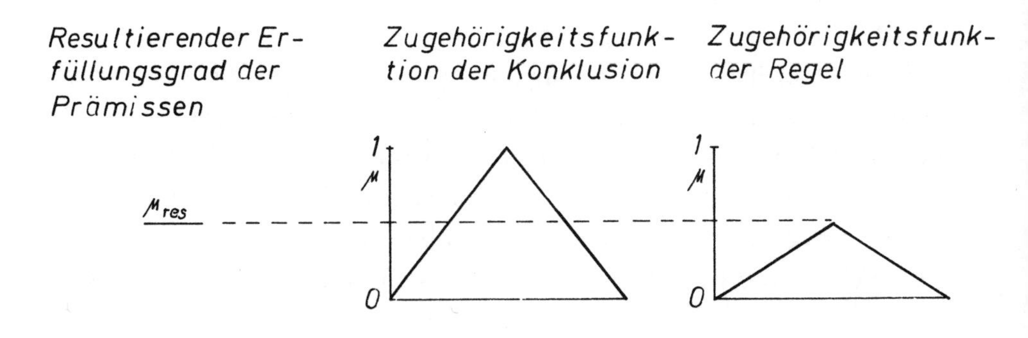

Bild 7.3 Bearbeitung einer Regelbasis durch Inferenz nach der Produkt-Methode

Welche der vielen möglichen Fuzzy-Verknüpfungen bei der Inferenz zum Einsatz kommt, ist zunächst grundsätzlich offen. Die Auswahl wird nach der Beobachtung getroffen, welche Operation das für die Regelung beste Ergebnis bringt.

Die Zugehörigkeitsfunktion der gesamten Regelbasis entsteht durch Verknüpfung der Zugehörigkeitsfunktionen der einzelnen Regeln mittels Max-Operator.

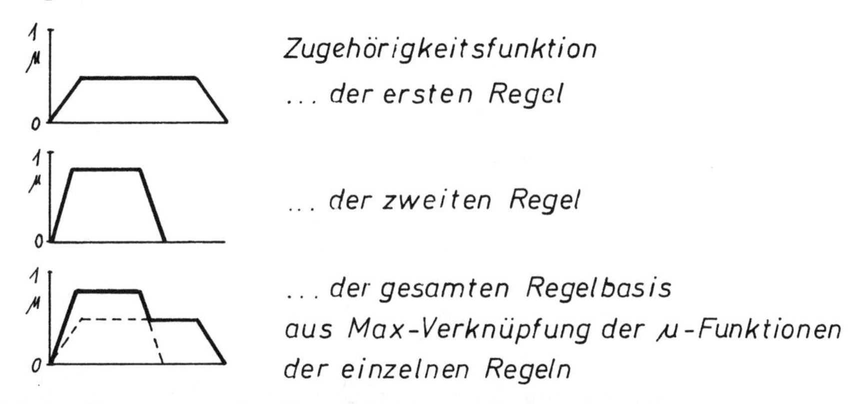

Bild 7.4 Erzeugung der Zugehörigkeitsfunktion der Regelbasis

Der Verlauf der Zugehörigkeitsfunktion der Regelbasis erzeugt eine Fläche, die ein Maß für die Stellgröße des Fuzzy-Reglers darstellt. Für den Eingriff auf die Regelstrecke wird jedoch ein scharfer Wert der Stellgröße benötigt. Man erhält diesen durch Berechnung der Koordinate des Schwerpunktes der ermittelten Fläche. COG-Methode, center of gravity.

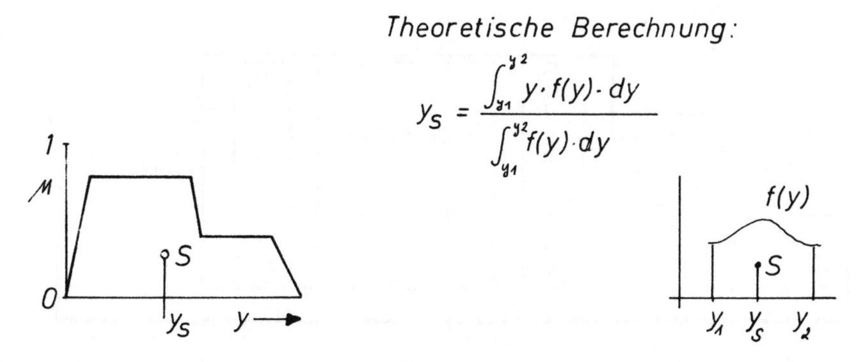

Bild 7.5 Ermittlung der Stellgröße durch Schwerpunktsberechnung

Der Vorgang, aus der unscharfen Handlungsanweisung des Fuzzy-Reglers auf einen scharfen Stellwert zu schließen, wird Defuzzifizierung genannt.
Neben der Defuzzifizierung mittels COG-Methode ist die Methode "Mean of Maximum, MOM, Maximum-Mittelwert" üblich. Hierbei wird als scharfer Wert für die Stellgröße der mittlere Abszissenwert unter dem Maximalwert der Fläche eingesetzt.

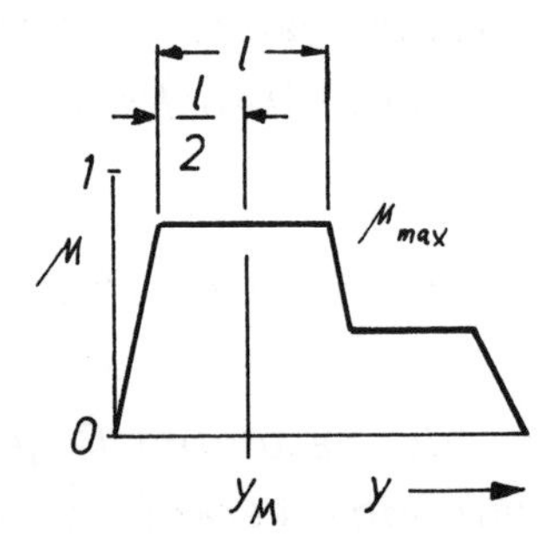

Bild 7.5 Defuzzifizierung der Stellgröße nach der MOM Methode

Bild 7.6 zeigt schematisch, wie sich der Fuzzy-Regler zusammensetzt: Die scharfen Eingangsgrößen, Führungsgröße, Regelgröße usw. werden im Fuzzifizierungs-Teil in Zugehörigkeiten zu unscharfen linguistischen Termen umgesetzt. Im Inferenz-Teil wird die Regelbasis bereitgestellt, mit der die eigentliche Regelungsaufgabe unter Einbeziehung von Expertenwissen bearbeitet wird. Im Defuzzifizierungs-Teil wird die scharfe Stellgröße erzeugt.

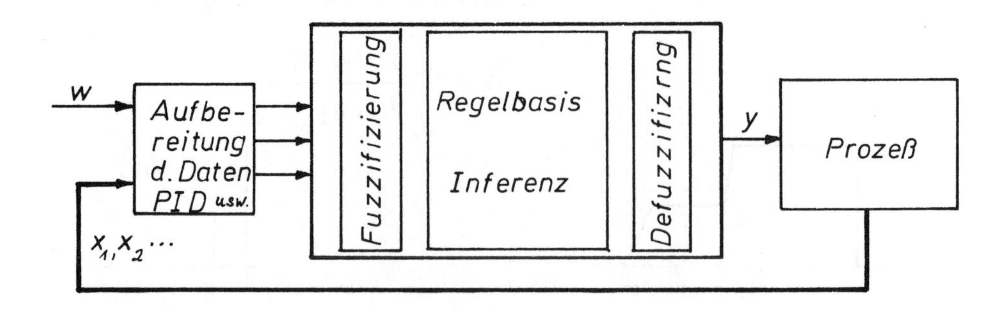

Bild 7.6 Aufbau des Fuzzy-Reglers

Fuzzy-Regler können auf vielfältige Weise realisiert werden. Eine Reihe von Simulationsprogrammen enthalten entsprechende Tools zur Erstellung von Fuzzy-Reglern [15, 16].
Fuzzy-Regler in Hardware-Ausführung sind bereits Bestandteil einer Reihe von Speicherprogrammierbaren Steuerungen.
Anwendung findet die Regelung durch Fuzzy-Logik u.a. in der Fototechnik bei der automatischen Scharfeinstellung von Videokameras und Fotoapparaten, bei Aufzugsteuerungen und Steuerungen von Robotern, bei Antiblockiersystemen und Antischlupfregelungen von Fahrzeugen und in der Prozeßregelung. Eine der ersten Anwendungen war die Steuerung eines Zementwerks.
Die Fuzzy-Logik ist dann besonders vorteilhaft anzuwenden, wenn das Verhalten der Regelstrecke nichtlinear ist oder sich nur schwer mathematisch beschreiben läßt und wenn Expertenwissen in den Regelprozeß eingebunden werden soll.

7.3 Beispiel einer Fuzzy-Regelung

Der Volumenstrom eines Mediums, der durch ein Stellventil gesteuert wird, soll mittels Fuzzy-Regler geregelt werden.

Eingangsgröße der Regelstrecke ist das Steuersignal für den Ventilantrieb.
Der Antrieb habe PT1-Verhalten, die Ventilkennlinie sei quadratisch. Der Durchfluß wird an einer Meßstelle gemessen, die sich in einiger Entfernung vom Ventil befindet. Die Ausbildung der Strömung soll durch ein Verzögerungsglied, zweites PT1-Verhalten, berücksichtigt werden. Ausgangsgröße der Regelstrecke ist der Volumenstrom an der Meßstelle. Hier entsteht das Meßsignal für den Durchfluß.

Der Fuzzy-Teil des Reglers besitzt zwei Eingangsgrößen: das Meßsignal für die Stellung des Ventilantriebs und die durch einen PI-Anteil vorbehandelte Regeldifferenz: Vorgabe minus Meßsignal des Volumenstroms.

Für die Regelstrecke lassen sich die folgenden Beziehungen finden:

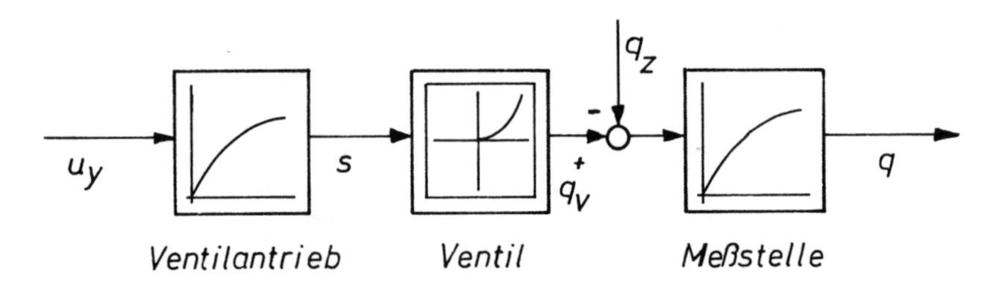

$u_y(t)$ Steuersignal Ventilantrieb $s(t)$ Ventilstellung
$q_v(t)$ Zufluß durch Ventil $q_z(t)$ Störstrom (zusätzliche Entnahme)
$q(t)$ Volumenstrom an Meßstelle

Ventilantrieb: $T_{S1} \cdot \dot{s}(t) + s(t) = K_A \cdot u_y(t)$

Durchfluß durch das Ventil: $q_V(t) = K_V \cdot s^2(t)$

Durchfluß an der Meßstelle: $T_{S2} \cdot \dot{q}(t) + q(t) = K_R \cdot (q_V(t) - q_z(t))$

Die Eingangsgrößen des Fuzzy-Reglers, Ventilstellung und Regeldifferenz und das Ausgangssignal, die Stellgröße, werden mit den aus den Tabellen und grafischen Verläufen folgenden linguistischen Termen und Zugehörigkeitsfunktionen fuzzifiziert:

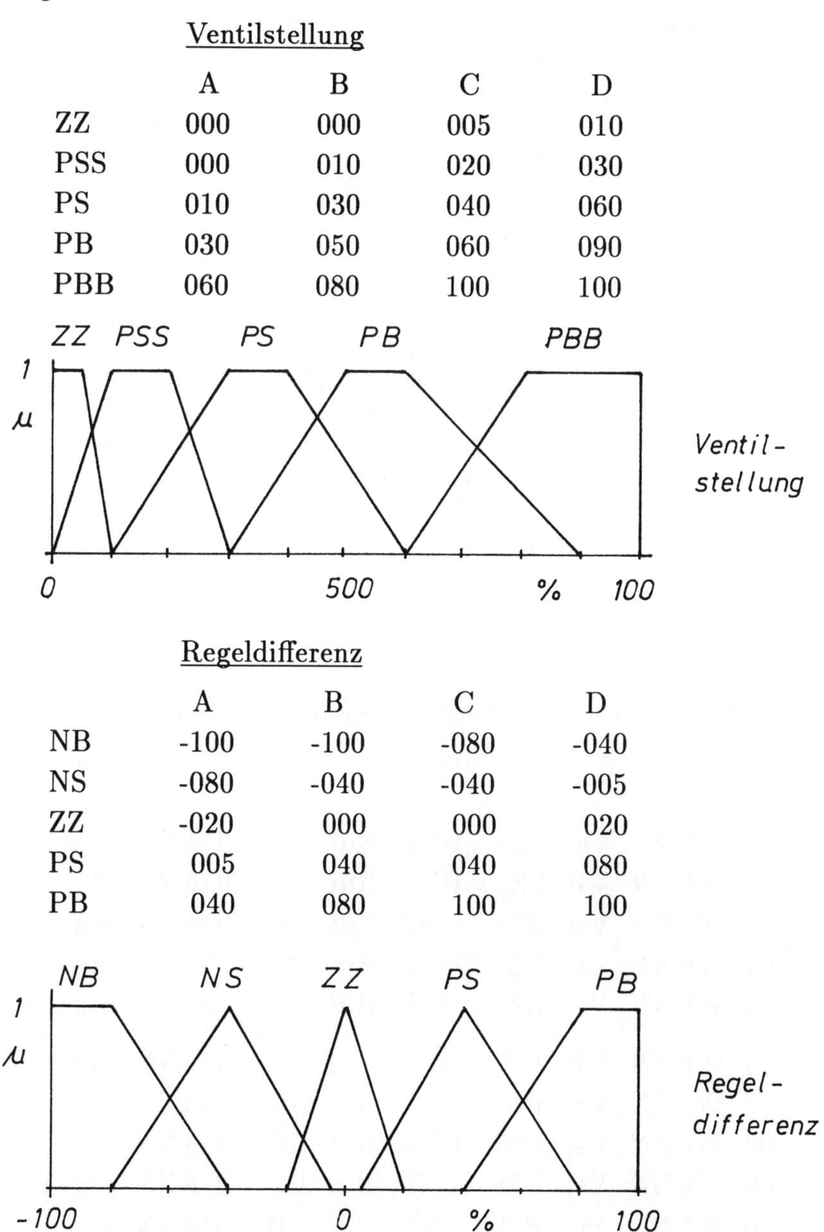

Ventilstellung

	A	B	C	D
ZZ	000	000	005	010
PSS	000	010	020	030
PS	010	030	040	060
PB	030	050	060	090
PBB	060	080	100	100

Regeldifferenz

	A	B	C	D
NB	-100	-100	-080	-040
NS	-080	-040	-040	-005
ZZ	-020	000	000	020
PS	005	040	040	080
PB	040	080	100	100

<u>Stellgröße</u>

	A	B	C	D
NBB	-100	-100	-060	-040
NB	-060	-040	-040	-020
NS	-040	-020	-020	000
ZZ	-020	000	000	020
PS	000	020	020	040
PB	020	040	040	060
PBB	040	060	100	100

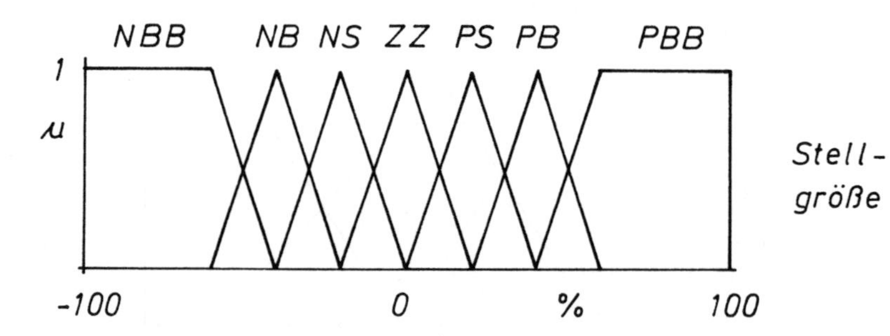

Der Regler erhält als Regelbasis folgende 25 Regeln:

Ventilstellung = Vst ; Regeldifferenz = Rdf ; Stellgröße = Stg

01	WENN	Vst	ZZ	UND	Rdf	NB	DANN	Stg	NBB
02	WENN	Vst	ZZ	UND	Rdf	NS	DANN	Stg	NB
03	WENN	Vst	ZZ	UND	Rdf	ZZ	DANN	Stg	ZZ
04	WENN	Vst	ZZ	UND	Rdf	PS	DANN	Stg	PB
05	WENN	Vst	ZZ	UND	Rdf	PB	DANN	Stg	PBB
06	WENN	Vst	PSS	UND	Rdf	NB	DANN	Stg	NB
07	WENN	Vst	PSS	UND	Rdf	NS	DANN	Stg	NS
08	WENN	Vst	PSS	UND	Rdf	ZZ	DANN	Stg	ZZ
09	WENN	Vst	PSS	UND	Rdf	PS	DANN	Stg	PS
10	WENN	Vst	PSS	UND	Rdf	PB	DANN	Stg	PB

11 WENN Vst PS UND Rdf NB DANN Stg NB
12 WENN Vst PS UND Rdf NS DANN Stg NS
13 WENN Vst PS UND Rdf ZZ DANN Stg ZZ
14 WENN Vst PS UND Rdf PS DANN Stg PS
15 WENN Vst PS UND Rdf PB DANN Stg PB

16 WENN Vst PB UND Rdf NB DANN Stg NS
17 WENN Vst PB UND Rdf NS DANN Stg NS
18 WENN Vst PB UND Rdf ZZ DANN Stg ZZ
19 WENN Vst PB UND Rdf PS DANN Stg PS
20 WENN Vst PB UND Rdf PB DANN Stg PS

21 WENN Vst PBB UND Rdf NB DANN Stg NS
22 WENN Vst PBB UND Rdf NS DANN Stg NS
23 WENN Vst PBB UND Rdf ZZ DANN Stg ZZ
24 WENN Vst PBB UND Rdf PS DANN Stg PS
25 WENN Vst PBB UND Rdf PB DANN Stg PS

Die Regelbasis läßt sich in Gestalt folgender Matrix übersichtlich darstellen:

Ventilstellung

Regeldifferenz	ZZ	PSS	PS	PB	PBB
NB	01 NBB	06 NB	11 NB	16 NS	21 NS
NS	02 NB	07 NS	12 NS	17 NS	22 NS
ZZ	03 ZZ	08 ZZ	13 ZZ	18 ZZ	23 ZZ
PS	04 PB	09 PS	14 PS	19 PS	24 PS
PB	05 PBB	10 PB	15 PB	20 PS	25 PS

Im vorliegenden Falle wird die UND-Funktion durch den Minimum-Operator, die ODER-Funktion durch den Maximum-Operator realisiert. Das Fuzzy-NICHT wird durch das Komplement gebildet.
Die Inferenz wird nach der Max-Min-Methode ausgeführt.
Die Defuzzyfizierung erfolgt nach der Schwerpunktsmethode (COG).
Sämtliche Größen sind auf den jeweiligen Maximalwert normiert dargestellt.

Die folgenden Diagramme zeigen die Ergebnisse der Simulation des Regelkreises mit MATLAB Simulink.

Zum Zeitpunkt $t = 0\ s$ wird auf die Führungsgröße ein Sprung um $w = 30\ \%,\ 50\ \%\ bzw.\ 90\ \%$ gegeben. Zur Zeit $t = 6\ s$ wird das System mit einem Störsprung $z = 20\ \%$ belastet.

Zum Vergleich wird die gleiche Regelstrecke mit einem reinen P-Regler geregelt.

Wie die Bilder zeigen, greift der P-Regler härter ein als der Fuzzy-Regler und führt dadurch auch zu größeren Überschwingungen.

Der Fuzzy-Regler greift weicher ein. Die durch die nichtlineare Kennlinie des Ventils bedingte Änderung des Übertragungsfaktors der Regelstrecke K_{PS} wird zumindest teilweise kompensiert.
Allerdings ist, wie man an der Kurve für $90\ \%$ erkennt, die bleibende Regeldifferenz bei der Regelung mit dem Fuzzy-Regler größer als bei der Regelung mit dem P-Regler. Es macht sich hier die durch Fuzzy abgeschwächte Kreisverstärkung bemerkbar.
Für die Sprunghöhen $30\ \%$ und $50\ \%$ werden mit dem Fuzzy-Regler sehr brauchbare Ergebnisse erzielt.
Zur Erzielung einer höheren Genauigkeit muß der Fuzzy-Regler einen Integralanteil bekommen.

Simulation der Regelung der gegebenen Regelstrecke mit einem Fuzzy-Regler.

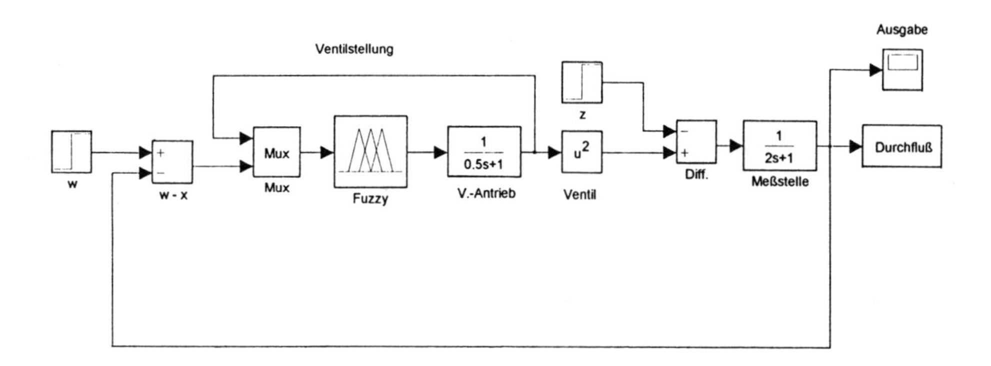

Sprungantworten auf Anregungen mit 30 %, 50 %, 90 % Durchfluß und Störung um 20 % Volumenstrom nach 5 s .

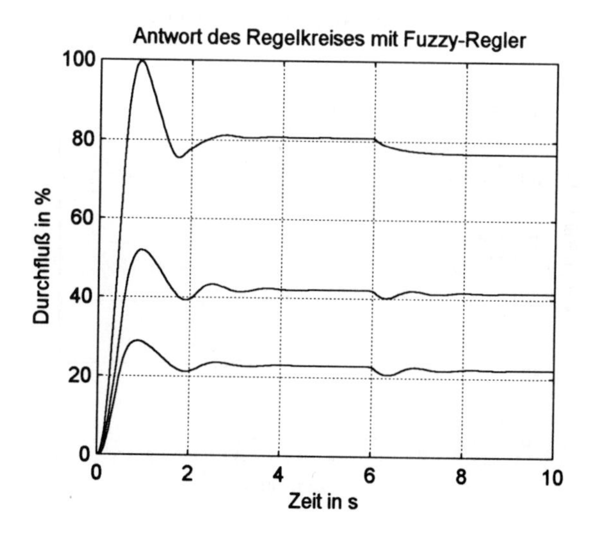

Simulation der gegebenen Regelstrecke bei Regelung mit einem P-Regler.

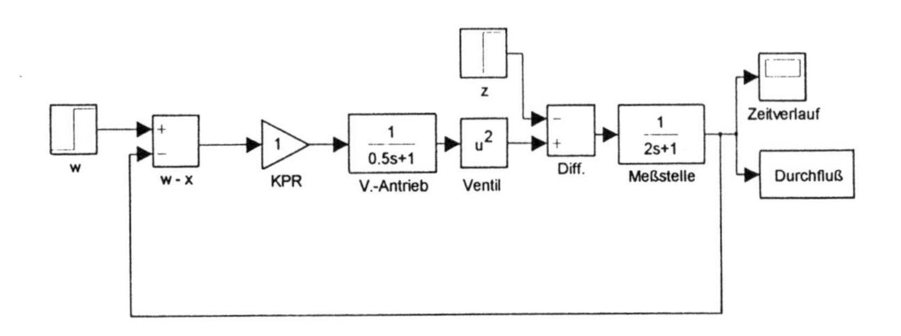

Sprungantworten bei Anregungen mit 30 %, 50 %, 90 % Durchfluß und Störung um 20 % Volumenstrom nach 5 s.

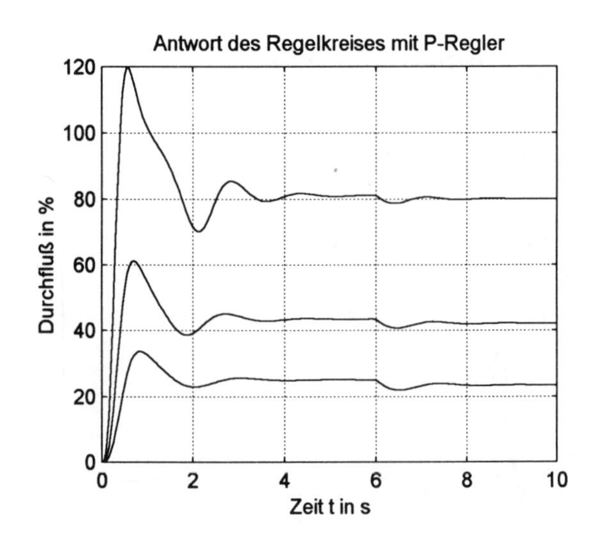

Simulation der gegebenen Regelstrecke bei Regelung mit einem Fuzzy-PI-Regler.

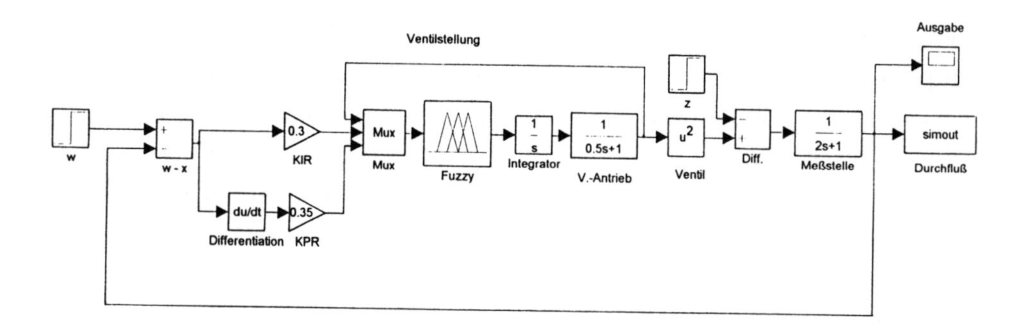

Sprungantworten bei Anregungen mit 30 %, 50 %, 90 % Durchfluß und Störung um 20 % Volumenstrom nach 6 s.

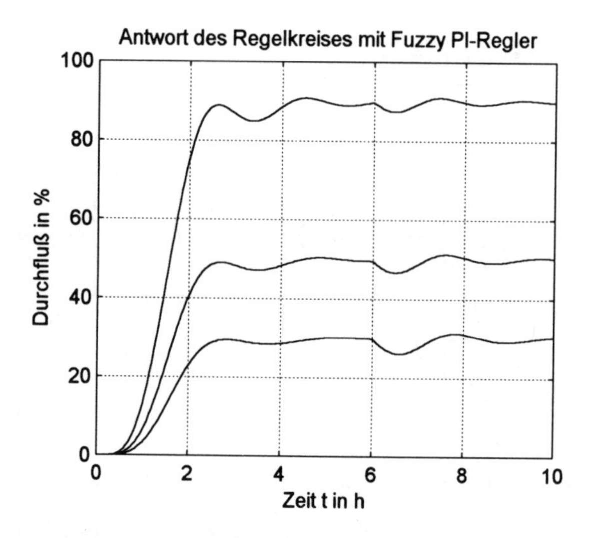

7.4 Künstliche Neuronale Netze

Das menschliche Gehirn besteht aus vielen Milliarden von Nervenzellen. Jede Nervenzelle steht mit Tausenden anderer Nervenzellen über sogenannte Synapsen in Verbindung. Synapsen sind die Kopplungsstellen zwischen den Ausgängen und Eingängen der Nervenzellen. Die Zelle empfängt von den Synapsen erregende Signale und reagiert, wenn ein bestimmter Schwellenwert erreicht ist, mit einem Signal an ihrem Ausgang. Durch Lernvorgänge ändert sich die Signalübertragung an den Synapsen, sie wird effektiver. Künstliche Neuronale Netze (KNN) sind durch Computerprogramme nachgebildete Strukturen des menschlichen Gehirns, dessen Leistung sie allerdings bei weitem nicht erreichen.
Das KNN hat wie das Gehirn die Eigenschaft, Lernfähigkeit zu besitzen. In der Regelungstechnik gibt es eine Reihe komplizierter Aufgaben, zu deren Lösung man sich die Lernfähigkeit künstlicher Neuronaler Netze zu Nutzen macht [17, 18, 19].

Das Prinzip eines Neuronalen Netzes soll hier am Beispiel des Multilayer Perceptron Netzes (MLP) erläutert werden.
MLP sind aus mehreren Neuronen aufgebaut, die eine Struktur besitzen, wie sie *Bild 7.7* zeigt.

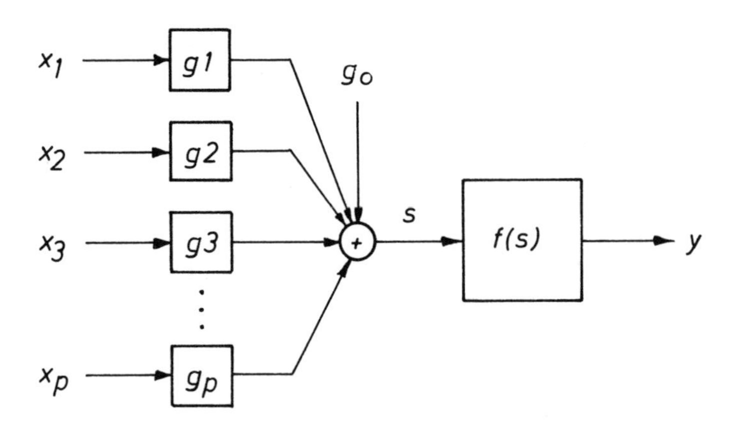

Bild 7.7 Grundschaltung eines künstlichen Neurons.

Mehrere Eingangssignale x_1 bis x_n werden als gewichtete Summe s über eine nichtlineare Schwellenfunktion mit Sättigungscharakter in ein Ausgangssignal umgesetzt.

Ein Beispiel für eine derartige Schwellenfunktion, die sogenannte Aktivierungsfunktion, ist die Funktion $f(s) = \frac{1}{1+e^{-s}}$.

Die gewichtete Summe s ergibt sich aus den anliegenden Eingangswerten x_1, x_2 ... x_p zu $s = g_1 \cdot x_1 + g_2 \cdot x_2 + ... + g_p \cdot x_p - g_0$;
g_0 ist der gegebene Schwellenwert.

Im MLP-Netz werden die Neuronen schichtweise parallel angeordnet. *Bild 7.8* zeigt ein dreilagiges Multilayer-Perceptron-Netz.
Alle Ausgänge der Neuronen einer Schicht werden mit den Eingängen aller Neuronen der nächsten Schicht verbunden.

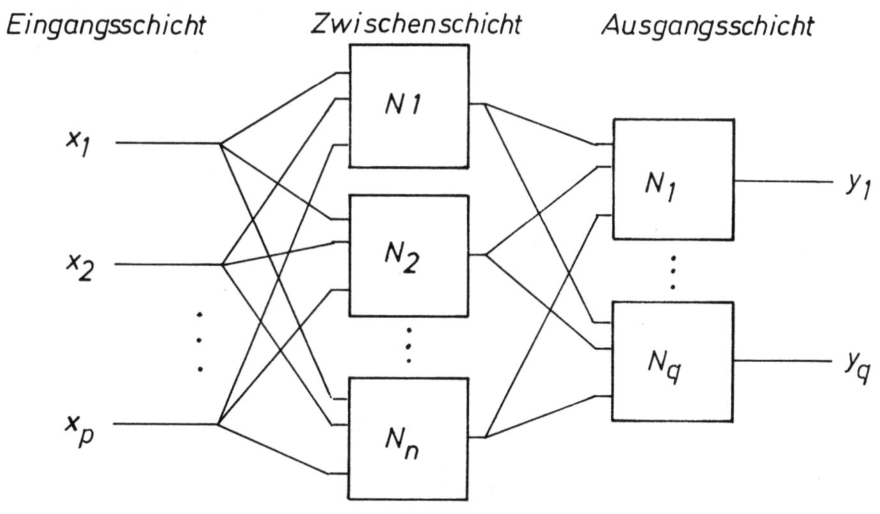

Bild 7.8 Dreilagiges MLP Netz

In der Lernphase werden die Gewichtungsfaktoren g_1 , g_2 ... g_p und der Schwellenwert g_0 schrittweise so verändert, daß das Übertragungsverhalten des Netzes eine Annäherung der Eingangs/Ausgangs-Trainingsdaten realisiert.
Nach der Lernphase erinnert sich das System an die Gewichtungsfaktoren und verhält sich bei der Signalübertragung entsprechend dem antrainierten Vorbild.
In der Regelungstechnik werden KNN eingesetzt z.B. für die Identifikation unbekannter Regelstrecken, für die Stabilitätsuntersuchung von Regelstrecken mit zeitlich veränderlichen Parametern, z.B. Robotern, für Steuerungen und Regelungen von Manipulatoren und Fahrzeugen sowie für die Vervollkommnung von Fuzzy Systemen: Neuro-Fuzzy.

7.5 Neuro-Fuzzy

Bei der Neuro-Fuzzy-Regelung wird ein neuronales Netz mit dem Fuzzy-Regler-System kombiniert.
Dieses kann mit dem Ziel geschehen, durch ein neuronales Netzwerk die Zugehörigkeitsfunktionen des Fuzzy-Systems zu optimieren und das Regelwerk aus WENN-DANN-Funktionen zu verbessern.
Der Fuzzy-Regler profitiert auf diese Weise von der Lern-Fähigkeit des Neuronetzes.
Ein zweiter Ansatz besteht darin, das dem Fuzzy-Regler zu Grunde liegende Wissen in ein Neuronales Netz einzubringen oder das Neuronetz derart zu strukturieren, daß es eine dem Fuzzy-Regler entsprechende Funktion ausführen kann.
Dem Neuronalen Netz kann das Verhalten eines Fuzzy-Systems mit Daten antrainiert werden, die das Fuzzy-System erzeugt, *Bild 7.9* .

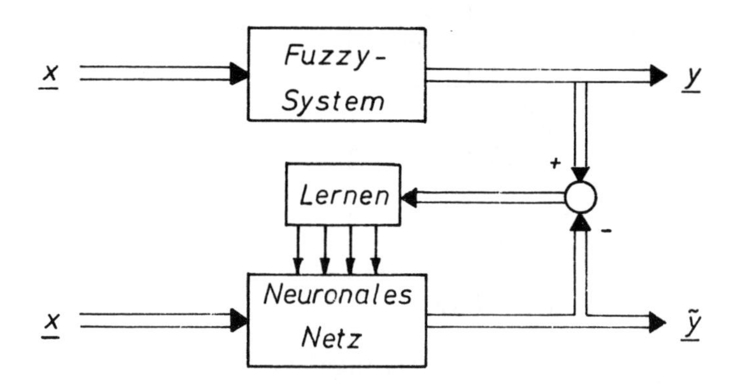

Bild 7.9 Das Fuzzy-System trainiert das Neuronale Netz

Beim Neuronalen Netz mit Fuzzy-Struktur werden alle Fuzzy-Teilfunktionen nämlich die Funktionen der Fuzzifizierung, die der Inferenz und die der Defuzzifizierung durch spezielle künstliche Neuronen dargestellt. In der Lernphase werden dann die Parameterwerte der Funktionen optimiert.

8 Übungsaufgaben

8.1 Aufgaben zum Abschnitt 1

Aufgabe 1.1

Ein Eisenbahnzug soll eine bestimmte Strecke mit einer festgelegten Geschwindigkeit durchfahren, die unabhängig von Störungen konstant eingehalten werden muß, damit der Fahrplan nicht durcheinander gerät. Der Zug und der Lokomotivführer bilden dabei einen Regelkreis. Der Lokomotivführer stellt den Regler dar. Der Zug bildet die Regelstrecke.

Stellen Sie den Wirkungsplan für den Geschwindigkeitsregelkreis auf. Beschreiben sie die Stelleinrichtung, mit der der Lokführer die Geschwindigkeit des Zuges beeinflußt und die Meßeinrichtung, mit der die Geschwindigkeit gemessen und angezeigt wird.
Woher bekommt der Lokführer die Information, welche Geschwindigkeit er fahren soll?

Aufgabe 1.2

Benennen Sie die Störgrößen, die für den in Aufgabe 1.1 genannten Regelkreis in Frage kommen.
Auf welche Weise wirken die Störgrößen auf die Regelstrecke ein?
Was tut der Lokomotivführer, um die Störungen auszugleichen?
Versuchen Sie die Regelstrecke so in einzelne Blöcke aufzuteilen, daß man sowohl den Einfluß der Stellgröße als auch den der Störgrößen im Wirkungsplan verfolgen kann.

Aufgabe 1.3

Ein in voller Fahrt befindlicher Eisenbahnzug wird schlagartig mit konstantem Bremsmoment abgebremst.
Welches Zeitverhalten kann man für das System "Eisenbahnzug" in erster Näherung ansetzen, wenn angenommen wird, daß alle auf die Antriebswelle der Lokomotive wirkenden Widerstandsmomente konstant bleiben?
Legen sie die Eingangs- und die Ausgangsgröße des Systems fest.
Stellen Sie die Zeitgleichung auf.
Skizzieren Sie den zeitlichen Verlauf des Bremsmomentes und der Zuggeschwindigkeit für den Beginn des Abbremsvorgangs.

Aufgabe 1.4

Simulieren Sie das in der Übungsaufgabe 1.1 auf Seite 11 gegebene mechanische System, das aus einer Feder und einem parallel dazu angeordneten Dämpfer besteht.
Es seien folgende Zahlenwerte gegeben:
Federkonstante $c = 10\ N/cm$, Dämpferkonstante $b = 5\ \frac{N}{cm/s}$.

1. Skizzieren Sie das Gerätebild.
2. Legen Sie die Ein- und Ausgangsgröße fest.
3. Stellen Sie die Differentialgleichung für das System auf.
   Formen Sie die Gleichung so um, daß die höchste Ableitung isoliert auf der linken Seite steht.
4. Zeichnen Sie den Wirkungsplan. Dieser muß ein Integralglied und zwei Proportionalglieder enthalten.
5. Stellen Sie für die Summe am Additionsglied eine Pascal Befehlszeile auf.
6. Drücken Sie das Integralglied durch eine zweite Befehlszeile aus.
7. Schreiben Sie das Simulationsprogramm und führen Sie die Simulation für den Fall durch, daß die Erregerkraft $F_e(t)$ von 0 auf 50 N springt.

Aufgabe 1.5

Für einen Bäckereiofen soll eine automatische Regelung vorgesehen werden.
Über ein Stellglied wird die im Ofen umgesetzte Energie gesteuert. Das Stellglied besteht z.B. bei einem gasgefeuerten Ofen aus dem Gasventil, bei einem Elektroofen aus dem elektrischen Stromrichterventil. Eingangssignal des Stellglieds ist die Steuerspannung u_y , Ausgangsgröße ist die Heizleistung P_H . Das Ventil soll praktisch verzögerungsfrei mit dem Übertragungsfaktor $K_V = \frac{P_H}{uy}$ arbeiten.
Der Ofen erzeugt aus der Heizleistung die Temperaturdifferenz ϑ . Die Umsetzung geschieht proportional mit dem Faktor $K_{Ofen} = \frac{\vartheta}{P_H}$ und in erster Näherung mit einer Verzögerung erster Ordnung (PT1), die durch die Zeitkonstante T_{Ofen} ausgedrückt wird.
An geeigneter Stelle ist im Ofen ein Meßaufnehmer für die Ofentemperatur angebracht.

Der Aufnehmer liefert proportional zur Temperatur ϑ das Meßsignal u_x. Die Messung erfolgt ohne erkennbare Verzögerung. Der Übertragungsfaktor ist K_M.
Die Temperatur des Ofens soll mit einem Proportionalregler geregelt werden. Die Ein- und Ausgangssignale des Reglers sind elektrische Gleichspannungen im Bereich $0V \leq u \leq +10V$. Die Reglerverstärkung ist K_{PR}.

Die eingestellten Parameterwerte sind:
Übertragungskonstante des Stellglieds $K_V = 2kW/V$,
Ofenkonstante $K_{Ofen} = 12,5K/kW$, Zeitkonstante $T_{Ofen} = 600s$,
Konstante des Meßglieds $K_M = 0,04V/K$,
Reglerverstärkung $K_{PR} = 4$.

1. Zeichnen Sie den Wirkungsplan der Temperaturregelung.
2. Berechnen Sie die Änderung der Ofentemperatur nach einer Änderung der Führungsgröße von 0 V auf 8 V ($200K$).
3. Berechnen Sie den Verlauf der Ofentemperatur, wenn dem Ofen plötzlich $5kW$ Wärme entzogen werden.
4. Zeichnen Sie den zeitlichen Verlauf der Temperaturkurve.

Aufgabe 1.6

Der Ofen aus Aufgabe 15 soll statt mit einem Proportionalregler mit einem Integralregler geregelt werden, um die bleibende Regeldifferenz zu beseitigen.
Berechnen Sie die Differentialgleichung für das Führungsverhalten des Regelkreises.
Welches Zeitverhalten läßt sich aus der Gleichung erkennen?
Woraus sieht man, daß keine bleibende Regeldifferenz auftritt?
Welche Gefahr besteht beim Einsatz des I-Reglers gegenüber dem Regelkreis mit P-Regler?

Aufgabe 1.7

Berechnen Sie die Differentialgleichung für das Führungsverhalten des Regelkreises aus Aufgabe 1.6, wenn der I-Regler zu einem PI-Regler erweitert wird.
Was sagt die Gleichung über die Regeldifferenz aus?

Aufgabe 1.8

Welcher der in den Aufgaben 1.5 bis 1.7 untersuchten Regler ist für die gegebene Regelaufgabe zu bevorzugen? Begründung!

Aufgabe 1.9

Gegeben ist das skizzierte hydraulische Steuerungssystem, wie es zur Steuerung von Werkzeugmaschinen oder als Lenkhilfe für Fahrzeuge, Schiffe oder Flugzeuge eingesetzt wird.
Das System kann als Regelstrecke angesehen werden.
Das Steuerventil dient als Stellglied. Es hat die Aufgabe, proportional zur Auslenkung $y(t)$ des Schiebers den Zu- und Abfluß $q(t)$ des Hydrauliköls zum Hydraulikzylinder zu steuern. In Mittellage des Steuerventils $y(t) = 0$ ist der Durchfluß $q(t) = 0$.
Es gilt die Beziehung $q(t) = K_V \cdot y(t)$.
Der Hydraulikzylinder habe den Kolbendurchmesser D und den Stangendurchmesser d . Der Kolbenhub $x(t)$ hat in Mittellage des Kolbens den Wert Null. Der maximale Hub beträgt $\pm x_{max}$.

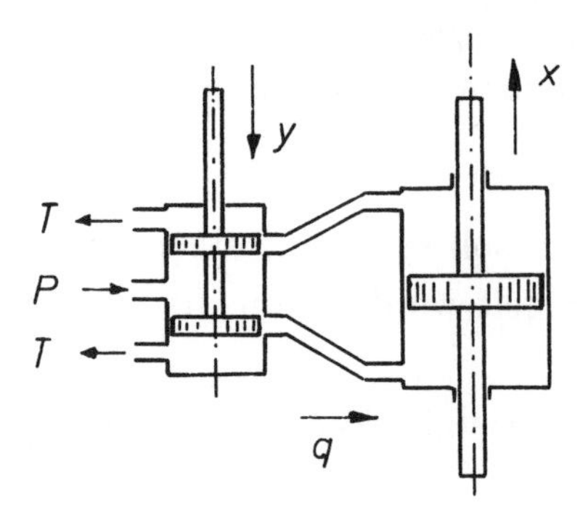

Stellen Sie die Gleichung auf, die die Abhängigkeit der Kolbengeschwindigkeit $\frac{dx(t)}{dt}$ von der Stellung des Steuerventils $y(t)$ beschreibt.
Ermitteln Sie durch Integration der Gleichung die Abhängigkeit der Kolbenbewegung $x(t)$ von der Schieberstellung $y(t)$.
Skizzieren Sie den Verlauf der Kolbenbewegung nach einer sprungartigen Änderung der Ventilstellung um den Betrag $\hat{y}$.
Welches Zeitverhalten liegt vor?
Auf welche Weise kann bei gleichbleibendem hydraulischen Druck die Stellkraft des Arbeitskolbens vergrößert werden und welchen Einfluß hat eine solche Maßnahme auf die Kolbenreaktion?

8.2 Aufgaben zum Abschnitt 2

Aufgabe 2.1

Gegeben ist der Wirkungsplan eines Regelkreises mit proportionalem Regler und integraler Regelstrecke.

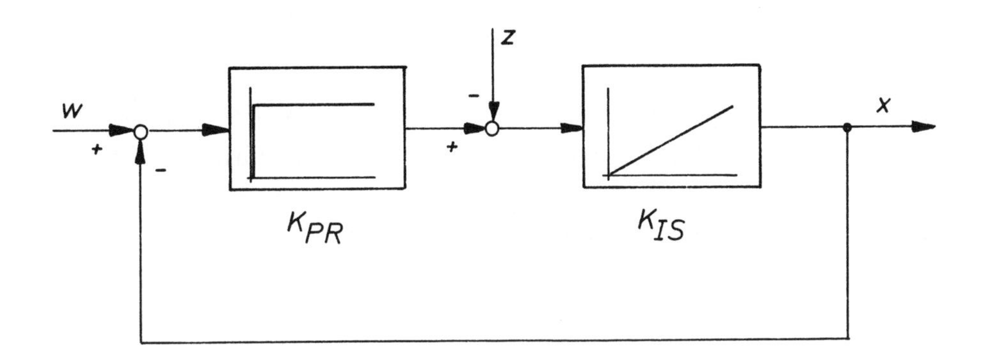

Stellen Sie den Führungsfrequenzgang auf.

Bestimmen Sie aus dem Führungsfrequenzgang welche bleibende Regeldifferenz e_{blw} , nach einem Sprung der Führungsgröße w um $\hat{w}$ auftritt?

Berechnen Sie den Störfrequenzgang und bestimmen Sie die bleibende Änderung der Regelgröße x nach einem Sprung der Störgröße z um $\hat{z}$.

Wodurch kann der Einfluß der Störgröße auf die Regelgröße verkleinert werden?

Stellen Sie durch Rücktransformation aus dem Frequenzbereich in den Zeitbereich die Differentialgleichungen für das Führungs- und das Störverhalten auf.

Wie lauten die Gleichungen für die Führungssprungantwort und die Störsprungantwort?

Entnehmen Sie den Gleichungen den Ausdruck für die Zeitkonstante des geschlossenen Regelkreises.

Wie ändert sich die Zeitkonstante des Kreises, wenn die Reglerverstärkung vergrößert wird?

Aufgabe 2.2

Für einen Regelkreis mit P-Regler und PT1-Regelstrecke soll der Verlauf der Stellgröße $y(t)$ berechnet werden, um daraus die Beanspruchung des Reglers beurteilen zu können.
Es sind folgende Parameterwerte gegeben:

$$K_{PR} = 4, \quad K_{PS} = 1, \quad T_S = 2s$$

Stellen sie den Frequenzgang für die Stellgröße $G_y(j\omega) = \frac{y(j\omega)}{w(j\omega)}$ auf.
Berechnen Sie durch Rücktransformation die zugehörige Differentialgleichung.
Welches Zeitverhalten erkennen Sie aus der Differentialgleichung?
Berechnen Sie den Zeitverlauf der Stellgröße $y(t)$, wenn sich die Führungsgröße $w(t)$ sprungartig um $\hat{w} = 0,2 \cdot w_{max}$ ändert.

Aufgabe 2.3

Ein elektrischer Stellmotor treibt die Spindel eines Ventils an. Die Spindelstellung soll geregelt werden. Dazu wird der Drehwinkel der Spindel mit einem Zehngang-Potentiometer erfaßt. Zehn Umdrehungen der Spindel erzeugen eine Gleichspannung von 10 Volt.
Der Motor wird über einen Leistungsverstärker angesteuert, der P-Verhalten besitzt und den Übertragungsfaktor $K_V = 10V/V$ hat. Der Motor zeigt bezüglich seiner Drehzahl PT1-Verhalten mit dem Übertragungsfaktor $K_{Mot} = 0,25\ (rad/s)/V$ und der Zeitkonstante $T_{Mot} = 1,5\ s$. Die Motordrehzahl wird über ein Getriebe mit der Untersetzung $1:10$ ins Langsame untersetzt.
Die Regelung erfolgt mit einem P-Regler, $K_{PR} = 5$.
Die Führungsgröße wird mit einem Potentiometer erzeugt, das eine Gleichspannung bereitstellt: $0\ V \leq u_w \leq 10\ V$.
Berechnen Sie den Endwert des Spindeldrehwinkels, wenn das Führungssignal von $u_w = 5\ V$ auf $u_w = 7\ V$ springt.
Nach welcher Funktion läuft der Winkel in die Endstellung?
Wie groß sind die Eigenfrequenz ω_0 und der Dämpfungsgrad ϑ ?

Aufgabe 2.4

Berechnen und zeichnen Sie die Frequenzkennlinien für den nebenstehenden mechanischen Schwinger.

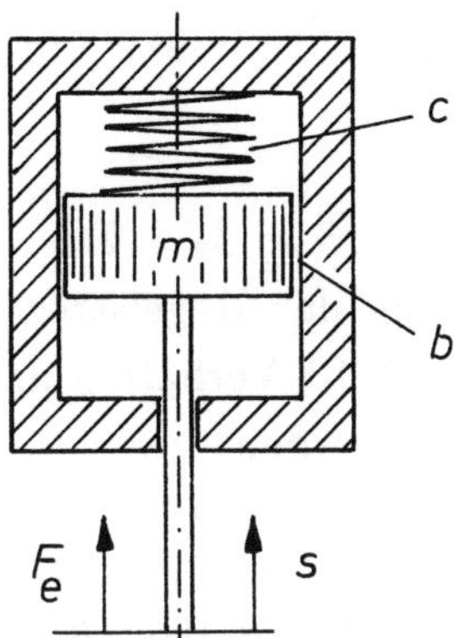

Masse $m = 10\ kg$
Dämpfer $b = 60\ N/(m/s)$
Feder $c = 300\ N/m$

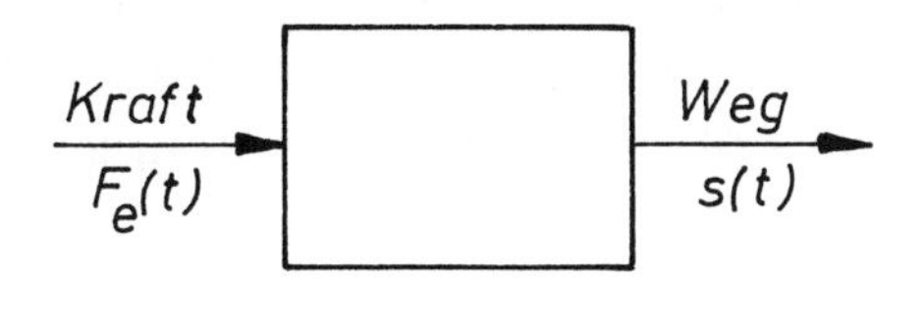

Wie groß sind die Eigenfrequenz des ungedämpften Systems, der Dämpfungsgrad und die Eigenfrequenz des gedämpften Systems?
Wie stark muß der Dämpfungsfaktor b gemacht werden, damit der Dämpfungsgrad $\vartheta = 0,7$ beträgt?

Aufgabe 2.5

Berechnen sie den Verlauf des Drehwinkels der Ventilspindel in Aufgabe 2.3 mit Hilfe der Laplace Transformation für den Fall, daß der Führungswert von 0 V auf 5 V springt.

8.3 Aufgaben zum Abschnitt 3

Aufgabe 3.1

Mittels des Nyquist Kriteriums soll die Stabilität des folgenden Regelkreises überprüft werden.
Regler: P-Regler mit $K_{PR} = 3$
Regelstrecke: PT1 mit Totzeit $K_{PS} = 1$; $T_S = 1,5\ s$; $T_t = 2\ s$
Anmerkung: Die Ortskurve des Frequenzgangs der Regelstrecke soll auf grafischem Wege aus der Ortskurve für das PT1-Verhalten und aus derjenigen für das Totzeitverhalten konstruiert werden.

Aufgabe 3.2

Gegeben sind einige Zeiger des Frequenzgangs eines aufgeschnittenen Regelkreises, der aus P-Regler und PT1-Regelstrecke besteht:

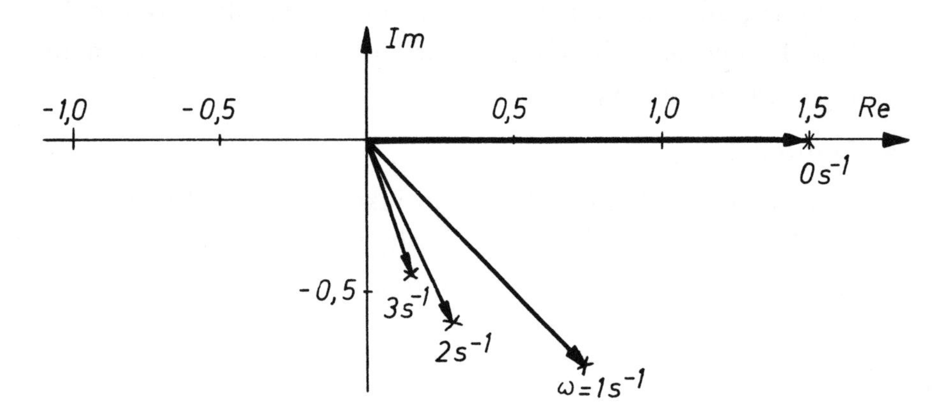

Wie ändern sich die Zeiger, wenn in dem Kreis zusätzlich eine Totzeit mit $T_t = 0,8\ s$ auftritt?
Zeichnen Sie die neue Ortskurve. Arbeitet der Regelkreis stabil?
Wie groß sind der Amplitudenrand und der Phasenrand?

Aufgabe 3.3

Berechnen Sie mit dem Hurwitz Verfahren die Verstärkung K_{PR} des Reglers in einem Regelkreis, der einen PD-Regler und eine PT3-Strecke enthält und gerade an der Stabilitätsgrenze arbeitet.
Folgende Parameterwerte sind bekannt:
$K_{DR} = 1,5\ s$; $K_{PS} = 1$; $T_{S1} = T_{S2} = T_{S3} = 1\ s$.

8.4 Aufgaben zum Abschnitt 4

Aufgabe 4.1

Der Wasserstand in einem Behälter soll mit einer mechanischen Regeleinrichtung auf konstante Höhe geregelt werden. Dazu wird die einlaufende Wassermenge durch ein Ventil gesteuert, dessen Hub insgesamt 30 mm beträgt. Wenn sich die Ventilstange in der unteren Stellung befindet, ist das Ventil ganz geschlossen, in der oberen ist es ganz geöffnet. Das Ventil hat proportionales Verhalten. Der Übertragungsfaktor beträgt $K_V = 10$ Liter Wasser pro Minute je 10 mm Hub. Der Behälter hat einen Durchmesser von 50 cm. Die Messung des Wasserstands erfolgt über einen Schwimmer.
Skizzieren Sie die erforderliche mechanische Regeleinrichtung. Legen Sie diese so aus, daß bei einer Abflußänderung von 5 Litern pro Minute der Regelfehler gerade 10 mm beträgt.

Aufgabe 4.2

Gegeben ist der experimentell gefundene Verlauf der Signalgrößen eines Reglers.

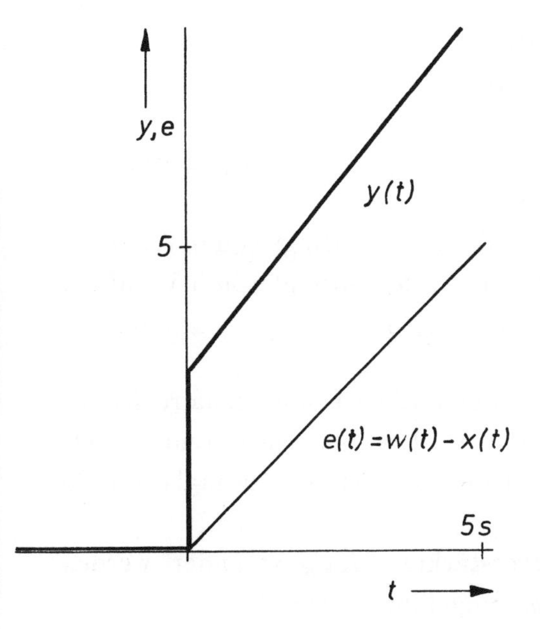

Zeichnen sie den Wirkungsplan des Reglers.
Welches Zeitverhalten hat er?
Welche Werte sind eingestellt?
Wie lautet die Reglergleichung?
Zeichnen Sie die Sprungantwort auf den Sprung der Regelgröße von 2 auf 4 , wenn die Führungsgröße den konstanten Wert 2 einhält.

Aufgabe 4.3

Stellen Sie die Schaltung auf und dimensionieren Sie die Widerstände und Kondensatoren für einen elektronischen PI-Regler aus Operationsverstärkern, der folgende Eigenschaften haben soll:
K_{PR} soll in den Grenzen $0,1 \leq K_{PR} \leq 10$
und K_{IR} in den Grenzen $1 \frac{1}{s} \leq K_{IR} \leq 30 \frac{1}{s}$
getrennt voneinander einstellbar sein.

Aufgabe 4.4

Gegeben ist die folgende Schaltung eines festeingestellten elektronischen Reglers:

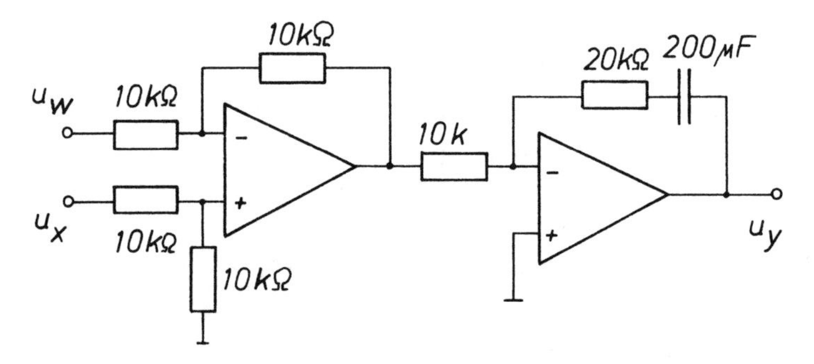

Signalbereich für alle Spannungssignale: $0V \leq u \leq +10V$.
Welches Zeitverhalten besitzt der Regler?
Berechnen Sie die Parameterwerte.
Stellen Sie die Zeitgleichung und den Frequenzgang auf (2 Formen).
Zeichnen Sie die Sprungantworten:
a) wenn $u_y = 0V$, $u_x = const = 0V$, u_w springt von 0 V auf 2 V.
b) wenn $u_y = 5V$, $u_w = const = 5V$, u_x springt von 5 V auf 7 V.

Aufgabe 4.5

Skizzieren sie den Aufbau eines pneumatischen Proportionalreglers der aus einer Druckwaage und einem Düse-Prallplatten-System besteht. Die Linearität soll durch Rückführung des Ausgangssignals gewährleistet werden.
Auf welche Weise kann die Reglerverstärkung K_{PR} verändert werden?
Wie kann das Korrektursignal y_0 eingeführt werden?

Aufgabe 4.6

Entwickeln Sie den Wirkungsplan des in der Skizze dargestellten Heizkörper-Thermostatventils, das einen mechanischen Temperaturregler darstellt.

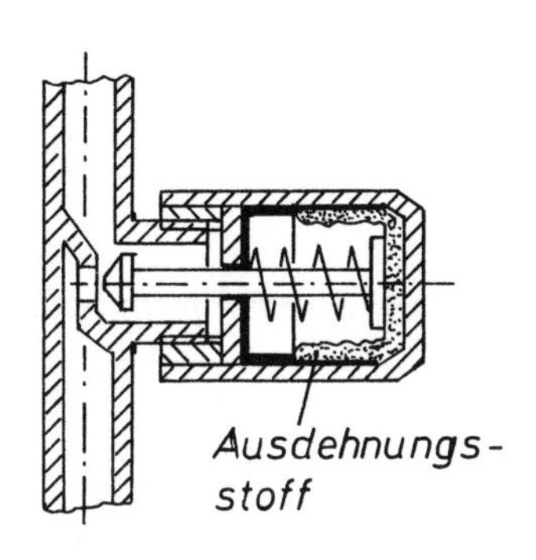

Funktion: Bei Temperaturerhöhung dehnt sich der Ausdehnungsstoff aus und treibt den Ventilstößel in Schließrichtung des Ventils vorwärts.
Durch Verdrehen des Ventilkopfes wird durch das Gewinde am Rohrstutzen der Stößel verschoben und damit der Sollwert der Temperatur eingestellt.

Aufgabe 4.7

Der Wirkungsplan eines Reglers habe folgende Struktur:

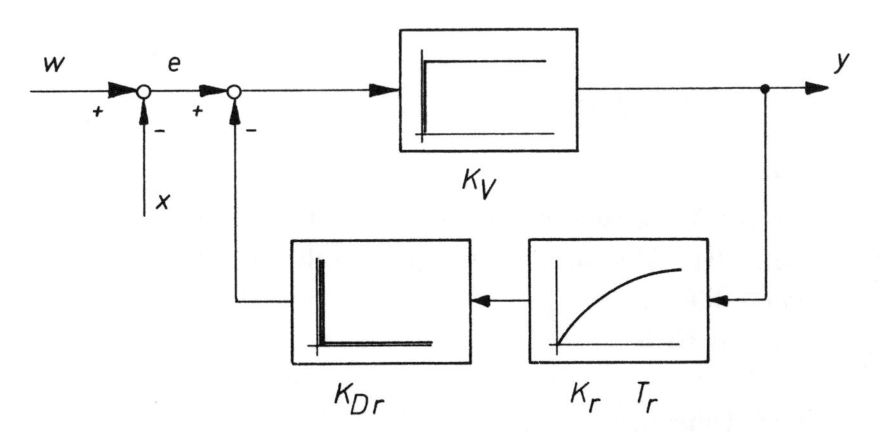

Entwickeln Sie den Frequenzgang des Reglers $G_R(j\omega) = y(j\omega)/e(j\omega)$.
Stellen Sie durch Rücktransformation die Differentialgleichung auf.
Welches Zeitverhalten ergibt sich für diese Schaltung?
Welches Zeitverhalten bekommt der Regler, wenn K_V sehr groß gemacht wird, das heißt wenn $\frac{1}{K_V}$ gegen Null geht?
Welche Werte nehmen dann die Reglerkonstanten an?

8.5 Aufgaben zu Abschnitt 5

Aufgabe 5.1

Bei folgender Regelstrecke soll die Temperatur in einem strömenden Medium durch Zumischen einer heißen Komponente geregelt werden. Das Medium strömt mit einer mittleren Geschwindigkeit $v = 0,5\ m/s$ durch eine $l = 2\ m$ lange Mischstrecke. Durch einen langsamen motorischen Stellantrieb am Mischventil hat dieses PT1-Verhalten mit $T_{MV} = 3\ s,\ K_{PMV} = 4\ \frac{K}{V}$.

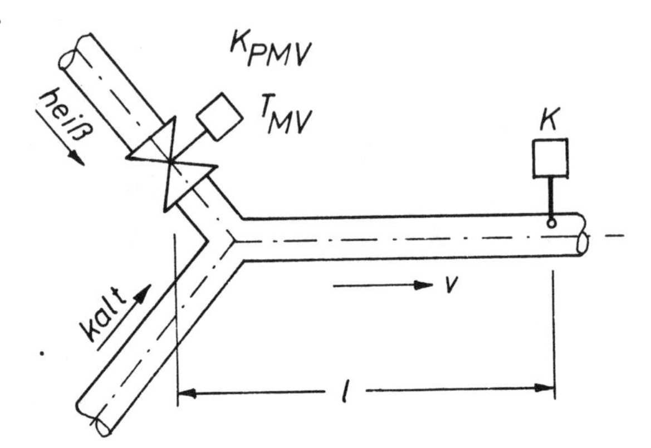

Welches Verhalten hat die gesamte Strecke? Zeichnen Sie den Wirkungsplan der Strecke.
Die Strecke soll mit einem PID-Regler geregelt werden. Welches sind die optimalen Einstelldaten des Reglers, wenn das Meßgerät reines P-Verhalten mit $K = 0,15\ \frac{V}{K}$ hat?

Aufgabe 5.2

Gegeben ist die Temperaturregelung eines Heizkörpers durch ein Thermostatventil. Der Fühler des Thermostatventils mißt die Temperatur der Umgebungsluft und verstellt das Heißwasser-Zulaufventil entsprechend der Differenz zum voreingestellten Wert.

Die Regelstrecke zeigt folgende Sprungantwort:

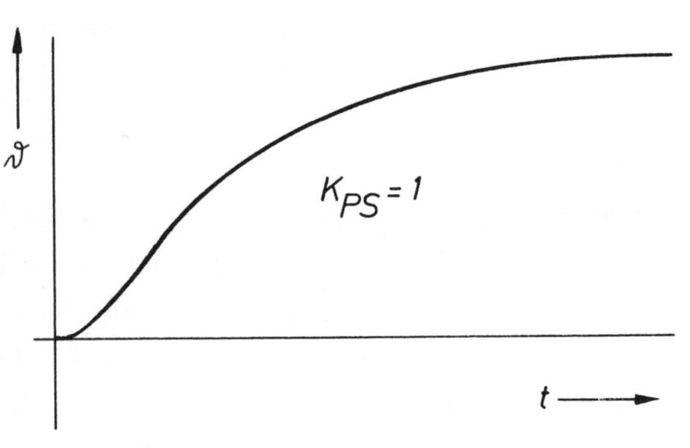

Was für ein Regler liegt vor?
Wie ist dieser einzustellen, damit die Regelung optimal arbeitet?
Begründen Sie Ihre Entscheidung für die gewählte Einstellvorschrift.

Aufgabe 5.3

Bei einer Regelstrecke wurde folgende Ortskurve gemessen:

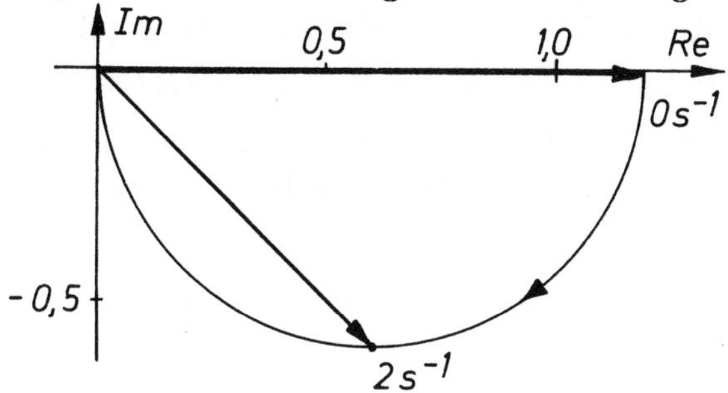

Für die Frequenz $\omega = 2\ s^{-1}$ ergibt sich gerade der Zeiger mit der Phasenverschiebung $\alpha = -45°$.
Welches Zeitverhalten liegt vor?
Welche Zahlenwerte haben die Konstanten?
Die Strecke soll mit einem PI-Regler geregelt werden.
Welches sind die optimalen Einstelldaten des Reglers, wenn sich im Regelkreis in Reihe mit der gegebenen Strecke noch eine Totzeit mit $T_t = 0,1\ s$ befindet?

8.6 Aufgaben zu Abschnitt 6

Aufgabe 6.1

Zeichnen Sie die Sprungantwort $u_y = f(t)$ des gegebenen 8-Bit-Mikrocomputer-Reglers, wenn die Regelgröße u_x von 1 V auf 0,8 V springt.
Per Tastenfeld sind dem Regler folgende Werte eingegeben worden:
$w = 100$; $K_{PR} = 2,5$; $K_{IR} = 0,3\ s^{-1}$; Abtastzeit $T = 1\ s$
(alle Werte in Dezimalform). Vor dem Sprung sei $u_y = 0\ V$.
Alle analogen Signale liegen innerhalb des Bereiches von 0 bis 2,55 V.

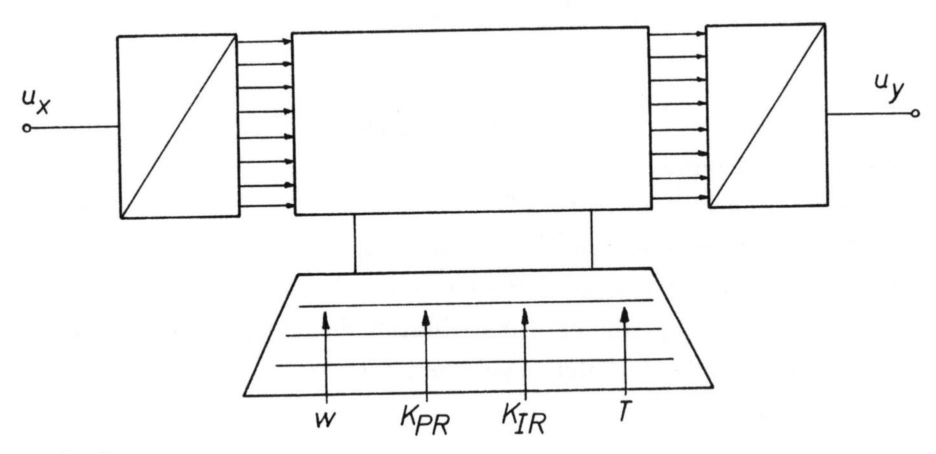

Aufgabe 6.2

Eine Regelstrecke soll mit einem digitalen Dreipunktregler geregelt werden. Die Führungsgröße, die von einem Potentiometer vorgegeben wird und die Regelgröße müssen dazu von der analogen in die digitale Form umgesetzt werden. Sie sollen dem Regler über je ein Port zugeführt werden. Auch die Stellgröße muß in geeigneter Weise umgesetzt werden.

Zeichnen Sie den Wirkungsplan, der den Regler, die Strecke und die Signalumformer enthalten soll. Wieviel Bits muß der Umsetzer der Stellgröße mindestens besitzen?
Stellen Sie das Struktogramm des Reglerprogramms auf.
Wie muß der Regelalgorithmus lauten?
Wie lauten die Befehle für den Regelalgorithmus in Pascal?

8.7 Vermischte Aufgaben

Aufgabe 7.1

Gegeben ist das skizzierte aus Feder, Masse und Dämpfung bestehende mechanische System.

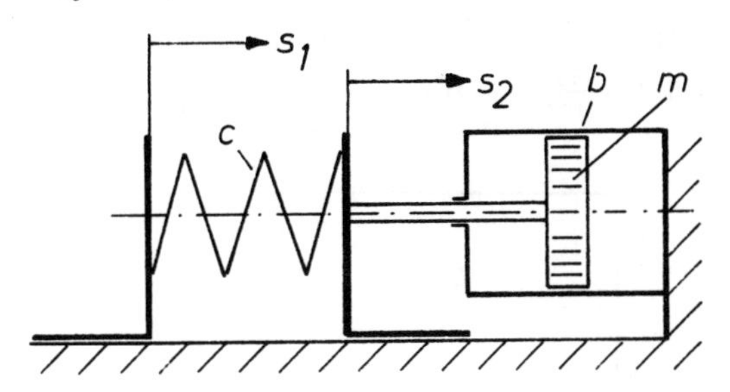

Eingangsgröße ist die Verschiebung s_1 , Ausgangsgröße die Verschiebung s_2.
Stellen Sie die Differentialgleichung auf. Welches Zeitverhalten läßt sich aus der Differentialgleichung entnehmen?
Bestimmen Sie die Systemparameter.
Skizzieren Sie die Sprungantwort.
Welches Verhältnis s_1/s_2 ergibt sich im Beharrungszustand?

Aufgabe 7.2

Bei der Berechnung eines Regelkreises seien alle Signalgrößen auf ihre Maximalwerte bezogen, so daß alle Signale im Bereich 0 bis 100 % verlaufen.
Die durch $K_{PS} = 2$, $T_S = 3\ s$ gegebene Regelstrecke soll mit einem P-Regler geregelt werden. Dabei ist die Verstärkung des Reglers so zu wählen, daß die Zeitkonstante des geschlossenen Kreises $T_{Kr} = 0,2s$ wird.
Zeichnen Sie den Wirkungsplan des Regelkreises und berechnen Sie K_{PR}.
Wie groß ist die bleibende Regeldifferenz bei einem Sprung der Führungsgröße um $\hat{w} = 20\%$?
Wie ändert sich die Regelgröße, wenn sich die Störgröße um $\hat{z} = 50\%$ verändert?

Aufgabe 7.3

Die gegebene Druckregelstrecke habe die Gleichung

$$T_S \cdot \frac{dp_x(t)}{dt} + p_x(t) = K_{PSy} \cdot y(t) - K_{PSz} \cdot z(t)$$

p_x zu regelnder Druck in hPa ; y Ventilstellung (Stellgröße), z Ventilstellung (Störgröße), beides in mm ;
$T_S = 5\ s$; $K_{PSy} = 4000\ \frac{hPa}{mm}$; $K_{PSz} = 4000\ \frac{hPa}{mm}$.

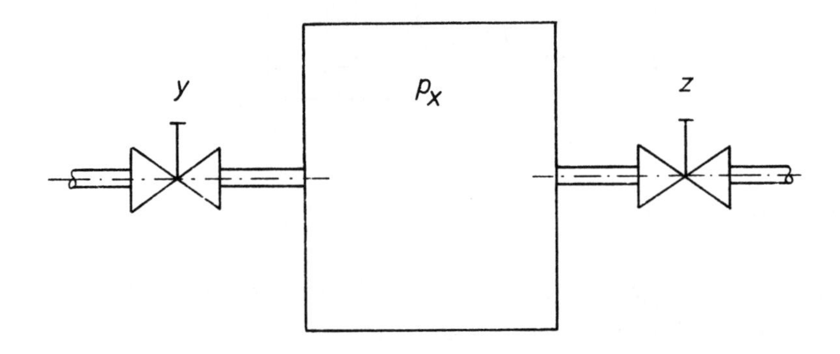

Die Druckregelstrecke soll mit einem Proportionalregler geregelt werden. Die Verstärkung der Regeleinrichtung ist so gewählt, daß die Zeitkonstante des geschlossenen Regelkreises $T_{Kr} = 1s$ beträgt.
Der Druck wird mit einer Meßeinrichtung $K_M = 10^{-3}\ \frac{mm}{hPa}$ gemessen. Der Regelkreis ist so eingestellt, daß der Druck zu Beginn 5000 hPa beträgt.
Auf welchen Wert fällt der Druck, wenn das Ablaufventil um 3 mm weiter geöffnet wird? $1000\ hPa = 10^5\ Pa = 1\ bar$.

Aufgabe 7.4

Für die Erwärmung eines Mediums in einer Anlage gilt folgende Wärmebilanz:

$$P_{zu} \cdot dt = m \cdot c \cdot d\vartheta(t) + B \cdot \vartheta(t) \cdot dt$$

P_{zu}	zugeführte Wärmeleistung
c	Spezifische Wärmekapazität des Mediums
m	Masse des Mediums
B	Wärmeabgabefähigkeit der Oberfläche
ϑ	Temperaturdifferenz des Mediums gegenüber der Umgebung

Nach welchem Zeitverhalten wird das Medium aufgeheizt?
Bestimmen Sie die Konstanten des Zeitverhaltens, wenn folgende Werte gegeben sind:

$$m = 267kg \qquad c = 4,182\frac{kJ}{kg\ K} \qquad B = 0,31\frac{kW}{K}$$

Welche Endtemperatur stellt sich ein, wenn $P_{zu} = 20kW$ beträgt und die Umgebungstemperatur $20°$ ist.
Nach welcher Zeit wird diese Temperatur erreicht?
Welche Temperatur erreicht das Medium nach 2,5 Stunden Aufheizzeit?
Zur Regelung gegenüber Wärmeverlusten wird ein PI-Regler vorgeschlagen.
Mit welchem Zeitverhalten reagiert der Regelkreis, wenn ihm durch eine plötzliche Störung Wärmeleistung entzogen wird?
Zeichnen Sie den Wirkungsplan der Regelung und erläutern Sie das Verhalten anhand des Störfrequenzgangs.

Aufgabe 7.5

Zwischen dem Zufluß q_{zu}, dem Abfluß q_{ab} und dem Füllstand h in einem Behälter gelten die folgenden Beziehungen:

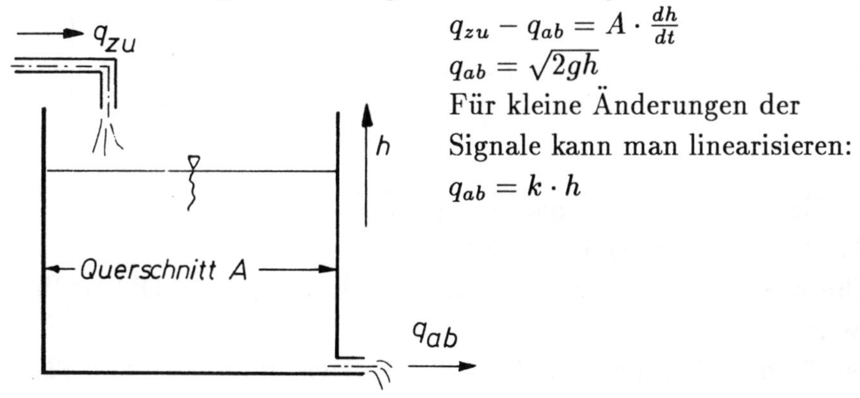

$q_{zu} - q_{ab} = A \cdot \frac{dh}{dt}$

$q_{ab} = \sqrt{2gh}$

Für kleine Änderungen der Signale kann man linearisieren:

$q_{ab} = k \cdot h$

Bestimmen Sie die Antwort der Füllhöhe h auf einen Sprung der Zulaufmenge q_{zu};
die Antwort des Ausflusses q_{ab} auf einen Sprung des Zulaufs q_{zu};
die Antwort der Füllhöhe h auf einen Sprung des Zulaufs q_{zu}, wenn $q_{ab} = 0$ ist, d.h. wenn der Behälter unten verschlossen ist.
Welches Zeitverhalten ergibt sich in den einzelnen Fällen?

Aufgabe 7.6

Entwerfen Sie für die Regelstrecke in Aufgabe 7.5 eine Regeleinrichtung mit elektronischem PI-Regler in Operationsverstärkerbauart.
Verwenden Sie für den Regelkreis einen motorischen Ventiltrieb mit zugehörigem Leistungsverstärker (Stellspannung $0V \leq u_y \leq 10V$), ein Linearpotentiometer für die Messung des Wasserstands und ein weiteres Potentiometer zur Einstellung des Sollwertes.
Skizzieren Sie die Geräteschaltung.
Zeichnen Sie die Schaltung des Reglers für den Fall, daß dieser auf die Werte $K_{PR} = 4$ und $T_n = 45\ s$ fest eingestellt wird.

Aufgabe 7.7

Bei einem Lageregelkreis für den Antrieb eines Roboterarms ergibt sich die im Bild dargestellte Struktur.

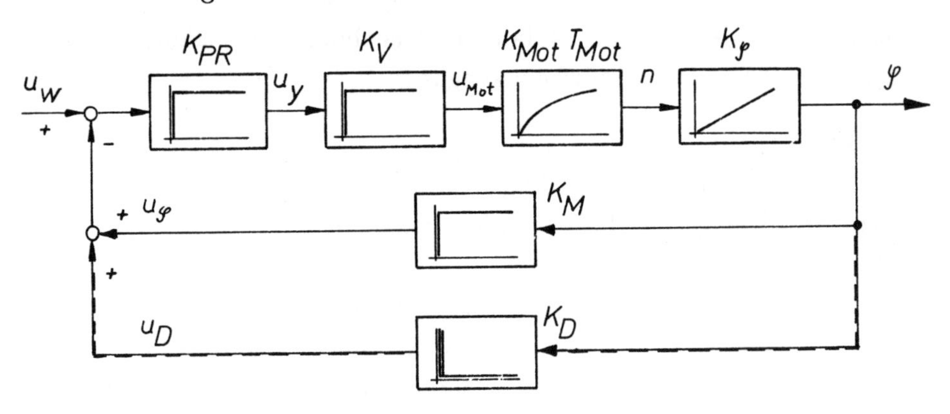

Stellen Sie den Führungsfrequenzgang auf.
Welches Zeitverhalten ergibt sich?
Berechnen Sie durch Rücktransformation die zugehörige Differentialgleichung.
Stellen Sie die Gleichungen auf für die Zeitkonstanten T_1 und T_2, für den Übertragungsfaktor K_{PKr}, sowie für den Dämpfungsgrad ϑ und die Eigenfrequenz ω_0.
Durch eine zusätzliche Rückführung mit D-Verhalten parallel zur Rückführung des Meßsignals (gestrichelt eingezeichnet) kann man eine Erhöhung des Dämpfungsgrades ϑ erreichen.
Führen sie den Beweis.

Aufgabe 7.8

Um den Zug in einem Band konstant zu halten, wird dieses in einer Schlinge um eine gewichtsbelastete Umlenkrolle geführt. Die Geschwindigkeit v_2 des abgehenden Bandes ist abhängig vom Produktionsprozeß. Damit das Gewicht bei Änderungen von v_2 nicht oben oder unten anstößt, muß die Geschwindigkeit des ankommenden Bandes mit Hilfe des Antriebs an Rolle 1 so verändert werden, daß die Position des Gewichtes erhalten bleibt.

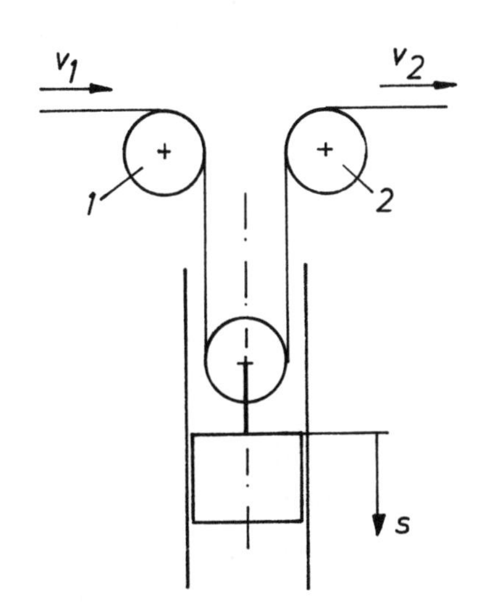

Legen Sie die Stellgröße, Störgröße und Regelgröße für die Regelstrecke fest und zeichnen Sie den Wirkungsplan des Regelkreises.
Welches Zeitverhalten hat die Regelstrecke?
Welche Reglerart schlagen Sie vor? Begründen Sie Ihre Wahl.
Leiten Sie das Zeitverhalten des geschlossenen Regelkreises aus dem Gesamtfrequenzgang her.

9 Lösung der Aufgaben

Lösung der Aufgabe 1.1

Wirkungsplan:

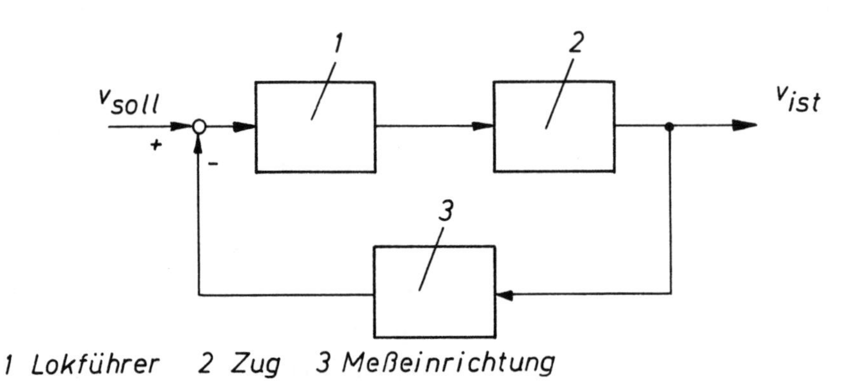

1 Lokführer 2 Zug 3 Meßeinrichtung

Stelleinrichtung:

Die Stelleinrichtung besteht aus dem Fahrhebel und dem gesteuerten Energieventil. Bei elektrischen Lokomotive werden entweder Widerstandsstufen ein- bzw. ausgeschaltet oder es werden Stromrichter gesteuert. Bei der Diesellokomotive wird die Menge des eingespritzten Dieselöls gesteuert. In beiden Fällen wird auf diese Weise die zugeführte Energie verändert. Das bedeutet eine Änderung des antreibenden Motormoments.

Meßeinrichtung:

Die Meßeinrichtung besteht aus einem Tachometer oder einem Tachogenerator, der die Drehzahl des Antriebsradsatzes mißt. Das Meßsignal wird zum Führerstand übertragen und dort in geeigneter Form angezeigt.

Führungsinformation:

Der Lokführer entnimmt die vorgeschriebene Fahrgeschwindigkeit entweder einem Fahrtenplan oder er liest sie an Schildern ab, die längs der Fahrstrecke angebracht sind. Es ist auch möglich, daß ihm die erforderlichen Daten per Zugfunk mitgeteilt werden.

Lösung der Aufgabe 1.2

Die wichtigsten Störgrößen in dem Regelkreis von Aufgabe 1.1 sind der Gegenwind und die Steigung der Strecke. Als Störgrößen wirken aber auch unterschiedliche Kurvenradien in der Streckenführung und Luftstau im Tunnel.

Alle diese Störgrößen erzeugen Widerstandskräfte, die am Wagenaufbau oder über die Räder angreifen und an der Motorwelle als Widerstandsmomente wirken.

Der Lokomotivführer ist bemüht, der Motorbelastung durch Zufuhr von mehr Energie entgegen zu wirken. Hierzu muß er das Energiestellventil mehr oder weniger weit öffnen.

Der ausführliche Wirkungsplan läßt sich wie folgt aufstellen. Der Motor wird so analysiert, daß die Entstehung des inneren Motormoments sichtbar wird. An dieser Stelle wird der Einfluß der Widerstandsmomente durch Addition an einer Additionsstelle dargestellt.

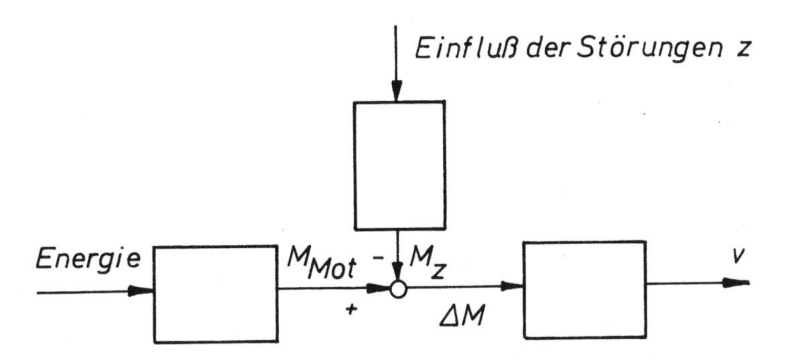

Lösung der Aufgabe 1.3

Die Eingangsgrößen des Systems "Eisenbahnzug" sind das antreibende Motormoment, die konstanten Widerstandsmomente und das zeitlich veränderliche Bremsmoment. Beim Bremsvorgang ist das Antriebsmoment gleich Null. Da die Widerstandsmomente als konstant angenommen werden, haben auch sie keinen Einfluß auf die Dynamik des Bremsens. Damit kommt als Eingangsgröße nur noch das Bremsmoment in Frage.

Ausgangsgröße des Systems ist die Fahrgeschwindigkeit.

Es ergibt sich folgender Wirkungsplan:

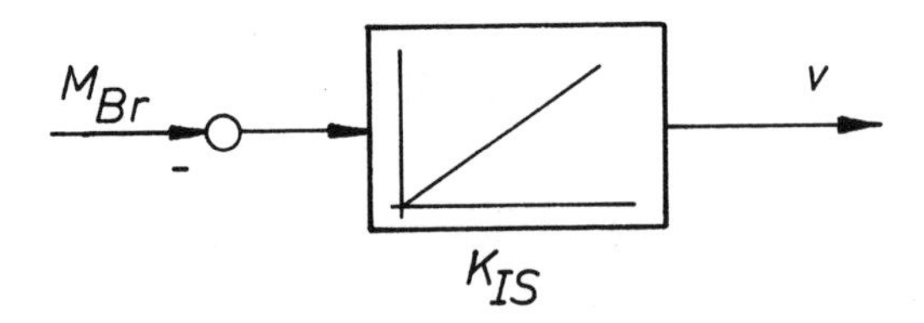

Das Zeitverhalten des Zuges ist ein integrales Verhalten (I-Verhalten). Die Gleichung läßt sich aus dem Newtonschen Gesetz ableiten.

$$M(t) = J \cdot \frac{d\omega(t)}{dt} \qquad v(t) = K_{Tr} \cdot \omega(t) \qquad M(t) = -M_{Br}(t)$$

$$v(t) = -\frac{K_{Tr}}{J} \cdot \int M_{Br}(t) \cdot dt$$

Die Konstante K_{Tr} enthält die Getriebeübersetzung und den Radius des Antriebsrades.

Zeitverlauf des Bremsmomentes und der Zuggeschwindigkeit:

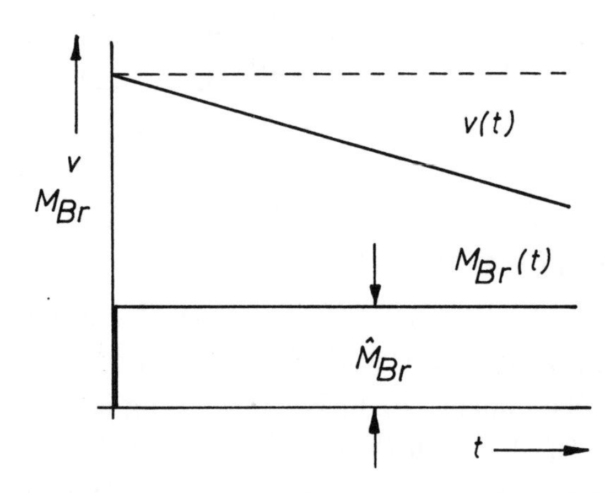

Lösung der Aufgabe 1.4

Zu 1.: siehe Skizze Seite 11

Zu 2.: Eingangsgröße ist die Erregerkraft $F_e(t)$, Ausgangsgröße ist die Verschiebung $s(t)$.

Zu 3.

$$\frac{b}{c} \cdot \dot{s}(t) + s(t) = \frac{1}{c} \cdot F_e(t) \qquad \dot{s}(t) = -\frac{c}{b} \cdot s(t) + \frac{1}{b} \cdot F_e(t)$$

Zu 4. Wirkungsplan:

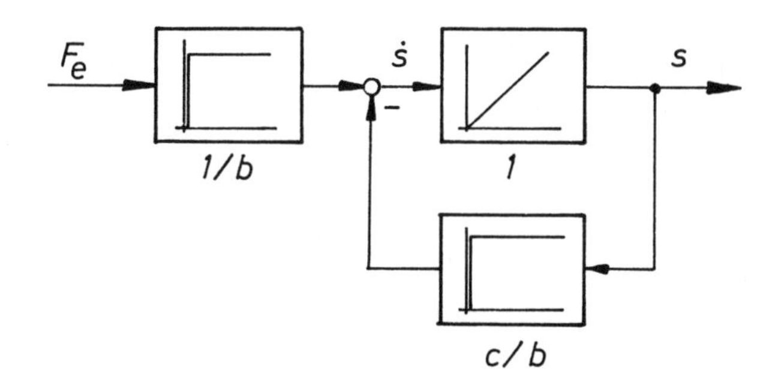

Zu 5.: $s\_pkt := -(c/b) * s + (1/b) * Fe;$

Zu 6.: $s := s + s\_pkt * delta\_t;$

Zu 7.: Das folgende Simulations-Programm wurde in Turbo-Pascal für einen PC geschrieben.
Es werden zunächst die benötigten Variablen definiert.
initgraph ruft den Grafikmodus auf. Der Ursprung der Grafik-Koordinaten, Punkt (0,0), befindet sich auf dem Bildschirm oben links. Von dort zählt die x-Achse nach rechts, die y-Achse nach unten.
moveto-Befehle bewegen den Cursor zum nächsten durch die Koordinaten angegebenen Punkt ohne zu zeichnen, lineto-Befehle zeichnen eine Linie zu diesem Punkt, outtextxy schreibt Text auf die angegebene Position. Das Programm zeichnet zunächst den Rahmen, die Skalen und die Achsenbeschriftung.
Anschließend wird die Sprungantwort berechnet und gezeichnet. Mit den Variablen t_g und s_g werden die für die Koordinaten benötigten Integerwerte berechnet.
closegraph beendet den Grafikmodus.
Durch Bedienen der Escape-Taste wird in den Text zurückgekehrt.

Pascal-Simulations-Programm zu Aufgabe 1.4

```
program AUFG_1_4 ;
uses  dos, crt, graph ;
var   Fe, s_pkt, s, delta_t, t, b, c   :   real ;
      grafik_treiber, grafik_mode, i, xi, yi, t_g, s_g : integer;
      taste  :  char ;

begin
taste := 'b' ;
while taste <> char(27)  do
begin
  clrscr ;
  initgraph (grafik_treiber, grafik_mode, 'c:\tp\bgi');
  setlinestyle(0,0,0);
  moveto (200,120); lineto (200,220) ;
  lineto (400,220); lineto (400,120) ; lineto (200,120);

  for i := 1 to 10 do
     begin
        xi := 200 + i * 20 ;  moveto (xi,222) ; lineto (xi,220);
     end;
  outtextxy(196,230,'0'); outtextxy(296,230,'1') ;
  outtextxy(396,230,'2'); outtextxy(320,240,'Zeit t in s');

  for i := 1 to 10 do
     begin
        yi := 220 - i * 10   ;  moveto (198,yi) ; lineto (200,yi);
     end ;
  settextstyle(0,1,1); outtextxy(155,120,'Weg s in mm');
  settextstyle(0,0,1); outtextxy(168,118,' 5');

  Fe := 50; s := 0; delta_t := 0.01; t := 0; b := 5 ; c := 10;
  moveto (200,220);
  while t < 2  do
  begin
    s_pkt := -(c/b) * s + (1/b) * Fe;
    s := s + s_pkt * delta_t;
    t := t + delta_t;
    t_g := 200 + round(100 * t);  s_g := 220 - round (20 * s);
    lineto (t_g, s_g);
  end;
  taste := readkey;
  closegraph ;
end ;
end.
```

Lösung der Aufgabe 1.5

Zu 1: Wirkungsplan der Temperaturregelung

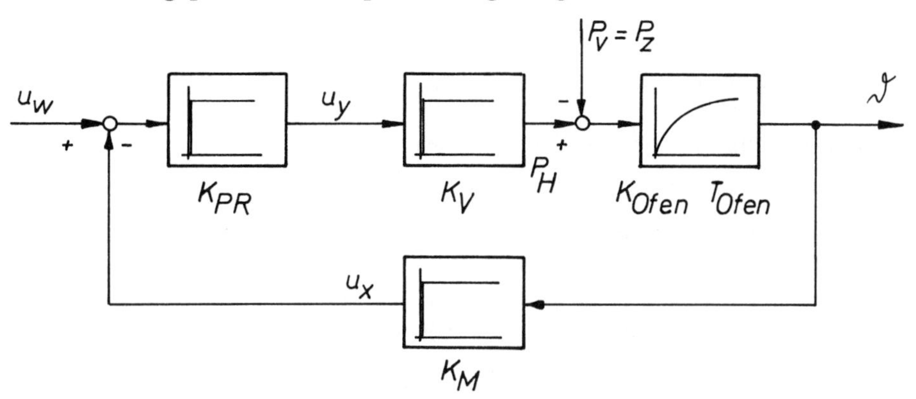

Zu 2: Endwert der Ofentemperatur

Es handelt sich um die Führungssprungantwort eines Regelkreises mit P-Regler und PT1-Regelstrecke. Die Gleichungen der einzelnen Übertragungsglieder müssen zu der Gleichung des Regelkreises kombiniert werden.

Regler: $u_y(t) = K_{PR} \cdot [u_w(t) - u_x(t)]$ Stellglied: $P_H(t) = K_V \cdot u_y(t)$

Regelstrecke: $T_{Ofen} \cdot \dot{\vartheta}(t) + \vartheta(t) = K_{Ofen} \cdot [P_H(t) - P_v(t)]$

Meßaufnehmer: $u_x(t) = K_M \cdot \vartheta(t)$

Kombination zum Regelkreis:

$u_y(t) = K_{PR} \cdot [u_w(t) - K_M \cdot \vartheta(t)]$ $P_H(t) = K_V \cdot K_{PR} \cdot [u_w(t) - K_M \cdot \vartheta(t)]$

$$T_{Ofen} \cdot \dot{\vartheta}(t) + \vartheta(t) = K_{Ofen} \cdot K_V \cdot K_{PR} \cdot u_w(t) - V \cdot \vartheta(t) - K_{Ofen} \cdot P_v(t)$$

Kreisverstärkung: $V_0 = K_{PR} \cdot K_V \cdot K_{Ofen} \cdot K_M$ Regelfaktor: $R = \frac{1}{(1+V_0)}$

$$T_{Ofen} \cdot \dot{\vartheta}(t) + (1 + V) \cdot \vartheta(t) = K_{Ofen} \cdot K_V \cdot K_{PR} \cdot u_w(t) - K_{Ofen} \cdot P_v(t)$$

$$T_{Ofen} \cdot R \cdot \dot{\vartheta}(t) + \vartheta(t) = K_{Ofen} \cdot K_V \cdot K_{PR} \cdot R \cdot u_w(t) - K_{Ofen} \cdot R \cdot P_v(t)$$

Zeitkonstante des Regelkreises: $T_{Kr} = T_{Ofen} \cdot R$

Übertragungsfaktor des Regelkreises beim Führungsverhalten:

$K_w = K_{Ofen} \cdot K_V \cdot K_{PR} \cdot R$

Übertragungsfaktor des Regelkreises beim Störverhalten:

$K_z = K_{Ofen} \cdot R$

Zahlenrechnung:

Kreisverstärkung: $V_0 = 12,5\frac{K}{kW} \cdot 2\frac{kW}{V} \cdot 4 \cdot 0,04\frac{V}{K} = 4$

Regelfaktor: $R = \frac{1}{1+4} = 0,2$

Zeitkonstante des Regelkreises: $T_{Kr} = 600s \cdot 0,2 = 120s$

Übertragungsfaktor des Regelkreises
bei Führungsverhalten: $K_w = 12,5\frac{K}{kW} \cdot 2\frac{kW}{V} \cdot 4 \cdot 0,2 = 20K/V$

bei Störverhalten: $K_z = 12,5\frac{K}{kW} \cdot 0,2 = 2,5\frac{K}{kW}$

Temperaturerhöhung bei Änderung der Führungsgröße um u_{w0}:
$\vartheta_\infty = K_w \cdot u_{w0} = 20K/V \cdot 8V = 160K$

Die erwartete Temperaturerhöhung um $\vartheta_{soll} = \frac{u_{w0}}{K_M} = \frac{8V}{0,04V/K} = 200K$ wird nicht erreicht. Es tritt vielmehr, wie beim Einsatz eines Proportionalreglers zu erwarten ist, eine bleibende Regeldifferenz auf.

Temperaturverlauf bei plötzlichem Wärmeentzug um $z_0 = 5kW$:

$$\vartheta(t) = -K_z \cdot z_0 \cdot (1 - e^{-\frac{1}{T_{Kr}} \cdot t})$$

$$\vartheta(t) = -12,5 \ \frac{K}{kW} \cdot kW \cdot \ (1 - e^{-\frac{1}{120} \cdot t})$$

Sprungantwort der Temperatur:

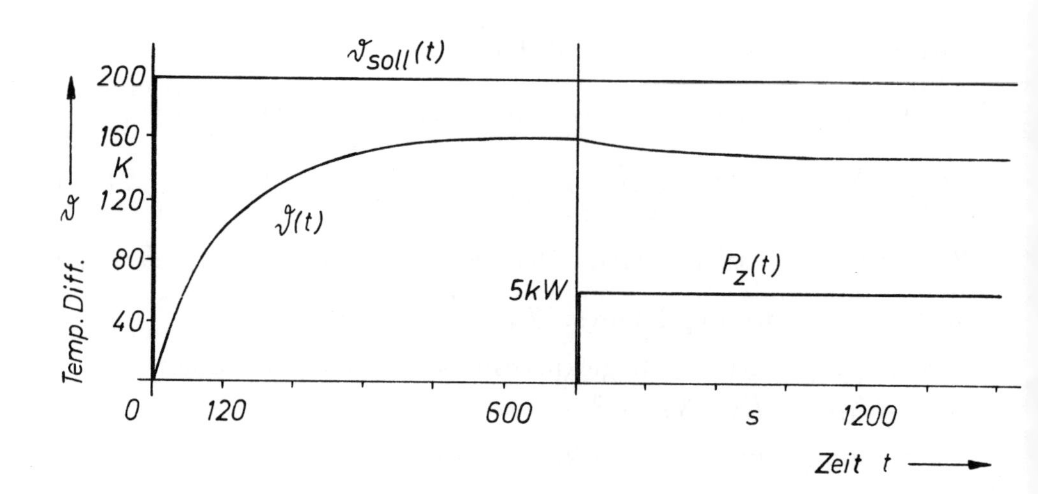

Lösung der Aufgabe 1.6

Gleichung des I-Reglers:

$$u_y(t) = K_{IR} \cdot \int [u_w(t) - u_x(t)]dt$$

Kombination mit den übrigen Übertragungsgliedern des Regelkreises:

$$P_h = K_V \cdot K_{IR} \cdot \int [u_w(t) - K_M \cdot \vartheta(t)]dt$$

$$T_{Ofen} \cdot \dot{\vartheta}(t) + \vartheta(t) = K_{Ofen} \cdot K_V \cdot K_{IR} \cdot \int [u_w(t) - K_M \cdot \vartheta(t)]dt - K_{Ofen} \cdot P_v(t)$$

$$T_{Ofen} \cdot \ddot{\vartheta}(t) + \dot{\vartheta}(t) = K_{Ofen} \cdot K_V \cdot K_{IR} \cdot [u_w(t) - K_M \cdot \vartheta(t)] - K_{Ofen} \cdot \dot{P}_v(t)$$

$$T_{Ofen} \cdot \ddot{\vartheta}(t) + \dot{\vartheta}(t) + K_{Ofen} \cdot K_V \cdot K_{IR} \cdot K_M \cdot \vartheta(t) = K_{Ofen} \cdot K_V \cdot K_{IR} \cdot u_w(t) - K_{Ofen} \cdot \dot{P}_v(t)$$

$$\frac{T_{Ofen}}{K_{Ofen} \cdot K_V \cdot K_{IR} \cdot K_M} \cdot \ddot{\vartheta}(t) + \frac{1}{K_{Ofen} \cdot K_V \cdot K_{IR} \cdot K_M} \cdot \dot{\vartheta}(t) + \vartheta(t) = \frac{1}{K_M} \cdot u_w(t) - \frac{1}{K_V \cdot K_{IR} \cdot K_M} \cdot \dot{P}_v(t)$$

Beim Führungsverhalten ist $P_v(t) = 0$ und $\dot{P}_v(t) = 0$. Daher ergibt sich für das Führungsverhalten PT2-Verhalten. Das System führt gedämpfte Schwingungen aus.

Im Beharrungszustand entfallen alle Glieder der Gleichung, in denen sich die Variablen verändern: $\ddot{\vartheta} = 0 \quad \dot{\vartheta} = 0$.

Übrig bleibt: $\vartheta = \frac{1}{K_M} \cdot u_w$. Das ist aber gerade die Beziehung, die durch das Meßgerät gegeben ist. Also ist die Regeldifferenz im Beharrungszustand gleich Null.

Beim Führungsverhalten ergibt sich demnach keine <u>bleibende</u> Regeldifferenz.

Beim Einsatz des I-Reglers treten starke Schwingungen auf, wenn man den Integrierbeiwert K_{IR} zu groß wählt. Die Schwingungsamplituden können zwar nicht aufklingen, sind jedoch unerwünscht, da sie das System zu stark beanspruchen.

Wird auf der anderen Seite der Faktor K_{IR} zu gering eingestellt, so läuft der Regelvorgang zu langsam ab.

Lösung der Aufgabe 1.7

Gleichung des PI-Reglers:

$$u_y(t) = K_{PR} \cdot [u_w(t) - u_x(t)] + K_{IR} \cdot \int [u_w(t) - u_x(t)]dt$$

Kombination mit den übrigen Übertragungsgliedern des Regelkreises:

$$P_h = K_v \cdot K_{PR} \cdot [u_w(t) - K_M \cdot \vartheta(t)] + K_v \cdot K_{IR} \cdot \int [u_w(t) - K_M \cdot \vartheta(t)]dt$$

$$T_{Ofen} \cdot \ddot{\vartheta}(t) + \dot{\vartheta}(t) = K_{Ofen} \cdot K_V \cdot K_{PR} \cdot [\dot{u}_w(t) - K_M \cdot \dot{\vartheta}(t)]$$
$$+K_{Ofen} \cdot K_V \cdot K_{IR} \cdot [u_w(t) - K_M \cdot \vartheta(t)] - K_{Ofen} \cdot \dot{P}_v(t)$$

$$\frac{T_{Ofen}}{K_{Ofen} \cdot K_V \cdot K_{IR} \cdot K_M} \cdot \ddot{\vartheta}(t) + \frac{1 + K_{Ofen} \cdot K_V \cdot K_{PR} \cdot K_M}{K_{Ofen} \cdot K_V \cdot K_{IR} \cdot K_M} \cdot \dot{\vartheta}(t) + \vartheta(t)$$
$$= \frac{K_{PR}}{K_{IR} \cdot K_M} \cdot \dot{u}_w(t) + \frac{1}{K_M} \cdot u_w(t) - \frac{1}{K_V \cdot K_{IR} \cdot K_M} \cdot \dot{P}_v(t)$$

Für die Führung ergibt sich ein PDT2-Verhalten, für die Störung ein DT2-Verhalten.

Die bleibende Regeldifferenz bei Führung läßt sich aus dem Ansatz für den Beharrungszustand der Sprungantwort erkennen: $\vartheta = \frac{1}{K_M} \cdot \hat{u}_w$ Infolge des I-Anteils im Regler wird der vorgegebene Wert exakt erreicht.

Bei der Störung tritt ebenfalls keine bleibende Regeldifferenz auf, weil das D-Verhalten des Regelkreises nur vorübergehende Regeldifferenzen zuläßt.

Lösung der Aufgabe 1.8

Der PI-Regler ist zu bevorzugen. Er ist schnell und hat keine bleibende Regeldifferenz zur Folge. Er vereinigt die Vorteile des P- und des I-Reglers und vermeidet deren Nachteile.

Lösung der Aufgabe 1.9

Für den Hydraulikzylinder gilt: Hubvolumen pro Zeiteinheit = Ölstrom

$$(\frac{D^2 \cdot \pi}{4} - \frac{d^2 \cdot \pi}{4}) \cdot \frac{dx(t)}{dt} = q(t)$$

Der Ölstrom ist durch die Ventilstellung gegeben:

$$q(t) = K_V \cdot y(t)$$

Die Kolbenbewegung errechnet sich durch Integration der Gleichung:

$$x(t) = \frac{K_V}{(D^2 - d2) \cdot \frac{\pi}{4}} \cdot \int y(t) \cdot dt$$

Sprungantwort der Kolbenbewegung:

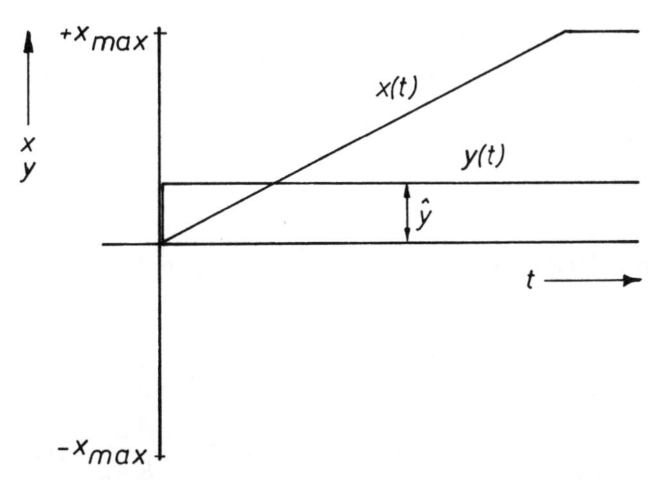

Es liegt ein Integralverhalten vor.

Die Stellkraft des Hydraulikkolbens wächst, wenn die wirksame Arbeitsfläche des Kolbens vergrößert wird, d.h. wenn ein größerer Kolbendurchmesser gewählt wird.
Nachteilig ist, daß dadurch auch das Kammervolumen größer wird und sich die Kolbengeschwindigkeit entsprechend vermindert.

Lösung der Aufgabe 2.1

Frequenzgang des P-Reglers: $G_R(j\omega) = K_{PR}$

Frequenzgang der I-Strecke: $G_S(j\omega) = \frac{K_{IS}}{j\omega}$

Der Führungsfrequenzgang berechnet sich zu:

$$G_w(j\omega) = \frac{x(j\omega)}{w(j\omega)} = \frac{G_R\, G_S}{1 + G_R\, G_S} = \frac{K_{PR} \cdot \frac{K_{IS}}{j\omega}}{1 + K_{PR} \cdot \frac{K_{IS}}{j\omega}} = \frac{1}{\frac{1}{K_{PR} \cdot K_{IS}} \cdot j\omega + 1}$$

Beim Führungsverhalten ist der Übertragungsfaktor des Regelkreises $K_{Pw} = 1$.
Nach dem Sprung von w um $\hat{w}$ ist im Beharrungszustand $x_\infty = \hat{w}$.
Die bleibende Regeldifferenz $e_{blw} = \hat{w} - x_\infty$ ist daher gleich Null.

Der Störfrequenzgang berechnet sich zu:

$$G_z(j\omega) = \frac{x(j\omega)}{z(j\omega)} = \frac{-G_S}{1 + G_R \cdot G_S} = \frac{-\frac{K_{IS}}{j\omega}}{1 + K_{PR} \cdot \frac{K_{IS}}{j\omega}} = \frac{-\frac{1}{K_{PR}}}{\frac{1}{K_{PR} \cdot K_{IS}} \cdot j\omega + 1}$$

Nach dem Sprung von z um $\hat{z}$ beträgt die Abweichung der Regelgröße $x_\infty = -\frac{1}{K_{PR}} \cdot \hat{z}$.
Der Einfluß der Störgröße wird durch den Faktor K_{PR} abgeschwächt. Je größer die Reglerverstärkung desto geringer der Einfluß der Störgröße.

Differentialgleichung für Führung und Störung:

$$\frac{1}{K_{PR} \cdot K_{IS}} \cdot \dot{x}(t) + x(t) = 1 \cdot w(t) - \frac{1}{K_{PR}} \cdot z(t)$$

Sprungantworten:

$$x(t) = 1 \cdot \hat{u} \cdot (1 - e^{-K_{PR} \cdot K_{IS} \cdot t}) - \frac{1}{K_{PR}} \cdot \hat{z} \cdot (1 - e^{-K_{PR} \cdot K_{IS} \cdot t})$$

Die Zeitkonstante des Regelkreises ist für Führung und Störung gleich groß nämlich $T_{Kr} = \frac{1}{K_{PR} \cdot K_{IS}}$.
Bei Vergrößerung der Reglerverstärkung K_{PR} wird die Zeitkonstante des Regelkreises kleiner, der Kreis reagiert schneller.

Lösung der Aufgabe 2.2

Wirkungsplan des Regelkreises mit $w(t)$ als Eingangsgröße und $y(t)$ als Ausgangsgröße:

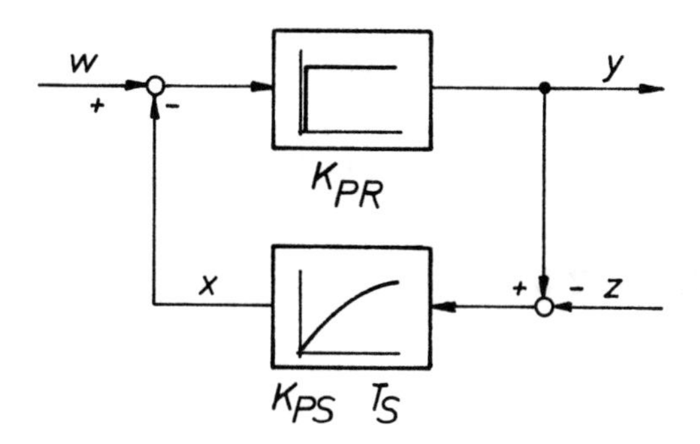

Zugehöriger Frequenzgang:

$$G_{wy}(j\omega) = \frac{y(j\omega)}{w(j\omega)} = \frac{G_R}{1 + G_R \cdot G_S} = \frac{K_{PR}}{1 + K_{PR} \cdot \frac{K_{PS}}{T_S j\omega + 1}}$$

$$G_{wy}(j\omega) = \frac{K_{PR} \cdot (T_S j\omega + 1)}{T_S j\omega + 1 + K_{PR} \cdot K_{PS}}$$

$$G_{wy}(j\omega) = \frac{\frac{K_{PR} \cdot T_S}{1 + K_{PR} \cdot K_{PS}}}{\frac{T_S}{1 + K_{PR} \cdot K_{PS}} \cdot j\omega + 1} \cdot j\omega + \frac{\frac{K_{PR}}{1 + K_{PR} \cdot K_{PS}}}{\frac{T_S}{1 + K_{PR} \cdot K_{PS}} \cdot j\omega + 1}$$

Die Differentialgleichung lautet:

$$T_{Kr} \cdot \dot{y}(t) + y(t) = K_{Py} \cdot w(t) + K_{Dy} \cdot \dot{w}(t)$$

mit der Zeitkonstante des Regelkreises $T_{Kr} = \frac{T_S}{1 + K_{PR} \cdot K_{PS}}$,
dem Übertragungsfaktor $K_{Py} = \frac{K_{PR}}{1 + K_{PR} \cdot K_{PS}}$
und dem Differenzierbeiwert $K_{Dy} = \frac{K_{PR} \cdot T_S}{1 + K_{PR} \cdot K_{PS}}$.

Man erkennt aus der Gleichung, daß es sich um ein PDT1-Verhalten handelt. Die Stellgröße wird also nach einem Sprung der Führungsgröße im ersten Augenblick eine heftige Reaktion zeigen, die danach entsprechend der Zeitkonstante langsam auf den zur Erhaltung der neuen Führungsgröße erforderlichen Wert zurückfällt.

Sprungantwort:

$T_{Kr} = \frac{2s}{1+1\cdot 4} = 0,4s$

$K_{Py} = \frac{4}{5} = 0,8$

$K_{Dy} = \frac{4\cdot 2s}{5} = 1,6s$

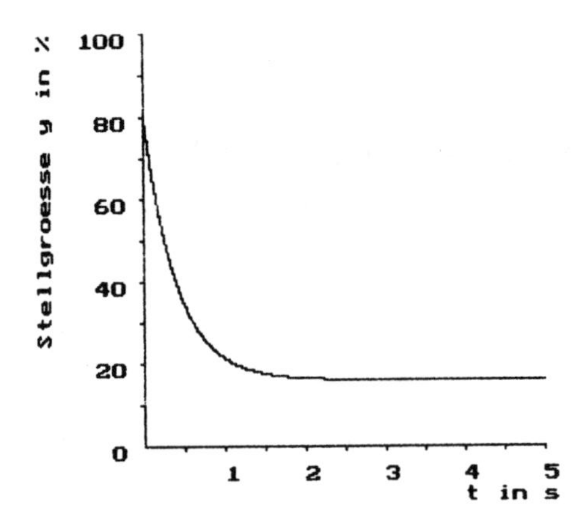

Lösung der Aufgabe 2.3

Gerätebild:

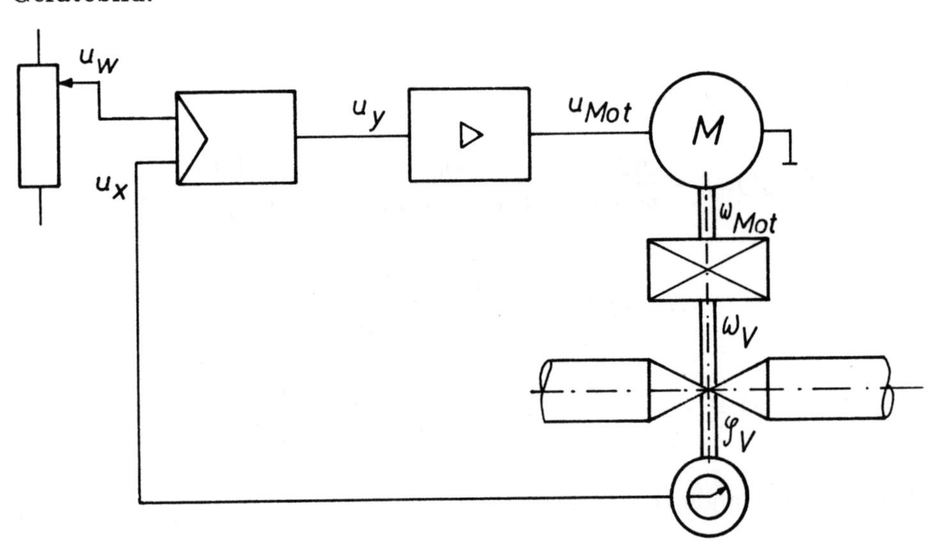

Wirkungsplan:

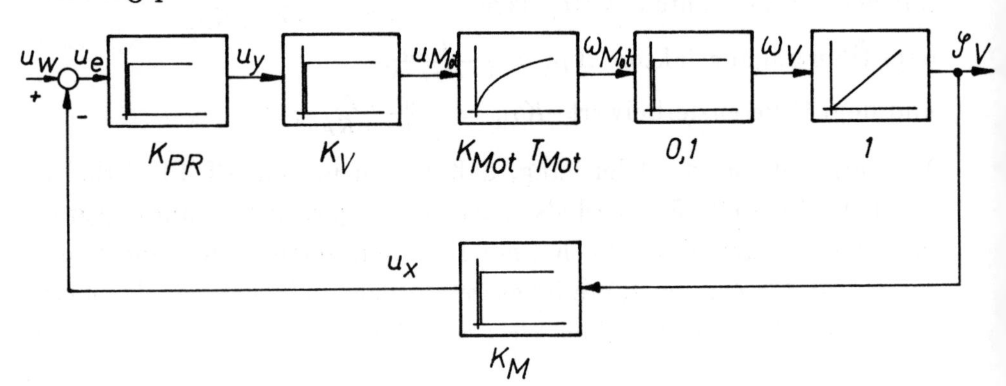

Bereiche der auftretenden physikalischen Größen:
Signalspannungen: $0\ V \leq u \leq +10\ V$
Motorspannung: $0\ V \leq u_{Mot} \leq 100\ V$
Motorwinkelgeschwindigkeit: $0\ rad/s \leq \omega_{Mot} \leq 25\ rad/s$
Winkelgeschwindigkeit der Ventilspindel: $0\ rad/s \leq \omega_V \leq 2,5\ rad/s$
Ventilspindeldrehung: $0\ \leq \varphi_V \leq 2\pi \cdot 10\ rad$

Übertragungsfaktor des Meßgerätes:
$K_M = \frac{10\ V}{10\ Umdr*2\pi\ rad/Umdr} = 0,159\ V/rad$

Führungsverhalten, Führungsfrequenzgang:

$$G_w(j\omega) = \frac{\varphi(j\omega)}{u_w(j\omega)} = \frac{K_{PR} \cdot K_V \cdot \frac{K_{Mot}}{T_{Mot}j\omega+1} \cdot \frac{1}{j\omega} \cdot i}{1 + K_{PR} \cdot K_V \cdot \frac{K_{Mot}}{T_{Mot}j\omega+1} \cdot \frac{1}{j\omega} \cdot i \cdot K_M}$$

$$G_w(j\omega) = \frac{5 \cdot 10 \cdot \frac{0,25}{1,5j\omega+1} \cdot \frac{1}{j\omega} \cdot 0,1}{1 + 5 \cdot 10 \cdot \frac{0,25}{1,5j\omega+1} \cdot \frac{1}{j\omega} \cdot 0,1 \cdot 0,159}$$

$$G_w(j\omega) = \frac{\frac{1,25}{(1,5j\omega+1)j\omega}}{1 + \frac{1,25}{(1,5j\omega+1)j\omega} \cdot 0,159} = \frac{6,28\ rad/V}{7,54(j\omega)^2 + 5,03j\omega + 1}$$

Es liegt ein PT2-Verhalten vor:

$$7,54\ \ddot{\varphi}(t) + 5,03\ \dot{\varphi}(t) + \varphi(t) = 6,28\ u_w(t)$$

Für den Endwert der Spindeldrehzahl spielen die Ableitungen $\ddot{\varphi}$ und $\dot{\varphi}$ keine Rolle: $\varphi_\infty = 6,28 \cdot \hat{u}_w$
$\varphi_\infty = 31,4\ rad = 5\ Umdr$ bei $\hat{u} = 5\ V$
$\varphi_\infty = 44,0\ rad = 7\ Umdr$ bei $\hat{u} = 7\ V$.

Kennkreisfrequenz des ungedämpften Systems:
$\omega_0 = 1/\sqrt{7,54} = 0,36\ rad/s$
Dämpfungsgrad: $\vartheta = 5,03/(2 \cdot \sqrt{7,54}) = 0,92$
Das System ist nahezu aperiodisch gedämpft.

Lösung der Aufgabe 2.4

Differentialgleichung: $\frac{m}{c} \cdot \ddot{s}(t) + \frac{b}{c} \cdot \dot{s}(t) + s(t) = \frac{1}{c} \cdot F_{err}(t)$

$$T_2^2 \cdot \ddot{s}(t) + T_1 \cdot \dot{s}(t) + s(t) = K \cdot F_{err}(t)$$

$$T_2^2 = \frac{m}{c} = 10/300 = 0,033\ s^2 \qquad T_2 = 0,18\ s$$

$$T_1 = \frac{b}{c} = 60/300 = 0,2\ s$$

$$K = \frac{1}{c} = 1/300 = 3,33 \cdot 10^{-3}\ m/N$$

$$0,033 \cdot \ddot{s}(t) + 0,2 \cdot \dot{s}(t) + s(t) = 3,33 \cdot 10^{-3} \cdot F_{err}(t)$$

Frequenzgang:

$$G(j\omega) = \frac{K}{T_2^2 \cdot (j\omega)^2 + T_1 \cdot j\omega + 1} = \frac{3,33 \cdot 10^{-3}}{0,033 \cdot (j\omega)^2 + 0,2 \cdot j\omega + 1}$$

Amplitudenverhältnis:

$$|G| = \frac{K}{\sqrt{(1 - T_2^2 \cdot \omega^2)^2 + (T_1 \cdot \omega)^2}}$$

$$|G| = \frac{3,33 \cdot 10^{-3}}{\sqrt{(1 - 0,033 \cdot \omega^2)^2 + (0,2 \cdot \omega)^2}}$$

Phasenverschiebung:

$$\alpha = arc\ tan(\frac{-T_1 \cdot \omega}{1 - T_2^2 \cdot \omega^2}) = arc\ tan(\frac{-0,2 \cdot \omega}{1 - 0,033 \cdot \omega^2})$$

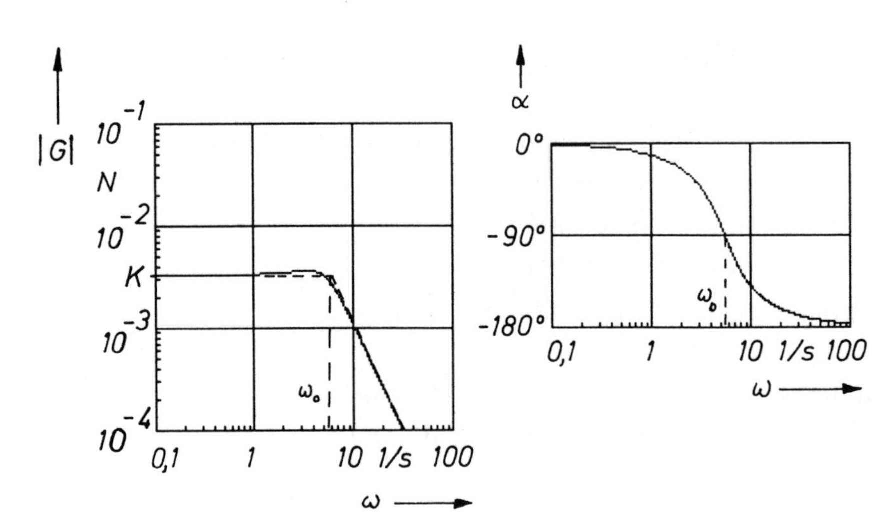

$$\omega_0 = \sqrt{\frac{c}{m}} = \sqrt{\frac{300}{10}} = 5,5\ \frac{rad}{s} \qquad \vartheta = \frac{b/c}{2 \cdot \sqrt{\frac{m}{c}}} = \frac{60/300}{2 \cdot \sqrt{\frac{10}{300}}} = 0,55$$

Eigenfrequenz des gedämpften Systems:

$$\omega_{0ged} = \omega_0 \cdot \sqrt{1-\vartheta^2} = 5,5 \cdot \sqrt{1-0,55^2} = 4,6\ \frac{rad}{s}$$

Erforderliche Dämpferkonstante für $\vartheta = 0,7$:

$$b = 2 \cdot \vartheta \cdot \sqrt{m \cdot c} = 2 \cdot 0,7 \cdot \sqrt{10 \cdot 300} = 76,7\ \frac{N}{m/s}$$

Lösung der Aufgabe 2.5

Laplace-Transformierte der Sprungfunktion: $u_w(s) = \hat{u}_w \cdot \frac{1}{s} = 5 \cdot \frac{1}{s}$
Laplace-Transformierte der Differentialgleichung:

$$G(s) = \frac{\varphi(s)}{u_w(s)} = \frac{6,28}{7,54s^2 + 5,03s + 1}$$

Laplace-Transformierte der Ausgangsgröße:

$$\varphi(s) = G(s) \cdot u_w(s) = \frac{6,28 \cdot 5}{s \cdot (7,54s^2 + 5,03s + 1)}$$

Es ist $\vartheta = 0,91 < 0$. Daher gilt die Korrespondenz

$$\frac{1}{s(s^2 + 2\alpha s + \beta^2)} \bullet\!\!-\!\!\circ \frac{1}{\beta^2}[1 - (cos\omega t + \frac{\alpha}{\omega} sin\omega t) \cdot e^{-\alpha t}]\ mit\ \omega = \sqrt{\beta^2 - \alpha^2}$$

$$\alpha = \frac{5,03}{2 \cdot 7,54} = 0,33 \qquad \beta^2 = \frac{1}{7,54} = 0,133$$

$$\omega = \sqrt{0,133 - 0,33^2} = 0,155$$

$$\varphi(t) = \frac{6,28 \cdot 5}{7,54} \cdot 7,54 \cdot \{1 - [cos(0,155 \cdot t) + \frac{0,33}{0,155} \cdot sin(0,155 \cdot t)] \cdot e^{-0,33 \cdot t}\}$$

Die Sprungantwort des Drehwinkels der Ventilspindel auf einen Sprung der Führungsgröße von 0 V auf 5 V ergibt sich zu:

$$\varphi(t) = 31,4 \cdot \{1 - [cos(0,155 \cdot t) + 2,13 \cdot sin(0,155 \cdot t)] \cdot e^{-0,33 \cdot t}\}$$

Computergrafik der Sprungantwort des Drehwinkels der Ventilspindel

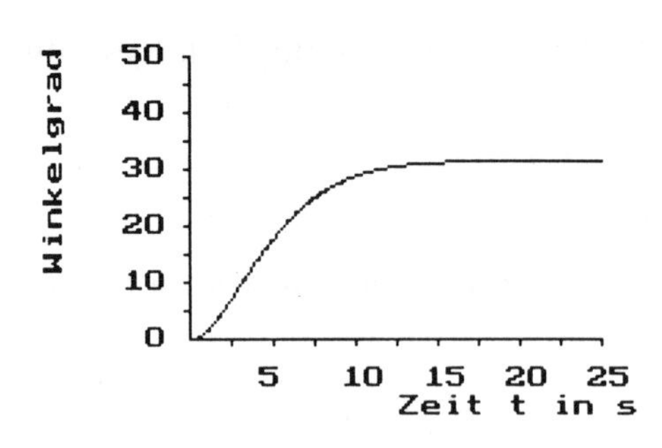

Lösung der Aufgabe 3.1

Es muß die Ortskurve des aufgeschnittenen Regelkreises konstruiert werden.

$$G_0 = G_R \cdot G_S = K_{PR} \cdot \frac{K_{PS}}{T_S j\omega + 1} \cdot e^{-j\omega T_t}$$

Für ausgewählte Frequenzen ω werden die Zeiger der Ortskurve des aufgeschnittenen Regelkreises ohne Totzeit berechnet und in die komplexe Ebene eingezeichnet.

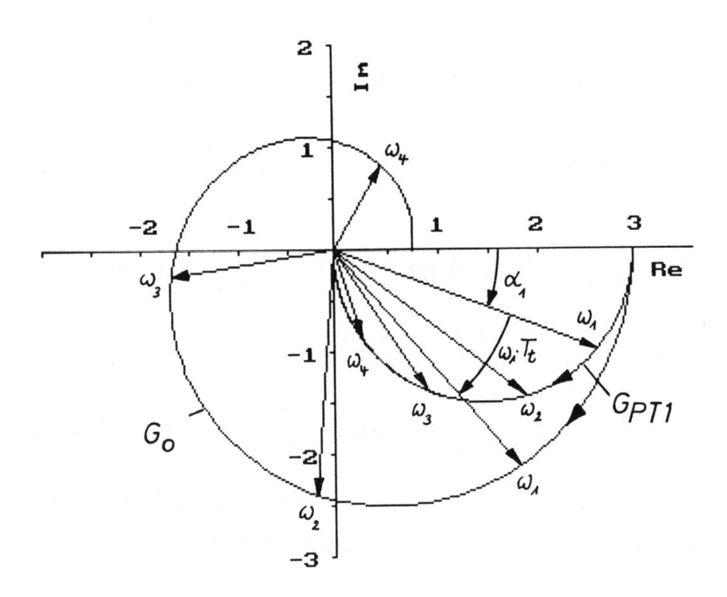

Jeder Zeiger wird infolge der Totzeit um den Phasenwinkel $\alpha_t = -\omega \cdot T_t$ weitergedreht. Auf diese Weise ergeben sich die Zeiger der Ortskurve des aufgeschnittenen Kreises mit Totzeit.

Diese Ortskurve schneidet die negative relle Achse links des Punktes (-1). Der Regelkreis ist also nicht stabil.

Lösung der Aufgabe 3.2

Aus der Länge und der Lage der Zeiger läßt sich erkennen, daß ein PT1 Verhalten vorliegt. Der Übertragungsfaktor ist $K = 1,5$. Die Zeitkonstante beträgt $T = \frac{1}{\omega_E} = 1s$.

Für jeden Zeiger ergibt sich eine zusätzliche Drehung der Phasenlage un den Winkel $\alpha_t = -\omega_t \cdot T_t$.

ω / $\frac{1}{s}$	0	1	2	3
α_t	$0°$	$-45,8°$	$-91,6°$	$-137,5°$

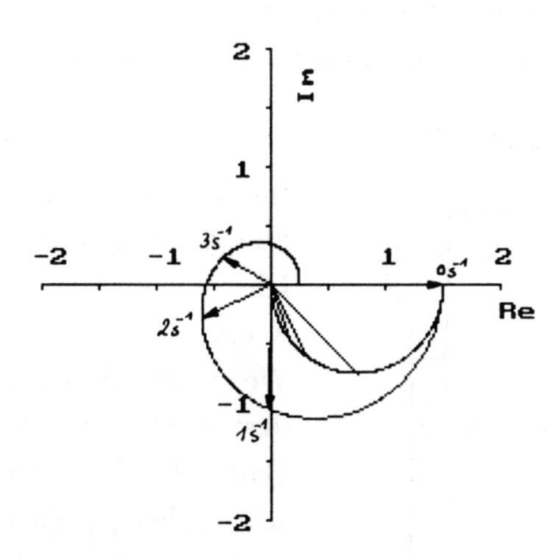

Die neue Ortskurve schneidet die negativ relle Achse im Punkt $-0,5$ der Regelkreis wird also stabil arbeiten.

Lösung der Aufgabe 3.3

Die Regelstrecke besteht aus drei gleichen PT1-Gliedern in Reihenschaltung.

$$G_S = \frac{K_{PS}}{(T_S j\omega + 1)^3} = \frac{K_{PS}}{T_S^3(j\omega)^3 + 3T_S^2(j\omega)^2 + 3T_S j\omega + 1}$$

$$T_S^3 \cdot \frac{d^3x(t)}{dt^3} + 3T_S^2 \cdot \frac{d^2x(t)}{dt^2} + 3T_S \cdot \frac{dx}{dt} + x = K_{PS} \cdot y$$

Gleichung des PD-Reglers: $y = K_{PR} \cdot (w - x) + K_{DR} \cdot \frac{d(w-x)}{dt}$

Hieraus ergibt sich die Gleichung des Regelkreises in homogener Form:

$$T_S^3 \cdot \frac{d^3x}{dt^3} + 3T_S^2 \cdot \frac{d^2x}{dt^2} + (3T_S + K_{DR} \cdot K_{PS}) \cdot \frac{dx}{dt} + (1 + K_{PR} \cdot K_{PS}) \cdot x = 0$$

Die Koeffizienten sind:

$a_0 = 1 + K_{PR} \cdot K_{PS} = 1 + K_{PR}$ $\qquad a_1 = 3T_S + K_{DR} \cdot K_S = 4,5$

$a_2 = 3T_S^2 = 3$ $\qquad a_3 = T_S^3 = 1$

$a_1 \cdot a_2 - a_0 \cdot a_3 = 13,5 - (1 + K_{PR}) = 0$

Bei $K_{PR} = 12,5$ wird die Stabilitätsgrenze erreicht.

Lösung der Aufgabe 4.1

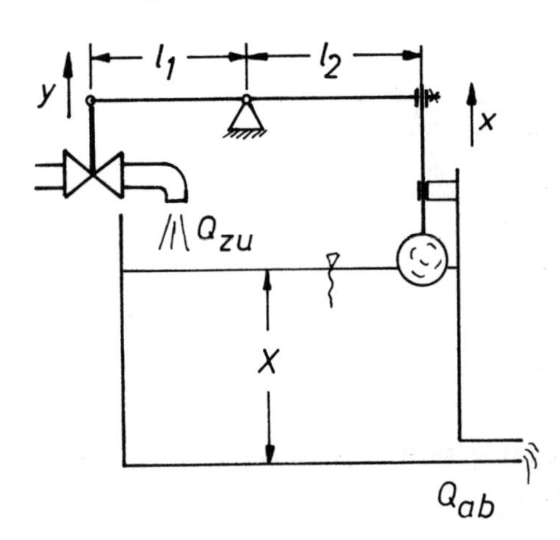

Im Beharrungszustand ist der Zufluß gleich dem Abfluß $Qzu = Q_{ab}$. Die Wasserhöhe nimmt das Niveau X ein.

Wenn der Abfluß sich um q_{ab} ändert, sinkt der Schwimmer um x. Dadurch öffnet sich das Ventil soweit, bis q_{zu} gleich q_{ab} ist. In diesem Zustand soll gerade $x = -10mm$ betragen.

$q_{ab} = q_{zu} = K_V \cdot y = -K_V \cdot \frac{l_1}{l_2} \cdot x$

Das Hebelverhältnis $\frac{l_1}{l_2}$ berechnet sich damit zu:

$$\frac{l_1}{l_2} = \frac{q_{ab}}{-K_V \cdot x} = \frac{5\ dm^3/min \cdot 10\ mm}{-10\ dm^3/min \cdot (-10\ mm)} = \frac{1}{2}$$

Lösung der Aufgabe 4.2

Auf einen Anstieg der Eingangsgröße antwortet der Regler mit einem Sprung und einem proportionalen Anstieg. Der Regler enthält daher einen differentiellen und einen proportionalen Anteil.

Wirkungsplan:

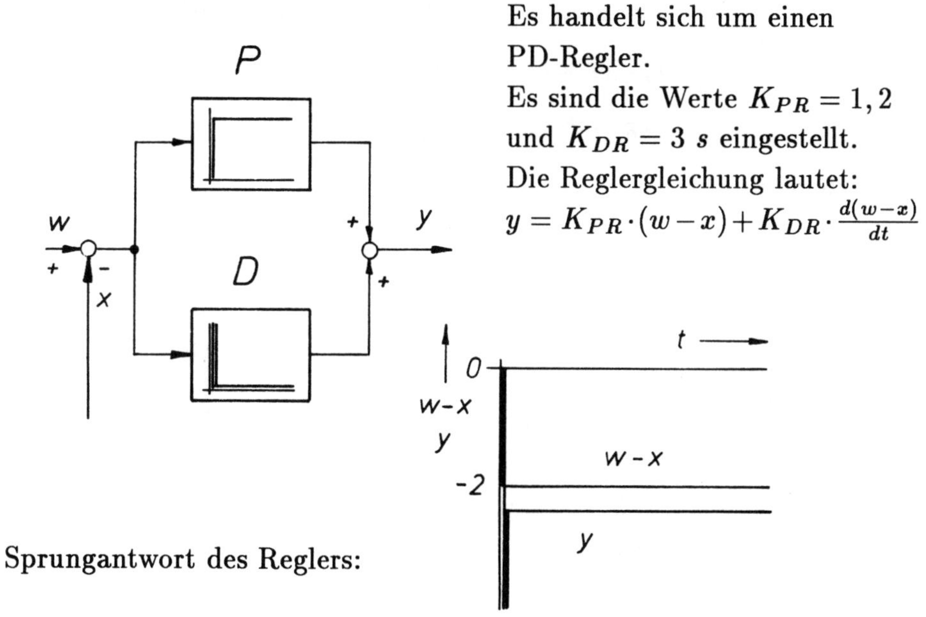

Es handelt sich um einen PD-Regler.

Es sind die Werte $K_{PR} = 1,2$ und $K_{DR} = 3\ s$ eingestellt.

Die Reglergleichung lautet:

$y = K_{PR} \cdot (w - x) + K_{DR} \cdot \frac{d(w-x)}{dt}$

Sprungantwort des Reglers:

Lösung der Aufgabe 4.3

Da die Parameter K_{PR} und K_{IR} getrennt einstellbar sein sollen, muß die Schaltung eine parallele Anordnung von P-Anteil und I-Anteil enthalten. Die Parameter werden durch Potentiometer für R_2 und R_3 eingestellt.

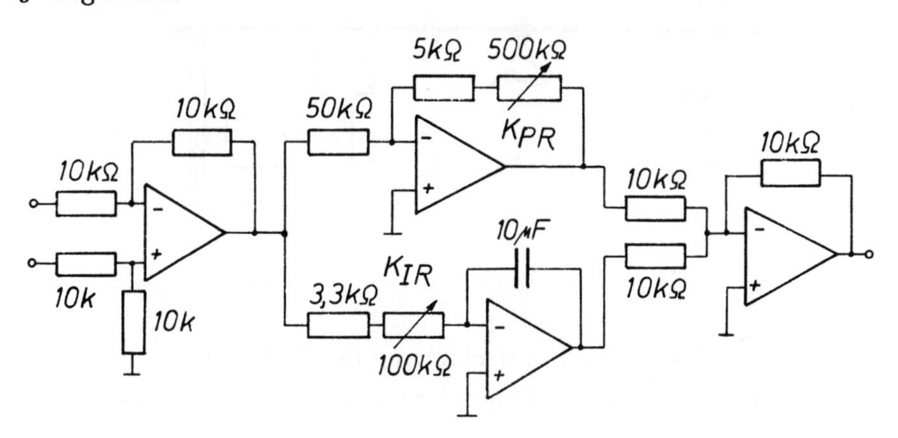

Lösung der Aufgabe 4.4

Der Regler besitzt integrales Verhalten. Die Parameterwerte sind:

$K_{PR} = \frac{R_2}{R_1} = 2 \qquad K_{IR} = \frac{1}{R_1 \cdot C} = 0,5\frac{1}{s}$

Zeitgleichung: 1) $y = K_{PR} \cdot (w - x) + K_{IR} \cdot \int (w - x)dt$

2) $y = K_{PR} \cdot [(w - x) + \frac{1}{T_n} \cdot \int (w - x)dt]$

Frequenzgang: 1) $G_R = K_{PR} + \frac{K_{IR}}{j\omega}$

2) $G_R = K_{PR} \cdot (1 + \frac{1}{T_n} \cdot \frac{1}{j\omega})$

Sprungantworten:

a)

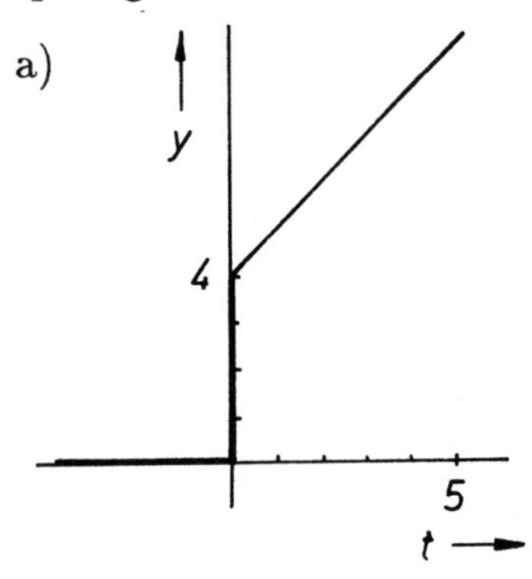

b)

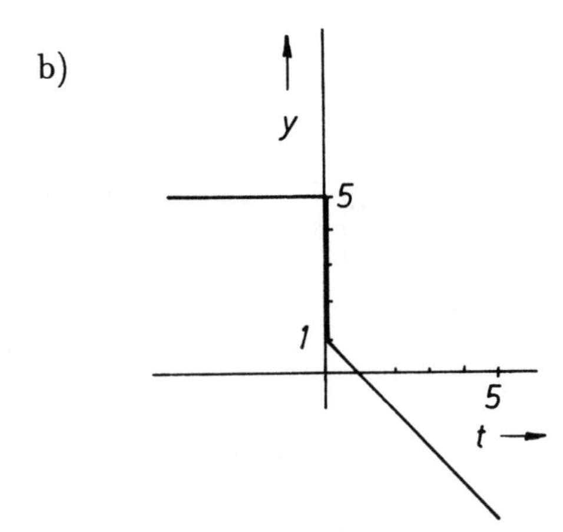

Lösung der Aufgabe 4.5

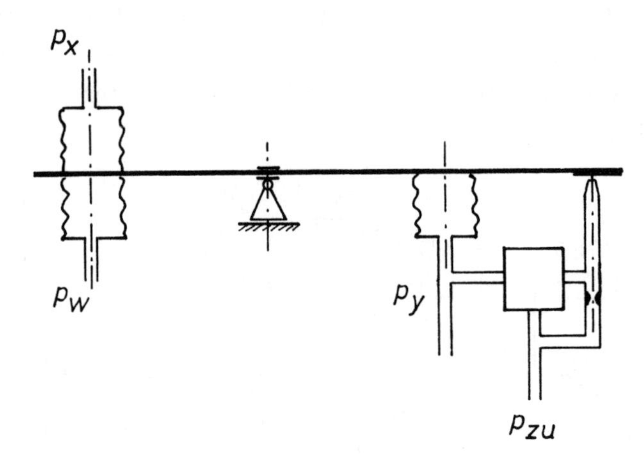

Änderung von K_{PR} durch Verschiebung des Hebellagers.
Korrektursignal durch zusätzlichen Druckbalg an der Druckwaage.

Lösung der Aufgabe 4.6

Wirkungsplan des Heizkörper-Thermostatventils:

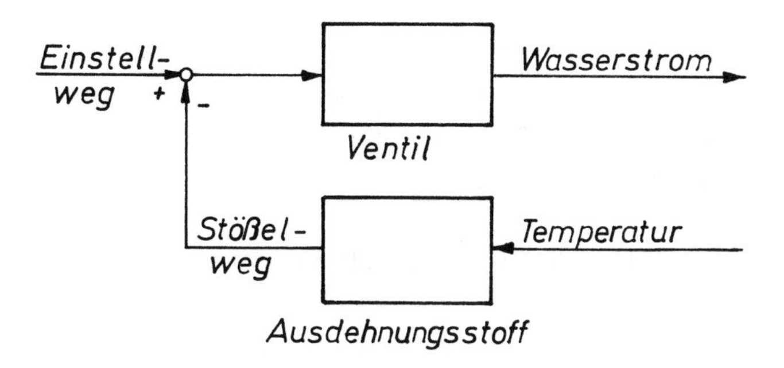

Lösung der Aufgabe 4.7

Frequenzgang:

$$G_R(j\omega) = \frac{K_V}{1 + K_V \cdot \frac{K_r}{T_r \cdot j\omega + 1} \cdot K_{Dr} \cdot j\omega}$$

$$= \frac{K_V}{(T_r + K_V \cdot K_r \cdot K_{Dr}) \cdot j\omega + 1} + \frac{K_V \cdot T_r \cdot j\omega}{(T_r + K_V \cdot K_r \cdot K_{Dr}) \cdot j\omega + 1}$$

Differentialgleichung:

$$(T_r + K_V \cdot K_r \cdot K_{Dr}) \cdot \dot{y} + y = K_V \cdot (w - x) + K_V \cdot T_r \cdot (\dot{w} - \dot{x})$$

Es liegt ein PDT1-Verhalten vor.

Wenn die Verstärkung K_V des Verstärkers im direkten Zweig sehr groß gemacht wird, entsteht ein PI-Verhalten:

$$(\frac{T_r}{K_V} + K_r \cdot K_{Dr} \cdot \dot{y} + \frac{1}{K_V} \cdot y = (w - x) + T_r \cdot (\dot{w} - \dot{x})$$

$K_V \Rightarrow \infty$ $\quad \frac{1}{K_V} \Rightarrow 0$ $\quad$ beide Seiten werden integriert:

$$K_r \cdot K_{Dr} \cdot y = T_r \cdot (w - x) + \int (w - x)dt$$

$$y = \frac{T_r}{K_r \cdot K_{Dr}} \cdot (w - x) + \frac{1}{K_r \cdot K_{Dr}} \cdot \int (w - x)dt$$

Reglerkonstanten:

$$K_{PR} = \frac{T_r}{K_r \cdot K_{Dr}} \qquad K_{IR} = \frac{1}{K_r \cdot K_{Dr}}$$

Lösung der Aufgabe 5.1

Die Regelstrecke besteht aus einer Reihenschaltung von PT1-Verhalten, Totzeitverhalten und P-Verhalten des Meßgeräts.

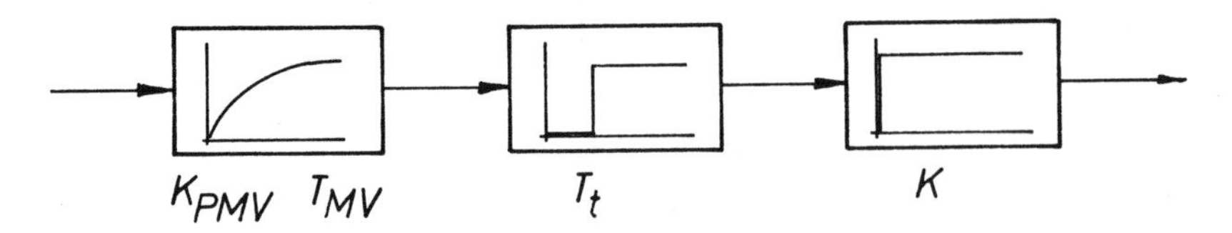

Zur Optimierung werden die Einstellregeln von Ziegler-Nichols herangezogen (S. 126):

$K_S = K_{PMV} \cdot 1 \cdot K = 0,6\ \frac{V}{V}$ $\quad T_S = T_{MV} = 3\ s$ $\quad T_t = \frac{l}{v} = 4\ s.$

Für den PID-Regler gilt:

$K_{PR} = 1,2 \cdot \frac{T_S}{K_S \cdot T_t} = 1,5$ $\quad T_n = 2 \cdot T_t = 8\ s$ $\quad T_v = 0,5 \cdot T_t = 2\ s.$

Lösung der Aufgabe 5.2

Die Regelstrecke besitzt ein Verhalten höherer Ordnung, das durch die Verzugszeit T_u und die Ausgleichszeit T_g gekennzeichnet ist. Der Regler hat proportionales Verhalten, alle Verzögerungen werden als zur Strecke gehörig gerechnet.

Die Optimierung erfolgt nach den Einstellregeln von Chien, Hrones und Reswick. Es wird auf Störung optimiert, weil bei der Raumheizung im Normalfall Störungen ausgeregelt werden.

Eine Überschwingung von 20 % wird zugelassen, damit die Solltemperatur möglichst schnell erreicht wird. Die Überschwingung wirkt sich bei den langdauernden Ausgleichsvorgängen kaum nachtteilig aus.

Für den P-Regler gilt: $K_{PR} = 0,7 \cdot \frac{T_g}{T_u} = 0,42.$

Lösung der Aufgabe 5.3

Es liegt PT1-Verhalten vor. Aus dem Zeiger für 45° ergibt sich die Eckfrequenz und aus deren Kehrwert die Zeitkonstante.

Der Übertragungsfaktor der Strecke ist aus der Länge des Zeigers für $\omega = 0\ rad/s$ abzulesen. $T_S = 0,5\ s$ $\quad K_S = 1,2.$

Die Optimierung erfolgt nach Ziegler-Nichols:

$K_{PR} = 0,9 \cdot \frac{T_s}{K_S \cdot T_t} = 3,75$ $\quad T_n = 3,3 \cdot T_t = 0,33\ s$

Lösung der Aufgabe 6.1

Es handelt sich um einen digitalen PI-Regler. Zur Berechnung der Sprungantwort der Stellgröße wird der Stellungsalgorithmus (Gl. 4.12) herangezogen.

$$y_N = K_{PR} \cdot e_N + K_{IR} \cdot \sum_{i=0}^{N} e_i \cdot T$$

$t = 0 \cdot T:$ $\quad y_0 = 2,5 \cdot (100 - 100) + 0,3 \cdot 0 \cdot 1 = 0$

$t = 1 \cdot T:$ $\quad y_1 = 2,5 \cdot (100 - 80) + 0,3 \cdot (0 + 20 \cdot 1) = 56$

$t = 2 \cdot T:$ $\quad y_2 = 2,5 \cdot 20 + 0,3 \cdot (0 + 20 + 20) = 62$

$t = 3 \cdot T:$ $\quad y_3 = 2,5 \cdot 20 + 0,3 \cdot 60 = 68$

...

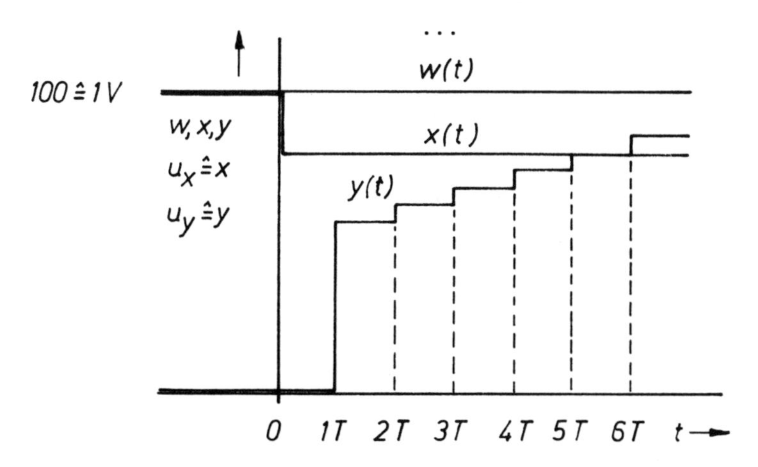

Lösung der Aufgabe 6.2

Wirkungsplan:

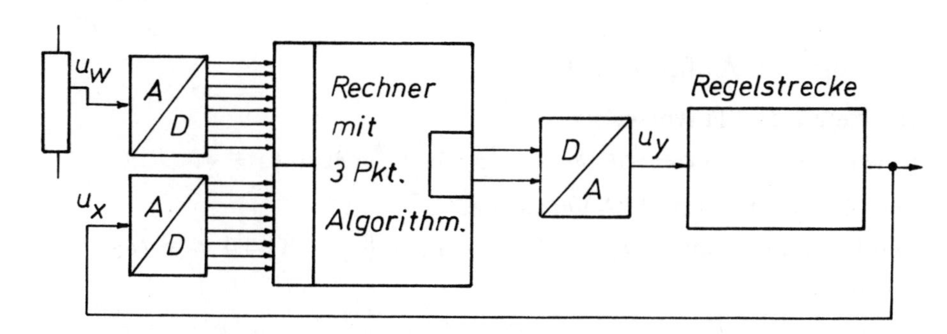

Da die Ausgangsgröße des Dreipunktreglers drei Zustände annehmen kann, muß der Umsetzer der Stellgröße mindestens zwei Bits besitzen.

Struktogramm des Reglerprogramms:

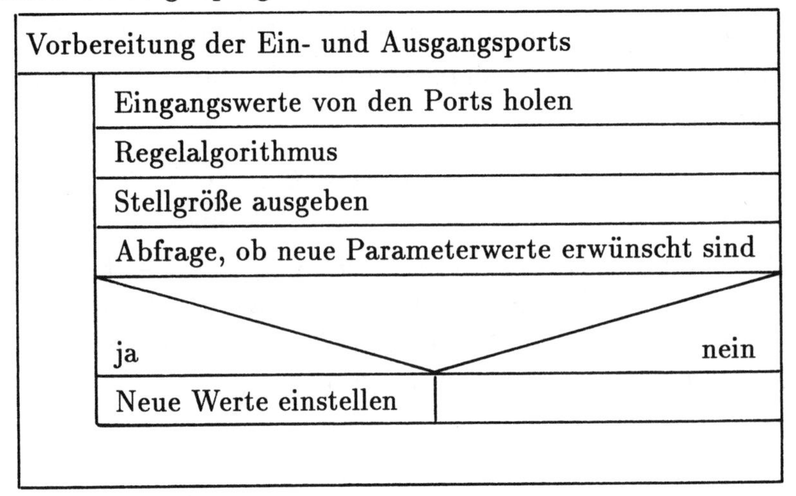

Regelalgorithmus:

$y = y_a$ für $(w - x) \leq e_{unten}$ $\qquad y = y_b$ für $e_{unten} < (w - x) < e_{oben}$

$y = y_c$ für $(w - x) \geq e_{oben}$

Pascal-Befehle:

```
while regler = true do
begin
  e := (w - x) ;
  if e >= e_oben then y := y_c
  else if y > e_unten then y := y_b
  else y := y_a ;
end ;
```

Lösung der Aufgabe 7.1

Kräfte an der Traverse:

$c \cdot (s_1 - s_2) = b \cdot \dot{s}_2 + m \cdot \ddot{s}_2 \qquad \frac{m}{c} \cdot \ddot{s}_2 + \frac{b}{c} \cdot \dot{s}_2 + s_2 = s_1$

Das System besitzt PT2-Verhalten.

Die Parameter sind: $T_2 = \sqrt{\frac{m}{c}} \qquad T_1 = \frac{b}{c} \qquad K = 1 = s_1/s_2$

Sprungantwort:

Lösung der Aufgabe 7.2

Für den Regelkreis aus P-Regler und PT1-Regelstrecke gilt
$T_{KR} = \frac{T_S}{1+K_{PR}\cdot K_{PS}}$ $K_{PR} = \frac{T_S - T_{Kr}}{T_{Kr}\cdot K_{PS}} = 7$
Wirkungsplan:

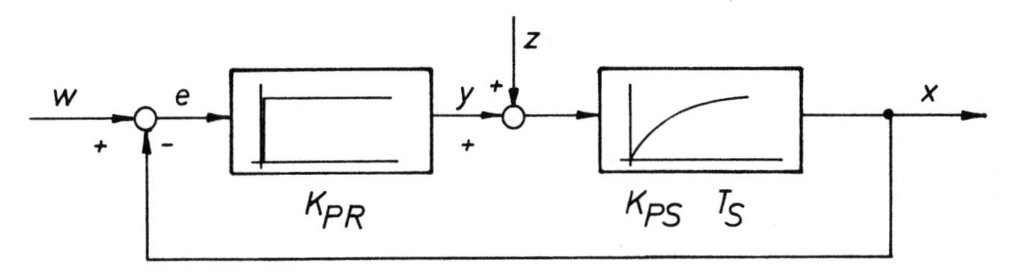

$e_{blw} = \frac{1}{1+K_{PR}\cdot K_{PS}} \cdot 0,2 \cdot \hat{w} = 0,0133 \cdot \hat{w} \equiv 1,33\ \%\ von\ \hat{w}.$
$e_{blz} = \frac{K_{PS}}{1+K_{PR}\cdot K_{PS}} \cdot 0,5\hat{z} = 0,066 \cdot \hat{z} \equiv 6,66\ \%\ von\ \hat{z}.$

Lösung der Aufgabe 7.3

Wirkungsplan des Regelkreises:

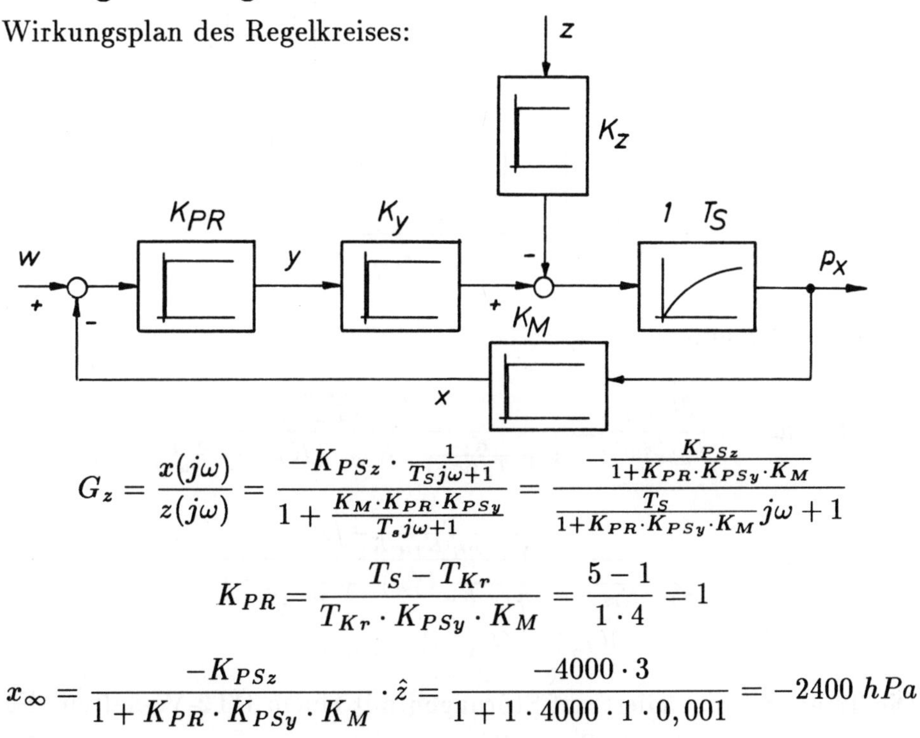

$$G_z = \frac{x(j\omega)}{z(j\omega)} = \frac{-K_{PSz}\cdot\frac{1}{T_S j\omega+1}}{1+\frac{K_M\cdot K_{PR}\cdot K_{PSy}}{T_s j\omega+1}} = \frac{-\frac{K_{PSz}}{1+K_{PR}\cdot K_{PSy}\cdot K_M}}{\frac{T_S}{1+K_{PR}\cdot K_{PSy}\cdot K_M}j\omega+1}$$

$$K_{PR} = \frac{T_S - T_{Kr}}{T_{Kr}\cdot K_{PSy}\cdot K_M} = \frac{5-1}{1\cdot 4} = 1$$

$$x_\infty = \frac{-K_{PSz}}{1+K_{PR}\cdot K_{PSy}\cdot K_M}\cdot\hat{z} = \frac{-4000\cdot 3}{1+1\cdot 4000\cdot 1\cdot 0,001} = -2400\ hPa$$

Der Druck sinkt von 5000 hPa auf 2600 hPa.

Lösung der Aufgabe 7.4

Differentialgleichung: $\frac{m \cdot c}{B} \cdot \frac{d\vartheta(t)}{dt} + \vartheta(t) = \frac{1}{B} \cdot P_{zu}(t)$

Das Medium wird nach einem PT1-Verhalten aufgeheizt.

Zeitkonstante $T_S = \frac{m \cdot c}{B} = 3601\ s$

Übertragungsfaktor $K_{PS} = \frac{1}{B} = 3,23\ \frac{K}{kW}$

Endtemperatur: $\vartheta_\infty = 20°C + 3,23\frac{K}{kW} \cdot 20kW = 84,6°C$

Die Endtemperatur wird nach $5 \cdot T_S = 5$ Stunden mit einer Abweichung $< 1\%$ erreicht.

$\vartheta_{2,5} = K_{PS} \cdot \hat{P}_{zu} \cdot (1 - e^{-\frac{1}{T_S} t_{2,5}}) + 20°C = 79,3°C$

Wirkungsplan des Regelkreises für Störverhalten:

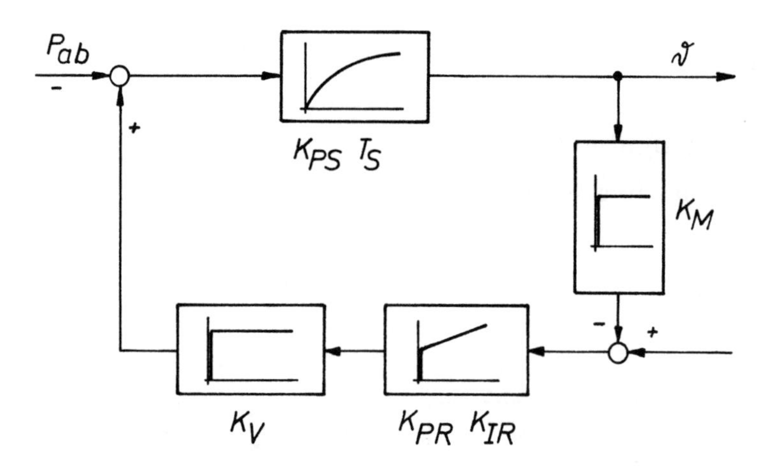

Störfrequenzgang:

$$G_z(j\omega) = \frac{\vartheta(j\omega)}{P_{ab}(j\omega)} = \frac{\frac{-K_{PS}}{T_S j\omega + 1}}{1 + \frac{K_{PS}}{T_S j\omega + 1} \cdot K_M \cdot (K_{PR} + \frac{K_{IR}}{j\omega}) \cdot K_V}$$

$$= \frac{-\frac{1}{K_M \cdot K_{PR} \cdot K_{IR} \cdot K_V} j\omega}{\frac{T_S}{K_{PS} \cdot K_M \cdot K_{PR} \cdot K_{IR} \cdot K_V}(j\omega)^2 + \frac{1}{K_{IR}} j\omega + 1}$$

$$\vartheta(j\omega) = G_z(j\omega) \cdot P_{ab}(j\omega)$$

Die Temperatur reagiert auf Störungen mit einem DT2-Verhalten. Es entsteht keine bleibende Regeldifferenz.

Simulation mit MATLAB-Simulink im Anhang.

Lösung der Aufgabe 7.5

$$\frac{A}{k} \cdot \frac{dh(t)}{dt} + h(t) = \frac{1}{k} \cdot q_{zu}(t)$$

Die Antwort der Füllhöhe h auf einen Sprung der Zulaufmenge q_{zu} erfolgt nach einem PT1-Verhalten.

$$\frac{A}{k} \cdot \frac{dq_{ab}(t)}{dt} + q_{ab}(t) = q_{zu}(t)$$

Die Antwort des Ausflusses q_{ab} auf einen Sprung der Zulaufmenge q_{zu} erfolgt nach einem PT1-Verhalten.
$h(t) = \frac{1}{A} \cdot \int q_{zu}(t)dt$ Hier liegt Integralverhalten vor.

Lösung der Aufgabe 7.6

Geräteschaltung:

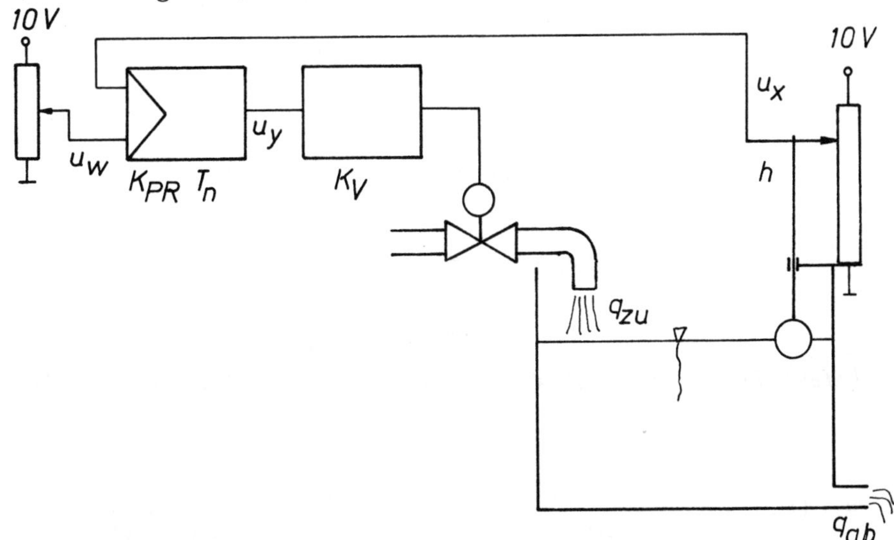

Schaltung des Reglers:

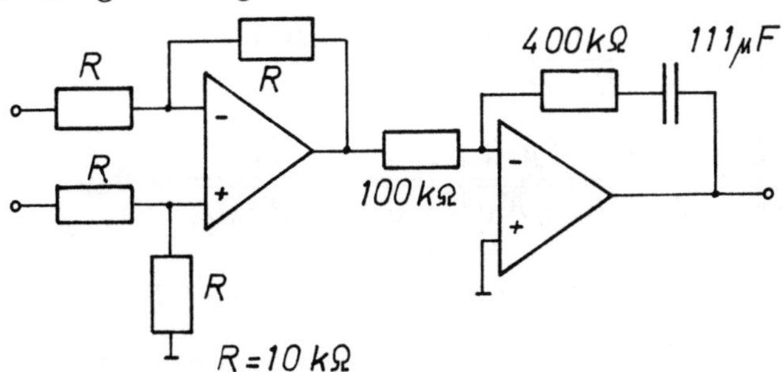

Lösung der Aufgabe 7.7

Führungsfrequenzgang:

$$G_w(j\omega) = \frac{K_{PR} \cdot K_V \cdot \frac{K_{Mot}}{T_{Mot} \cdot j\omega + 1} \cdot \frac{K_\varphi}{j\omega}}{1 + K_{PR} \cdot K_V \cdot \frac{K_{Mot}}{T_{Mot} \cdot j\omega + 1} \cdot \frac{K_\varphi}{j\omega} \cdot K_M}$$

$$= \frac{\frac{1}{K_M}}{\frac{T_{Mot}}{K_{PR} \cdot K_V \cdot K_{Mot} \cdot K_\varphi \cdot K_M} \cdot (j\omega)^2 + \frac{1}{K_{PR} \cdot K_V \cdot K_{Mot} \cdot K_\varphi \cdot K_M} \cdot j\omega + 1}$$

$$T_2 = \sqrt{\frac{T_{Mot}}{K_{PR} K_V K_{Mot} K_\varphi K_M}} \qquad T_1 = \frac{1}{K_{PR} K_V K_{Mot} K_\varphi K_M}$$

$$K_{Kr} = \frac{1}{K_M} \qquad \vartheta = \frac{T_1}{2 \cdot T_2} = \frac{1}{2 \cdot \sqrt{K_{PR} K_V K_{Mot} K_\varphi K_M T_{Mot}}}$$

$$\omega_0 = \frac{1}{T_2} = \sqrt{\frac{K_{PR} K_V K_{Mot} K_\varphi K_M}{T_{Mot}}}$$

Neue Rückführung:

$$G_{r\ neu}(j\omega) = K_M + K_D \cdot j\omega$$

$$G_w(j\omega) = \frac{G_R G_V G_{Mot} G_\varphi}{1 + G_R G_V G_{Mot} G_\varphi G_{r\ neu}}$$

$$\frac{K_{PR} K_V K_{Mot} K_\varphi}{T_{Mot} \cdot (j\omega)^2 + (1 + K_{PR} K_V K_{Mot} K_\varphi K_D) \cdot j\omega + K_{PR} K_V K_{Mot} K_\varphi K_M}$$

$$G_w(j\omega) = \frac{\frac{1}{K_M}}{\frac{T_{Mot}}{K_{PR} K_V K_{Mot} K_\varphi K_M} \cdot (j\omega)^2 + \frac{1 + K_{PR} K_V K_{Mot} K_\varphi K_D}{K_{PR} K_V K_{Mot} K_\varphi K_M} \cdot j\omega + 1}$$

$$T_{1neu} = \frac{1 + K_{PR} K_V K_{Mot} K_\varphi K_D}{K_{PR} K_V K_{Mot} K_\varphi K_M}$$

$$\vartheta_{neu} = \frac{T_{1neu}}{2 \cdot T_2} = \frac{1 + K_{PR} K_V K_{Mot} K_\varphi K_D}{2 \cdot \sqrt{K_{PR} K_V K_{Mot} K_\varphi K_M T_{Mot}}} > \vartheta_{alt}$$

Mit der neuen Rückführung ergibt sich eine größere Dämpfung.

Lösung der Aufgabe 7.8

Regelgröße ist die Position s des Gewichtes,
Störgröße ist die Geschwindigkeit v_2 des abgehenden Bandes,
Stellgröße ist die Geschwindigkeit v_1 des ankommenden Bandes.
Die Drehzahl der Rolle 1 oder der Haspel, von der das Band abläuft, muß durch einen Motor beeinflußt werden.

Wirkungsplan des Regelkreises:

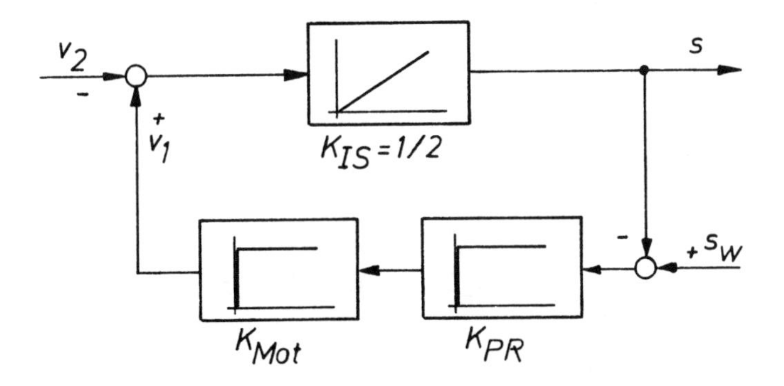

Die Regelstrecke hat integrales Verhalten, die Gleichung ist:

$$s(t) = \frac{1}{2} \cdot \int \big(v_1(t) - v_2(t)\big) \cdot dt$$

Es darf kein I-Regler gewählt werden, da dann ein strukturinstabiler Regelkreis entsteht.
Da keine hohe Genauigkeit erforderlich ist, genügt es, den Regler als P-Regler auszuführen.
Der Störfrequenzgang des Regelkreises lautet:

$$G_z(j\omega) = \frac{-\frac{K_{IS}}{j\omega}}{1 + K_{PR} \cdot K_{Mot} \cdot \frac{K_{IS}}{j\omega}} = \frac{-\frac{1}{K_{PR} \cdot K_{Mot}}}{\frac{1}{K_{PR}K_{Mot}K_{IS}} \cdot j\omega + 1}$$

Es liegt PT1-Verhalten vor.

Pascal Programm zur Simulation des I-Verhaltens, Bild 1.12

```
program Integral ;
uses  dos, crt, graph ; {Benutzung vorhandener Units}
{Definition der verwendeten Variablen und Konstanten:}
var    M_Antr, u, v, v_alt, omega, omega_alt :  real;
       delta_t, t, tmax :  real ;
       tg, omega_g, grafik_treiber, grafik_mode :  integer ;
       fehlercode, i, j, xi, yi, n :  integer ;
       taste :  char ;
const  Jot = 10 ;  M_W = 5 ;
{Unterprogramm für den Aufruf des Grafikmoduls:}
procedure gr_init ;
  const  sucheBGI = 'C:\tp\bgi' ;
  var    grafik_treiber, grafik_mode  :  integer
  begin
       grafik_treiber := detect ;
       InitGraph (grafik_treiber, grafik_mode, sucheBGI) ;
       fehlercode := GraphResult ;
  end
{Funktion Integration:}
function integration (u_int, v_int  :  real)  :  real ;
  begin
    integration := v_int + u_int * delta_t ;
  end ;
{Hauptprogramm:}
begin
   taste := 'b' ; {Programmdurchlauf, bis  [Esc]  gedrückt wird:}
   while taste <> char(27)  do
   begin
     clrscr ;
     gr_init {Aufruf des Grafikmodus}
     {Rahmen:}
     setlinestyle(0,0,0); moveto (150,35); lineto (150,335);
     lineto (550,335) ; lineto (550,35) ; lineto (150,35) ;
     {Beschriftung der Achsen:}
     {x-Achse:}
     tmax := 10 ;
     settextstyle (0,0,0) ;
     outtextxy(146,350,'0'); outtextxy(226,350,'2');
     outtextxy(306,350,'4'); outtextxy(386,350,'6');
     outtextxy(466,350,'8'); outtextxy(546,350,'10');
     for i := 1 to 10 do
     begin
        xi := 150 + i * 40 ;
        moveto (xi,337) ;
        lineto (xi,335) ;
     end;
     outtextxy(475,370,'Zeit t in s');
     {y-Achse:}
     for i := 1 to 10 do
     begin
        yi := 335 - i * 30   ;
        moveto (148,yi) ;
        lineto (150,yi) ;
     end ;
```

```
    settextstyle(0,1,0);
    outtextxy(105,35,'Winkelgeschwindigkeit omega in rad/s');
    settextstyle(0,0,0);
    outtextxy(123,273,' 2'); outtextxy(123,213,' 4');
    outtextxy(123,153,' 6'); outtextxy(123,93,' 8');
    outtextxy(113,33,' 10');
    outtextxy(300,130,'a'); outtextxy(360,160,'b');
    outtextxy(425,205,'c');
    outtextxy(170,400,'Schrieb a: M_Antr = 20 Nm,
              Delta_t = 0,2 s');
    {Berechnung der Kurvenpunkte:}
    outtextxy(170,420,'Schrieb b: M_Antr = 14 Nm,
              Delta_t = 0,1 s');
    outtextxy(170,440,'Schrieb c: M_Antr = 10 Nm,
              Delta_t = 0,01 s');
    outtextxy(100,465,'Abbruch durch [Esc]');

    n := 1 ;  M_Antr := 20 ;  delta_t := 0.2 ;
    while n <= 3 do
    begin
       t := 0 ;  v_alt := 0 ; {Schrieb a}
       moveto (150,335) ;
       while t < (tmax - delta_t) do
       begin
          u := (M_Antr - M_W) / Jot ;
          t := t + delta_t ;
          v := integration (u, v_alt) ;
          omega_alt := v_alt ;
          omega := v ;
          tg := 150 + round(t/tmax * 400) ;

          {die folgenden drei Zeilen sind nur dann erforderlich,
          wenn der Treppenverlauf verdeutlicht werden soll:}
              omega_g := 335 - round (30 * omega_alt) ;
              if omega_g <= 35 then omega_g := 35 ;
              lineto (tg, omega_g) ;

          omega_g := 335 - round (30 * omega) ;
          if omega_g <= 35 then omega_g := 35 ;
          lineto (tg, omega_g) ;
          v_alt := v ;
       end ;
       n := n + 1 ;
       if  n = 2  then
       begin
       M_Antr := 14 ;  delta_t := delta_t/2 ;  {Schrieb b}
       end ;
       if  n = 3  then
       begin
       M_Antr := 10 ;  delta_t := delta_t/10 ; {Schrieb c}
       end ;
    end ;

    taste := readkey ;  {Abfage, ob  [Esc]  gedrückt}
    closegraph ;  {Abschluß des Grafikmodus}
  end ; {Ende der Schleife}
end.                {Programmende}
```

Pascal Programm zur Simulation des PT1-Verhaltens, Bild 1.13

```
program PT1 ;
uses  dos, crt, graph, ;

var   M_Antr, u, v, omega, delta_t, t, tmax    :   real ;
      tg, omega_g, grafik_treiber, grafik_mode     :  integer ;
      fehlercode, i, j, xi, yi, n    : integer ;
      taste   :  char ;
const Jot = 10 ; K = 5 ;

procedure gr_init ;
const  sucheBGI = 'C:\tp\bgi' ;
var    grafik_treiber, grafik_mode   :  integer ;
   begin
       grafik_treiber := detect ;
       InitGraph (grafik_treiber, grafik_mode, sucheBGI) ;
       fehlercode := GraphResult ;
   end ;

function integration (u_int, v_int : real) : real ;
begin
  integration := v_int + u_int * delta_t ;
end {function integration} ;

begin
taste := 'b' ;
while taste <> char(27)  do
begin
  clrscr ;
  gr_init ;
  setlinestyle(0,0,0);
  moveto (150,35) ; lineto (150,335) ;
  lineto (550,335) ; lineto (550,35) ; lineto (150,35) ;

  tmax := 20 ;

  for i := 1 to 10 do
     begin
        xi := 150 + i * 40 ;
        moveto (xi,337) ;
        lineto (xi,335) ;
     end;

  settextstyle(0,0,0) ;
  outtextxy(146,350,'0'); outtextxy(226,350,'4');
  outtextxy(306,350,'8'); outtextxy(384,350,'12');
  outtextxy(464,350,'16'); outtextxy(544,350,'20');
  outtextxy(475,370,'Zeit t in s');

  for i := 1 to 10 do
     begin
        yi := 335 - i * 30  ;
        moveto (148,yi) ;
        lineto (150,yi) ;
     end ;

  settextstyle(0,1,0);
  outtextxy(105,35,'Winkelgeschwindigkeit omega in rad/s');
```

```
  settextstyle(0,0,0);
  outtextxy(123,273,' 2'); outtextxy(123,213,' 4');
  outtextxy(123,153,' 6'); outtextxy(123,93,' 8');
  outtextxy(113,33,' 10');

  M_Antr := 40 ;
  v := 0 ;
  delta_t := 0.001 ;
  t := 0 ;
  moveto (150,335) ;
  while t < (tmax - delta_t) do
  begin
    if t > 10 then M_Antr := 30 ;
    u := M_Antr / Jot - K / Jot * omega ;
    t := t + delta_t ;
    v := integration (u, v) ;
    omega := v ;
    tg := 150 + round(t/tmax * 400) ;
    omega_g := 335 - round (30 * omega) ;
    if omega_g <= 35 then omega_g := 35 ;
    lineto (tg, omega_g) ;
  end ;
  taste := readkey ;
  closegraph ;
end ;
end.
```

Simulation des Regelkreises aus Aufgabe 7.4 mit Hilfe des Simulationsprogramms MATLAB-Simulink.

Bei MATLAB-Simulink handelt es sich um ein grafisch orientiertes Simulationsprogramm, bei dem mit Hilfe der grafischen Benutzeroberfläche des Bildschirms durch Anklicken von Symbolen bzw. Menüleisten die Programmstruktur erstellt wird und die Parameter eingegeben werden.

Aus einem vielfältigen Angebot von Übertragungsgliedern - Quellen, Senken, linearen und nichtlinearen sowie speziellen Übertragungsgliedern - werden durch Mausklick die benötigten Elemente herausgenommen und in die Benutzerebene gezogen. Anschließend werden die erforderlichen Verbindungslinien zwischen den Übertragungsgliedern des zu untersuchenden Systems gezogen.
Durch Anklicken lassen sich dann die einzelnen Übertragungselemente öffnen und die Parameterwerte eingeben.
Nach Einstellen der Simulationsbedingungen - wie Wahl des Integrationsverfahrens, Festlegung der Schrittweite usw. - wird die Simulation gestartet.
Der Wirkungsplan der Regelstrecke aus Aufgabe 7.4 ergibt sich aus der Differentialgleichung
$\frac{m \cdot c}{B} \cdot \frac{d\vartheta(t)}{dt} + \vartheta(t) = \frac{1}{B} \cdot P_{zu}(t)$
nach Isolierung der höchsten Ableitung von ϑ
$\dot{\vartheta}(t) = \frac{1}{m \cdot c} \cdot P_{zu} - \frac{B}{m \cdot c} \cdot \vartheta(t)$
in MATLAB-Simulink Darstellung wie folgt:

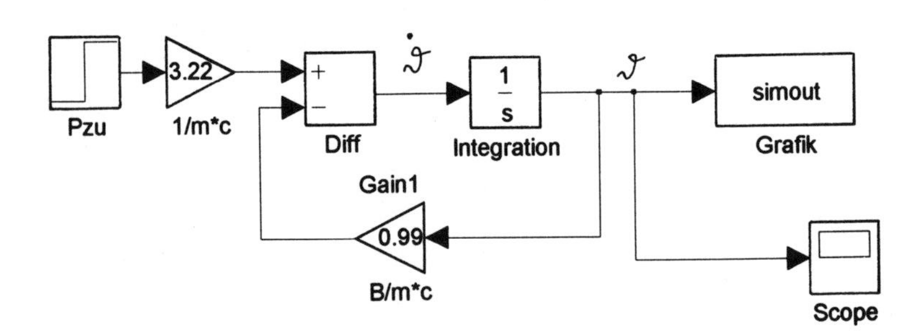

Aus dem Zeitverlauf der Sprungantwort ist das PT1-Verhalten der Regelstrecke zu erkennen. Die Zeitkonstante läßt sich nach der Tangentenmethode bestimmen oder aus der Überlegung herleiten, daß die Regelgröße nach Ablauf der Zeitkonstante 63,2 % der Gesamtänderung zurückgelegt hat.

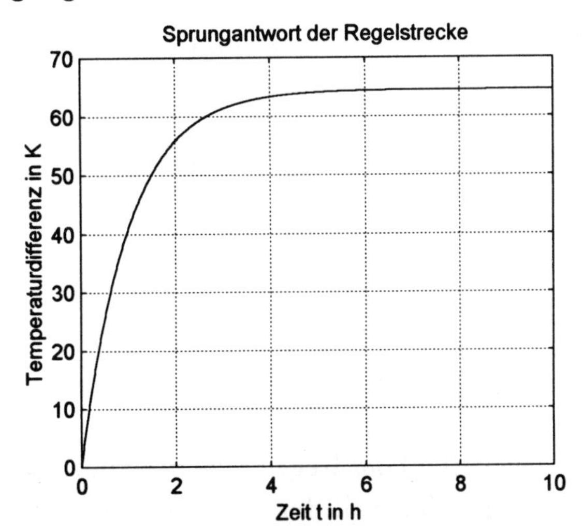

Für die Regelung der Regelstrecke mit einem PI-Regler läßt sich der folgende Wirkungsplan aufstellen.

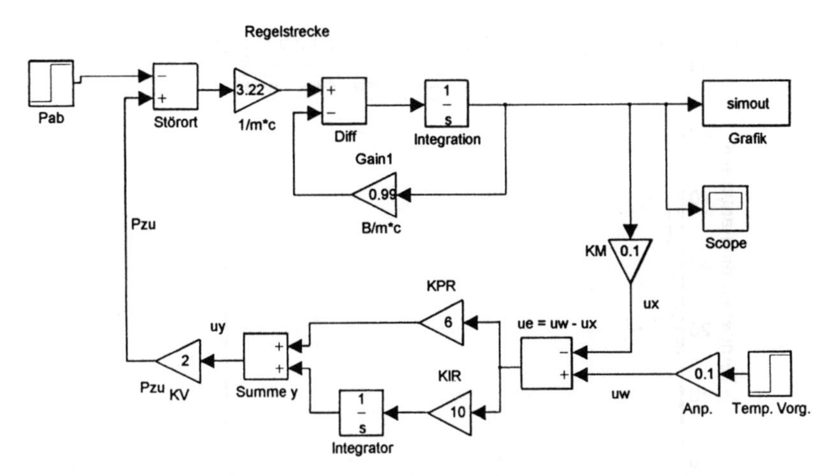

Als Regler wird ein elektronischer PI-Regler vorgesehen, dessen Signalgrößen im Bereich $0\ V \leq u \leq 10\ V$ liegen. Die Reglerkonstanten werden eingestellt zu :
$K_{PR} = 3$; $K_{IR} = 50 h^{-1}$.

Zunächst wird der Regler so eingestellt, daß das DT2 Verhalten deutlich sichtbar wird.

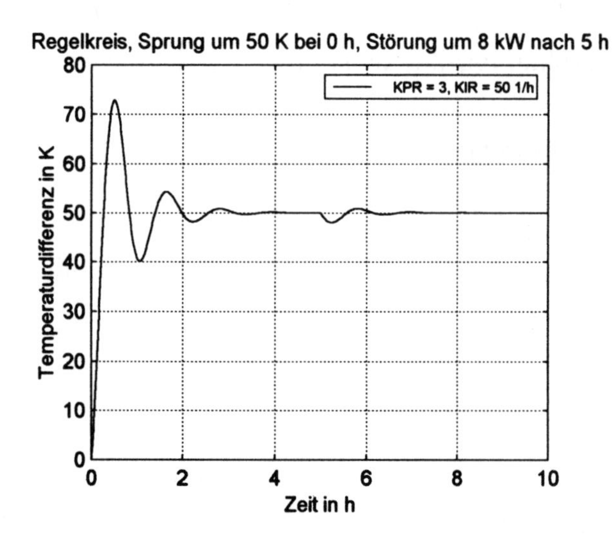

Das folgende Bild zeigt den Verlauf der Regelgröße bei einer Einstellung des PI-Reglers, die sowohl für den Fall der Führung als auch für den Fall der Störung des Regelkreises einen besseren Verlauf zeigt.

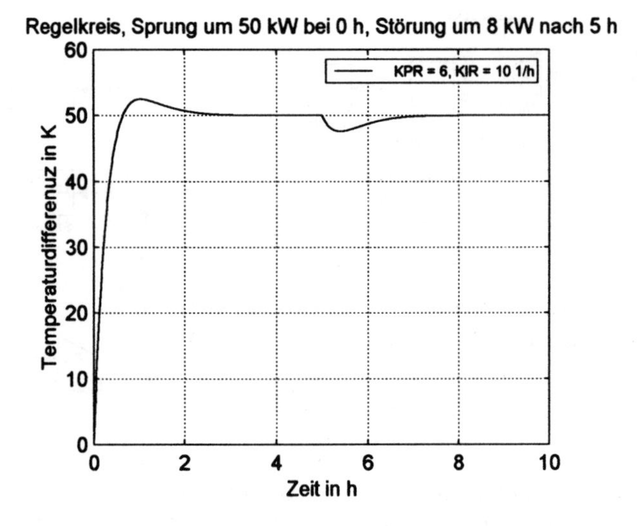

Literaturverzeichnis

[1] W. Brauch, H.J. Dreyer, W. Haacke: Mathematik für Ingenieure. B.G. Teubner Verlag, Stuttgart 1995.

[2] M. Reuter: Regelungstechnik für Ingenieure. Vieweg Verlag, Braunschweig 1986.

[3] H. Mann, H. Schiffelgen, R. Froriep: Einführung in die Regelungstechnik. C. Hanser Verlag, München 1997.

[4] B. Brouër: Steuerungs- und Regelungstechnik, Kapitel 13 im Handbuch Fertigungs- und Betriebstechnik, Hrsg. W. Meins. Fr. Vieweg Verlag, Braunschweig 1989.

[5] W. Oppelt: Kleines Handbuch technischer Regelvorgänge. Verlag Chemie, Weinheim 1972.

[6] H. Bach u.a.: Regelungstechnik in der Versorgungstechnik. Verlag C.F. Müller, Karlsruhe 1995.

[7] F. Dörrscheidt, W. Latzel: Grundlagen der Regelungstechnik. B.G. Teubner Verlag, Stuttgart 1993.

[8] E.-G. Feindt: Regeln mit dem Rechner. R. Oldenbourg Verlag, München 1994.

[9] G. Strohrmann: Automatisierungstechnik, Band I: Grundlagen, analoge und digitale Prozeßleitsysteme. R. Oldenbourg Verlag, München 1998.

[10] A. Fromme u.a.: Prozeßleitsysteme Achema 1997. Automatisierungstechnische Praxis, 39 (1997), H. 11, S. 13-32.

[11] G. Schnell, Hrsg.: Bussysteme in der Automatisierungstechnik. Vieweg Verlag, Braunschweig 1996.

[12] B. Brouër: Steuerungstechnik für Maschinenbauer. B.G. Teubner Verlag, Stuttgart 1995.

[13] A. Grauel: Fuzzy Logik, Einführung in die Grundlagen mit Anwendungen. BI Wissenschaftsverlag, Mannheim 1995.

[14] D., H. Traeger: Einführung in die Fuzzy-Logik. B.G. Teubner Verlag, Stuttgart 1993.

[15] DORA ,
Dortmunder Regelungstechnische Anwenderprogramme.
Universität Dortmund, 1997.

[16] MATLAB, The Math Works, Inc.
24 Prime Park Way,
Natick, MA 01760-1500, USA , 1997.

[17] H. H. Bothe: Neuro-Fuzzy-Methoden,
Einführung in die Theorie und Anwendungen.
Springer Verlag, Berlin 1998.

[18] S. Zakharian, P. Ladewig-Riebler, S. Thoer:
Neuronale Netze für Ingenieure.
Vieweg Verlag, Braunschweig 1998.

[19] H.-P. Preuß, V. Tresp:
Neuro-Fuzzy.
Automatisierungstechnische Praxis, 36 (1964), H. 5, S. 10-24.

Normblätter

DIN 19 221 Formelzeichen der Regelungs- und Steuerungstechnik
DIN 19 225 Benennung und Einteilung von Reglern
DIN 19 226 Regelungs- und Steuerungstechnik
DIN 19 236 Optimierung
DIN 66 261 Sinnbilder für Struktogramme nach Nassi-Shneidermann

Liste der Formelzeichen

A	Fläche
A_r	Amplitudenrand
b	Dämpferkonstante
c	Federkonstante
C	elektrische Kapazität
$e(t)$	Regeldifferenz
f	Frequenz
$F(t)$	Kraft
$G(j\omega)$	Frequenzgang
$G(s)$	Übertragungsfunktion
$i(t)$	elektrischer Strom
J	Massenträgheitsmoment
K_D	Differenzierbeiwert
K_I	Integrierbeiwert
K_P	Proportionalbeiwert
K_S	Streckenkonstante
m	Masse
$M(t)$	Drehmoment
$q(t)$	Durchfluß
$r(t)$	Rückführvariable
R	Regelfaktor
R	elektrischer Widerstand
$s(t)$	Wegvariable
s	$s = \sigma + j\omega$ Argument der Laplacetransformation
t	Zeit
T	Periode
T_{an}	Anregelzeit
T_{aus}	Ausregelzeit
T_g	Ausgleichszeit
T_s	Zeitkonstante
T_n	Nachstellzeit
T_t	Totzeit
T_u	Verzugszeit
T_v	Vorhaltzeit
$u(t)$	Eingangsgröße
$u(t)$	elektrische Spannung
$\ddot{u}$	Überschwingweite
$v(t)$	Ausgangsgröße
V_0	Kreisverstärkung
$w(t)$	Führungsgröße
$x(t)$	Regelgröße
$y(t)$	Stellgröße
z(t)	Störgröße
α	Phasenwinkel
α_r	Phasenrand
$\epsilon(t)$	Drehbeschleunigung
$\vartheta(t)$	Temperatur
ϑ	Dämpfungsgrad
φ	Argument d. kompl. Z.
ω	Kreisfrequenz
ω_0	Kennkreisfrequenz

Index